普通高等教育"十一五"国家级规划教材

国家精品课程·国家电工电子教学基地教材

新工科建设·计算机类系列教材

数字逻辑与数字系统

（第 6 版）

李景宏　王永军

李晶皎　杨　丹　李景华　编著

电子工业出版社

Publishing House of Electronics Industry

北京·BEIJING

内 容 简 介

本书在普通高等教育"十一五"国家级规划教材和国家精品课程教材《数字逻辑与数字系统》(第 5 版)基础上,依照 2019 年出版的《高等学校工科基础课程教学基本要求汇编》,为适应数字电子技术的不断发展和应用水平的不断提高修订而成。全书共 9 章,内容包括数字逻辑基础、逻辑门电路、组合逻辑电路、锁存器和触发器、时序逻辑电路、半导体存储器、脉冲波形的产生与整形、数模转换和模数转换、数字系统分析与设计等。附录包括 CPLD 和 FPGA 简介、电气简图用图形符号二进制逻辑元件简介、常用逻辑符号对照表等实用内容。本书配套有《数字逻辑与数字系统学习指导及习题解答》(ISBN 978-7-121-46853-7)。本书提供多媒体课件,登录华信教育资源网(www.hxedu.com.cn)注册后免费下载。

本书为电子信息类各专业平台课程教材,可作为高校计算机、通信、电子、电气及自动化等专业本科生教材,还可供自学考试、成人教育和电子工程技术人员自学使用。

图书在版编目(CIP)数据

数字逻辑与数字系统/李景宏等编著. —6 版. —北京:电子工业出版社,2022.5
ISBN 978-7-121-43430-3

Ⅰ. ①数… Ⅱ. ①李… Ⅲ. ①数字逻辑－高等学校－教材②数字系统－高等学校－教材 Ⅳ. ①TP302.2
中国版本图书馆 CIP 数据核字(2022)第 078573 号

责任编辑:冉 哲
印   刷:大厂回族自治县聚鑫印刷有限责任公司
装   订:大厂回族自治县聚鑫印刷有限责任公司
出版发行:电子工业出版社
            北京市海淀区万寿路 173 信箱   邮编 100036
开   本:787×1 092   1/16 印张:17.25 字数:440 千字
版   次:1997 年 5 月第 1 版
            2022 年 5 月第 6 版
印   次:2025 年 3 月第 7 次印刷
定   价:55.00 元

凡所购买电子工业出版社图书有缺损问题,请向购买书店调换。若书店售缺,请与本社发行部联系,联系及邮购电话:(010)88254888,88258888。

质量投诉请发邮件至 zlts@phei.com.cn,盗版侵权举报请发邮件至 dbqq@phei.com.cn。

本书咨询联系方式:ran@phei.com.cn。

第 6 版前言

本书在普通高等教育"十一五"国家级规划教材和国家精品课程教材《数字逻辑与数字系统》(第 5 版)基础上修订而成。本次修订依照 2019 年出版的《高等学校工科基础课程教学基本要求汇编》,为适应数字电子技术的不断发展和应用水平的不断提高,将传统的基本知识、基本原理与现代分析和设计手段有机地融合,突出了工程背景与应用,调整了重心,整合并压缩了个别章节,力求实现知识传授与能力提升的双重效果。

本次修订主要做了以下的修改和调整:

(1)根据目前数字电子器件的发展趋势和应用情况,教材内容的重心由原来的 TTL 器件调整为 CMOS 器件。

(2)将原来第 2 章重点介绍 TTL 集成逻辑门电路的原理改为重点介绍 CMOS 集成逻辑门电路的原理。

(3)将原来可编程逻辑器件的内容分别整合到组合逻辑电路和时序逻辑电路中,压缩了内容。

(4)将原来的硬件描述语言 VHDL 调整为 Verilog HDL,并加强了硬件描述语言的设计应用。

本书配套有《数字逻辑与数字系统学习指导及习题解答》(ISBN 978-7-121-46853-7)。本书提供多媒体课件,登录华信教育资源网(www.hxedu.com.cn)注册后免费下载。

《数字逻辑与数字系统》(第 6 版)由李景宏、王永军等编著。参加修订工作的还有李晶皎、杨丹、李景华、刘纪红、雷红玮、程同蕾、沈鸿媛、田亚男、孙宇舸、叶柠、李贞妮、王爱侠、闫爱云、杜玉远、赵丽红。

修订后的教材中一定还会存在不少错误和疏漏,殷切希望读者给予批评指正。

作　　者

于东北大学信息学院

目　录

第1章　数字逻辑基础

本章主要介绍计数体制、常用编码、二极管及三极管的开关特性和逻辑代数基础。这些内容是学习其他有关章节的基础,是研究逻辑电路的重要数学工具。下面分别进行介绍。

1.1　计数体制

在日常生活中,人们习惯于使用十进制数,而在数字系统中常采用二进制数。本节首先从人们最熟悉的十进制数开始分析,进而引出各种不同的计数制。

1.1.1　十进制数

十进制数有两个特点:一是用 10 个不同的数字符号 $0,1,2,3,4,5,6,7,8,9$ 来表示,通常把这 10 个数字符号称为数码;二是逢"十"进位。因此,同一个数码在一个数中所处的位置(或数位)不同,其代表的数值也是不同的。例如,6666.66 这个数中,小数点左边的第 1 位代表个位,它的权值为 10^0,就是它本身的数值 6(或 6×10^0);小数点左边第 2 位代表十位,它的数值为 6×10^1;小数点左边第 3 位代表百位,它的数值为 6×10^2;小数点左边第 4 位代表千位,它的数值为 6×10^3;而小数点右边第 1 位的权为 10^{-1},它的数值为 6×10^{-1};而小数点右边第 2 位的权为 10^{-2},它的数值为 6×10^{-2}。因此,这个数可以写成

$$6666.66 = 6 \times 10^3 + 6 \times 10^2 + 6 \times 10^1 + 6 \times 10^0 + 6 \times 10^{-1} + 6 \times 10^{-2}$$

式中,6,6,6,6,6,6 这些数码均称为系数;$10^3,10^2,10^1,10^0,10^{-1},10^{-2}$ 是每位数对应的权,这里 10 称为十进制数的基数,权乘以系数称为加权系数,所以一个十进制数的数值就是以 10 为基数的加权系数之和。任意一个十进制数 M_{10} 都可以表示为

$$M_{10} = a_{n-1} \times 10^{n-1} + a_{n-2} \times 10^{n-2} + \cdots + a_1 \times 10^1 + a_0 \times 10^0 +$$
$$a_{-1} \times 10^{-1} + a_{-2} \times 10^{-2} + \cdots + a_{-m} \times 10^{-m}$$
$$= \sum_{i=-m}^{n-1} a_i \times 10^i$$

式中,i 表示数中的第 i 位;a_i 表示第 i 位的数码(系数),它可以是 $0 \sim 9$ 这 10 个数码中的任意一个;n 和 m 为正整数,n 为小数点左边的位数,m 为小数点右边的位数;10 为计数制的基数;M 的下标为 10,表示 M 是一个十进制数。基数和 M 的下标是一致的。如果 M 是 R 进制数,则写成 M_R。以 R 为基数的 n 位整数、m 位小数的 R 进制数,其按权展开式可写为

$$M_R = \sum_{i=-m}^{n-1} a_i \times R^i$$

1.1.2　二进制数

与十进制数类似,二进制数也有两个主要特点:一是用两个不同的数字符号 0 和 1 来表示;二是逢"二"进位,当 $1+1$ 时,本位为 0,向高位进 $1(1+1=10)$。因此,同一个数码在不同

的数位所代表的值也是不同的。例如：

$$(1001)_2 = 1 \times 2^3 + 0 \times 2^2 + 0 \times 2^1 + 1 \times 2^0 = (8+0+0+1)_{10} = (9)_{10}$$

$$(11011.101)_2 = 1 \times 2^4 + 1 \times 2^3 + 0 \times 2^2 + 1 \times 2^1 + 1 \times 2^0 + 1 \times 2^{-1} + 0 \times 2^{-2} + 1 \times 2^{-3}$$
$$= (27.625)_{10}$$

任意一个二进制数 M_2 都可表示为

$$M_2 = a_{n-1} \times 2^{n-1} + a_{n-2} \times 2^{n-2} + \cdots + a_1 \times 2^1 + a_0 \times 2^0 +$$
$$a_{-1} \times 2^{-1} + a_{-2} \times 2^{-2} + \cdots + a_{-m} \times 2^{-m}$$
$$= \sum_{i=-m}^{n-1} a_i \times 2^i$$

式中，a_i 只能是 0 或 1；n 和 m 为正整数，n 为小数点左面的位数，m 为小数点右面的位数；2 是计数制的基数，故称二进制数。

在数字系统中采用二进制数是比较方便的，由于二进制数只有两个数码 0 和 1，因此，它的每一位都可以用某些器件所具有的两种不同的稳定状态来表示，如三极管的饱和导通与截止。某些器件输出电压有低与高两种稳定状态，只要用其中一种状态表示 1，而用另一种状态表示 0，就可以表示二进制数了。

1.1.3　八进制数和十六进制数

1. 八进制数

八进制数有两个特点：一是用 8 个数码符号 0,1,2,3,4,5,6,7 来表示数值；二是逢"八"进位，即 $7+1=10$。

任意一个八进制数 M_8 都可以表示为

$$M_8 = \sum_{i=-m}^{n-1} a_i \times 8^i$$

式中，a_i 可取 0～7 这 8 个数码符号之中的任意一个；n 和 m 为正整数，n 为小数点左边的位数，m 为小数点右边的位数；8 为基数，故称八进制数。

2. 十六进制数

十六进制数也有两个特点：一是用 16 个数码符号 0,1,2,3,4,5,6,7,8,9,A,B,C,D,E,F 来表示数值；二是逢"十六"进位，即 $F+1=10$。它的表达式为

$$M_{16} = \sum_{i=-m}^{n-1} a_i \times 16^i$$

式中，a_i 可取 0～F 这 16 个数码符号之中的任意一个；n 和 m 为正整数，n 为小数点左边的位数，m 为小数点右边的位数；16 为基数，故称十六进制数。

综上所述，4 种计数制的特点类似，可以概括如下：

（1）每一种计数制都有一个固定的基数 R，数的每一位均可取 R 个数码符号中的任意一个数码。

（2）它们是逢 R 进位的。因此，它的每一个数位 i 均对应一个固定的值 R^i，R^i 就是该位的权，小数点左边各位的权依次是基数 R 的正次幂；而小数点右边各位的权依次是基数 R 的

负次幂。显然,若将一个数中的小数点向左移一位,则等于将该数减小为 $1/R$;若将小数点向右移一位,则等于将该数增大 R 倍。

1.1.4 数制间的转换

1. 二进制数与十进制数之间的转换

(1)二进制数转换成十进制数

通常的方法是,用加权系数之和求得。例如:

$$M_2 = (11011.101)_2$$
$$= 1 \times 2^4 + 1 \times 2^3 + 0 \times 2^2 + 1 \times 2^1 + 1 \times 2^0 + 1 \times 2^{-1} + 0 \times 2^{-2} + 1 \times 2^{-3}$$
$$= (27.625)_{10}$$

(2)十进制数转换成二进制数

把十进制数 25.625 转换成二进制数,其方法是:把十进制数的整数部分连续除以 2(直至商为 0)取余数作为二进制整数;小数部分连续乘以 2(直至积为 1)取整数作为二进制小数。例如:

```
2 │  25
  2 │  12     余 1 = a₀            0.625
    2 │  6    余 0 = a₁          ×      2
      2 │ 3   余 0 = a₂          1.250       a₋₁ = 1
        2 │1  余 1 = a₃          0.250
          0   余 1 = a₄        ×      2
                                0.500       a₋₂ = 0
                                0.500
                              ×      2
                                1.000       a₋₃ = 1
```

则 $(25.625)_{10} = (11001.101)_2$。

2. 二进制数与八进制数之间的转换

(1)二进制数转换成八进制数

把二进制数 101011011.110101110 转换成八进制数要分别对整数和小数进行转换:整数的转换可从最低位(小数点左边第一位)开始,每 3 位分为一组,最后不足 3 位的前面补 0,每组用 1 位等价八进制数来替代;小数的转换可从小数点右边第一位开始,每 3 位分为一组,最后不足 3 位的后面补 0,然后顺序写出对应的八进制数即可。例如:

```
101    011    011    .    110    101    110
 5      3      3     .     6      5      6
```

则 $(101011011.110101110)_2 = (533.656)_8$。

(2)八进制数转换成二进制数

八进制数转换成二进制数,只要将每 1 位八进制数用等价的 3 位二进制数表示即可。例如,$(564.321)_8 = (101110100.011010001)_2$。

3. 二进制数与十六进制数之间的转换

(1)二进制数转换成十六进制数

二进制数转换成十六进制数,其方法是:将二进制数的整数部分由小数点向左,每 4 位分为一组,最后不足 4 位的前面补零;小数部分由小数点向右,每 4 位分为一组,最后不足 4 位的后面补零,然后把每 4 位二进制数用等价的十六进制数来代替,即可转换为十六进制数。例如,$(1101110.1101110)_2$ 转换成十六进制数:

$$
\begin{array}{cccccc}
0110 & 1110 & . & 1101 & 1100 \\
6 & E & . & D & C
\end{array}
$$

则 $(1101110.1101110)_2 = (6E.DC)_{16}$。

(2)十六进制数转换成二进制数

转换方法与上述过程相反,每 1 位十六进制数用 4 位二进制数替换即可。例如,$(1BE3.97)_{16}$ 转换成二进制数,其转换过程如下:

$$
\begin{array}{ccccccc}
1 & B & E & 3 & . & 9 & 7 \\
0001 & 1011 & 1110 & 0011 & . & 1001 & 0111
\end{array}
$$

则 $(1BE3.97)_{16} = (1101111100011.10010111)_2$。

1.2 常用编码

什么是编码? 一般来说,用文字、符号或者数码来表示某种信息(数值、语言、操作命令、状态)的过程称为编码。在数字系统或计算机中是用多位二进制码按照一定规律来表示某种信息的。这些多位二进制码称为代码,编码后的代码都具有一定含义。因为二进制码只有 0 和 1 两个数字,所以电路上实现起来最容易。

1.2.1 二-十进制编码(BCD 码)

十进制数是用 0~9 这 10 个数码组成的,为此可用 4 位二进制码的 16 种组合作为代码,取其中 10 种组合来表示 0~9 这 10 个数码。通常,把用 4 位二进制码来表示 1 位十进制数称为二-十进制编码,也称为 BCD 码。取哪 10 种组合来表示十进制数的 10 个数码有很多种方案,这就形成了各种不同的 BCD 码,常用的几种 BCD 码列于表 1-1 中。

表 1-1 常用的几种 BCD 码

		编码种类					
		8421 码	余 3 码	2421 码 (A)码	2421 码 (B)码	5421 码	余 3 循环码
十进制数	0	0000	0011	0000	0000	0000	0010
	1	0001	0100	0001	0001	0001	0110
	2	0010	0101	0010	0010	0010	0111
	3	0011	0110	0011	0011	0011	0101
	4	0100	0111	0100	0100	0100	0100
	5	0101	1000	0101	1011	1000	1100
	6	0110	1001	0110	1100	1001	1101
	7	0111	1010	0111	1101	1010	1111
	8	1000	1011	1110	1110	1011	1110
	9	1001	1100	1111	1111	1100	1010
	权	8421		2421	2421	5421	

1. 8421 码

8421 码是使用最多的一种 BCD 码,它是一个有权码,其各位的权分别是 8,4,2,1(从最高有效位开始至最低有效位)。如果把每一个代码都看成是一个 4 位二进制数,这个代码的数值恰好等于它所代表的十进制数的大小。

2. 余 3 码

因为每一个余 3 码所对应的 4 位二进制数要比它所表示的十进制数恰好大 3,所以这种编码称为余 3 码。从编码表中可以看到:0 和 9,1 和 8,2 和 7,3 和 6,4 和 5,这 5 对代码是互补的。例如,2 中的 0 变 1,1 变 0,就可得到 7;7 中的 0 变 1,1 变 0,就可得到 2。这种互补性有利于进行减法运算,在此不进行讨论。

1.2.2 循环码

4 位循环码见表 1-2。从表中可以看到,相邻两组代码间只有一位取值不同,而其他位均相同。再有,每一位代码从上到下的排列顺序都是以固定的周期进行循环的,右起第 1 位的循环周期是 0110、第 2 位的循环周期是 00111100、第 3 位的循环周期是 0000111111110000 等。从表中还可以看到,以 16 种组合的中间为轴,最高位由 0 变 1,其余 3 位均以轴为中心对称组合。这种编码是一种无权码,又称为反射码或格雷码。

1.2.3 ASCII 码

ASCII 码是美国信息交换标准代码(American Standard Code for Information Interchange)的简称。它的编码表见表 1-3,它是一组 7 位代码,用来表示十进制数、英文字母及专用符号。

表 1-2 4 位循环码

十进制数	循 环 码			
0	0	0	0	0
1	0	0	0	1
2	0	0	1	1
3	0	0	1	0
4	0	1	1	0
5	0	1	1	1
6	0	1	0	1
7	0	1	0	0
8	1	1	0	0
9	1	1	0	1
10	1	1	1	1
11	1	1	1	0
12	1	0	1	0
13	1	0	1	1
14	1	0	0	1
15	1	0	0	0

表 1-3 ASCII 码表

		$b_7b_6b_5$							
		0 0 0	0 0 1	0 1 0	0 1 1	1 0 0	1 0 1	1 1 0	1 1 1
$b_4b_3b_2b_1$	0 0 0 0	NUL	DLE	SP	0	@	P	\	p
	0 0 0 1	SOH	DC1	!	1	A	Q	a	q
	0 0 1 0	STX	DC2	"	2	B	R	b	r
	0 0 1 1	ETX	DC3	#	3	C	S	c	s
	0 1 0 0	EOT	DC4	$	4	D	T	d	t
	0 1 0 1	ENQ	NAK	%	5	E	U	e	u
	0 1 1 0	ACK	SYN	&.	6	F	V	f	v
	0 1 1 1	BEL	ETB	'	7	G	W	g	w
	1 0 0 0	BS	CAN	(	8	H	X	h	x
	1 0 0 1	HT	EM	)	9	I	Y	i	y

		b₇b₆b₅							
		0 0 0	0 0 1	0 1 0	0 1 1	1 0 0	1 0 1	1 1 0	1 1 1
	1 0 1 0	LF	SUB	*	:	J	Z	j	z
	1 0 1 1	VT	ESC	+	;	K	[	k	{
b₄b₃b₂b₁	1 1 0 0	FF	FS	,	<	L	\	l	!
	1 1 0 1	CR	GS	—	=	M	]	m	}
	1 1 1 0	SO	RS	.	>	N	↑	n	~
	1 1 1 1	SI	US	/	?	O	↓	o	DEL

1.3 逻辑代数基础

逻辑代数是 1847 年英国数学家乔治·布尔(George Boole)首先创立的,所以也把逻辑代数称为布尔代数。逻辑代数与普通代数有着不同的概念,逻辑代数表示的不是数量大小之间的关系,而是逻辑变量之间的逻辑关系。它是分析和设计数字电路的基本数学工具。

1.3.1 逻辑变量和逻辑函数

"逻辑"一词始于逻辑学。逻辑学研究的是逻辑思维与逻辑推理的规律。数字电路也是研究逻辑的,即研究数字电路的输入和输出间的因果关系,也就是研究输入和输出间的逻辑关系。为了对输入和输出间的逻辑关系进行数学表达和演算,提出了逻辑变量和逻辑函数两个术语。逻辑电路框图如图 1-1 所示,A 和 B 为输入,F 为输出,输出和输入之间的逻辑关系可表示为 $F = f(A,B)$。这种具有逻辑属性的变量称为逻辑变量。A 和 B 是逻辑自变量,F 是逻

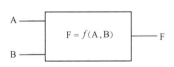

图 1-1　逻辑电路框图

辑因变量。当 A 和 B 的逻辑取值确定后,则 F 的逻辑值也就唯一地被确定下来,通常称 F 是 A 和 B 的逻辑函数。所以输出变量 F 又称为逻辑函数。$F = f(A,B)$ 称为逻辑函数表达式。逻辑自变量和逻辑因变量,只取 0 和 1 两个值,通常称为逻辑 0 和逻辑 1,以区别于数字 0 和 1。逻辑 0 或 1 表示两种对立的状态,表示信号的无或有,电平的低或高,电路的截止或导通,开关的断开或接通,一件事情的非或是(假或真)等。

在逻辑电路中,逻辑 0 和逻辑 1 是用电平的低和高来表示的。如果用高电平表示逻辑 1 而用低电平表示逻辑 0,则称为正逻辑体制(简称正逻辑)。如果用低电平表示逻辑 1 而用高电平表示逻辑 0,则称为负逻辑体制(简称负逻辑)。本书中如无特殊说明,一律采用正逻辑体制。

在逻辑电路中,电位常用电平这一术语来描述。高、低电平表示的是两种不同的状态,它们表示的都是一定的电压范围,而不是一个固定不变的值。例如,在 TTL 门电路中,常规定高电平的额定值为 3V,低电平的额定值为 0.2V,因而从 0V 到 0.8V 都算作低电平,从 2V 到 5V 都算作高电平。

为了加深对逻辑关系的理解,下面通过图 1-2 所示开关控制电路的例子加以说明。图 1-2 中,A 和 B 为单刀双掷开关,F 为电灯,开关 A 和 B 的上合或下合与灯 F 的亮与灭有何因果关系呢?设 A 和 B 向上合为 1,向下合为 0;F 亮为 1,灭为 0。F 与 A 和 B 间的逻辑关系

如表 1-4 所示。此表描述了灯 F 与开关 A 和 B 的状态之间真实的逻辑关系,这个表又称为真值表。从表中输入变量和输出函数的取值可以看出只有 0 和 1 两个逻辑值。当 A 和 B 的取值相同(全向上合或全向下合)时,F 才亮;当 A 和 B 的取值不相同(A 向上合,B 向下合;A 向下合,B 向上合)时,F 就灭。这种逻辑关系写成函数表达式为 $F = f(A,B) = A \cdot B + \overline{A} \cdot \overline{B}$。表 1-4 中,1 用原变量 A 和 B 及原函数 F 表示,0 用反变量 $\overline{A}$(A 的反)、$\overline{B}$(B 的反)表示。函数表达式中,$A \cdot B$ 表示 $1 \cdot 1$(全向上合),是 A 和 B 相与(·)关系;$\overline{A} \cdot \overline{B}$ 表示 $0 \cdot 0$(全向下合),是 $\overline{A}$ 和 $\overline{B}$ 相与(·)关系;符号"+"表示 A 和 B"全向上合"或"全向下合"两种情况中有一种情况存在,F 就亮,"+"表示或的关系;$\overline{A}$ 和 $\overline{B}$ 分别表示 A 的非和 B 的非,为非的关系。

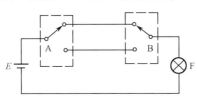

图 1-2 开关控制电路

表 1-4 F 与 A 和 B 间的逻辑关系

输入变量		输出函数	说　　明
A	B	F	
0	0	1	A 与 B 全向下合,F 亮
0	1	0	A 向下合,B 向上合,F 灭
1	0	0	A 向上合,B 向下合,F 灭
1	1	1	A 与 B 全向上合,F 亮

此例的逻辑函数表达式 $F = A \cdot B + \overline{A} \cdot \overline{B}$ 说明了逻辑代数有与、或、非三种基本逻辑运算。式中的"·"为与运算符号,"+"为或运算符号,"—"为非运算符号。下面分别说明这三种基本逻辑运算的含义及如何实现。

1.3.2 基本逻辑运算及基本逻辑门

逻辑与、逻辑或、逻辑非是逻辑代数中的三种基本逻辑运算。实现这三种基本逻辑运算的电路,分别称为与门、或门、非门,这三种门是基本逻辑门。下面用三种指示灯的控制开关电路来说明这三种基本逻辑运算。开关的闭合或断开作为条件,灯的亮或灭作为事件,开关和灯之间的因果关系作为逻辑关系。设开关 A 和 B 为输入变量,开关闭合用逻辑值 1 表示,开关断开用逻辑值 0 表示;灯 F 为逻辑函数,灯亮用逻辑值 1 表示,灯灭用逻辑值 0 表示。

1. 与运算(逻辑与、逻辑乘)

灯的控制开关电路如图 1-3(a)所示。灯 F 亮作为事件发生,开关 A 和 B 的闭合作为事件发生的条件。从图 1-3(a)可以看出,只有开关 A 和 B 同时闭合,灯 F 才会亮。逻辑与的定义:只有当决定一个事件的条件全部具备之后,这个事件才会发生。

图 1-3 中,F 与 A 和 B 之间的逻辑关系也可以用真值表表示,见表 1-5。由于每一个变量只有两种取值(0 或 1),因此 n 个变量有 2^n 种取值组合。图 1-3(a)有两个变量,则有 $2^2 = 4$ 种取值组合(00,01,10,11)。A 和 B 变量的 4 种取值组合与相应函数 F 的值列于表 1-5 中,这个表称为真值表。由真值表可见,只有当输入变量 A 和 B 全为 1 时,输出函数 F 才为 1。这种关系和算术中乘法相似,所以逻辑与又称为逻辑乘,其表达式为

$$F = A \cdot B = AB$$

式中,与运算符号"·"在逻辑函数表达式中可以略去。与运算规则如下:

$$0 \cdot 0 = 0, \quad 0 \cdot 1 = 0, \quad 1 \cdot 0 = 0, \quad 1 \cdot 1 = 1$$

实现与运算的逻辑电路称为与门,与门的逻辑符号如图1-3(b)所示。

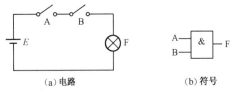

(a)电路   (b)符号

图 1-3   与门的电路及符号

表 1-5   逻辑与真值表

A	B	F
0	0	0
0	1	0
1	0	0
1	1	1

2. 或运算(逻辑或、逻辑加)

灯的控制开关电路如图1-4(a)所示。只要开关 A 或 B 任一闭合,灯 F 就会亮。逻辑或定义:对于决定一个事件(如灯亮)的几个条件(如开关 A 闭合、开关 B 闭合),只要有一个条件得到满足,这个事件就会发生。

图 1-4(a)中,F 与 A 和 B 之间的逻辑关系也可以用真值表来表示,见表1-6。由表可见,输入变量 A 和 B 之中,只要有一个为 1 时,输出函数 F 就为 1。这种关系和算术中加法相似,因此又把逻辑或称为逻辑加,其表达式为

$$F=A+B$$

式中,"+"表示逻辑相加而不是算术相加。这里的 0,1 表示两种不同的逻辑状态,只是逻辑变量取值,没有数量的意思。1+1=1 的含义是 A 和 B 两个开关都闭合,灯 F 亮。或运算规则如下:

$$0+0=0, \quad 0+1=1, \quad 1+0=1, \quad 1+1=1$$

实现或运算的逻辑电路称为或门,或门的逻辑符号如图1-4(b)所示。

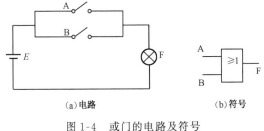

(a)电路   (b)符号

图 1-4   或门的电路及符号

表 1-6   逻辑或真值表

A	B	F
0	0	0
0	1	1
1	0	1
1	1	1

3. 非运算(逻辑非)

灯的控制开关电路如图1-5(a)所示。只要开关 A 断开(条件不具备),灯 F 就会亮,若开关 A 闭合(条件具备),则灯 F 不亮。由此可见,条件不具备时,事件发生,这种逻辑关系称为逻辑非。

图 1-5(a)中,F 和 A 之间的逻辑关系也可以用真值表来表示,见表1-7。由表可见,输入变量 A 为 0 时,输出函数 F 为 1,其表达式为

$$F=\overline{A}$$

非运算规则为

$$\overline{0}=1, \quad \overline{1}=0$$

实现非运算的逻辑电路称为非门,非门的逻辑符号如图1-5(b)所示。

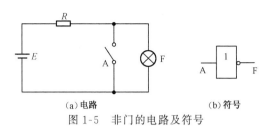

(a)电路　　　　(b)符号

图 1-5　非门的电路及符号

表 1-7　逻辑非真值表

A	F
0	1
1	0

4. 复合逻辑运算

复合逻辑运算是由与、或、非三种基本逻辑运算组合而成的,经常用到的有与非、或非、与或非、异或、同或等复合逻辑运算,其逻辑符号如图 1-6 所示。其中(1)为国标符号,(2)为惯用符号,(3)为国外书刊中常用的符号。

① 与非运算。逻辑函数表达式为 $F=\overline{A \cdot B}$,逻辑符号如图 1-6(a)所示,图上的小圆圈表示非运算。它由与运算和非运算组合而成,先与后非。

② 或非运算。逻辑函数表达式为 $F=\overline{A+B}$,逻辑符号如图 1-6(b)所示。它由或运算和非运算组合而成,先或后非。

③ 与或非运算。逻辑函数表达式为 $F=\overline{A \cdot B+C \cdot D}$,逻辑符号如图 1-6(c)所示。它由与、或、非三种运算组成,先与后或再非。

④ 异或运算。两个输入变量 A 和 B 的逻辑值相同时,输出函数 F 为 0;两个输入变量 A 和 B 的逻辑值相异时,输出函数 F 为 1,这种逻辑关系称为异或。其真值表见表 1-8。由真值表可写出其逻辑函数表达式为 $F=A \cdot \overline{B}+\overline{A} \cdot B=A \oplus B$,式中,$\oplus$ 为异或运算符号。逻辑异或符号如图 1-6(d)所示。

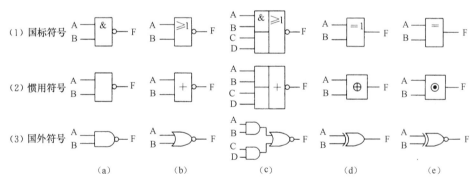

图 1-6　复合逻辑运算符号

⑤ 同或运算。若两个输入变量 A 和 B 的逻辑值相同,则输出函数 F 为 1;若两个输入变量 A 和 B 的逻辑值相异,则输出函数 F 为 0,这种逻辑关系称为同或。其真值表见表 1-9。逻辑函数表达式为 $F=A \cdot B+\overline{A} \cdot \overline{B}=A \odot B$,式中,$\odot$ 为同或运算符号。逻辑同或符号如图 1-6(e)所示。

表 1-8　逻辑异或真值表

A	B	F
0	0	0
0	1	1
1	0	1
1	1	0

表 1-9　逻辑同或真值表

A	B	F
0	0	1
0	1	0
1	0	0
1	1	1

1.3.3 逻辑代数的基本公式和常用公式

1. 基本公式

0-1 律	$A \cdot 0 = 0$	$A + 1 = 1$
自等律	$A \cdot 1 = A$	$A + 0 = A$
重叠律	$A \cdot A = A$	$A + A = A$
互补律	$A \cdot \overline{A} = 0$	$A + \overline{A} = 1$
交换律	$A \cdot B = B \cdot A$	$A + B = B + A$
结合律	$A \cdot (B \cdot C) = (A \cdot B) \cdot C$	$A + (B + C) = (A + B) + C$
分配律	$A \cdot (B + C) = A \cdot B + A \cdot C$	$A + B \cdot C = (A + B) \cdot (A + C)$
吸收律	$A \cdot (A + B) = A$	$A + A \cdot B = A$
反演律	$\overline{A \cdot B} = \overline{A} + \overline{B}$	$\overline{A + B} = \overline{A} \cdot \overline{B}$
双重否定律	$\overline{\overline{A}} = A$	

表 1-10　反演律证明

A	B	$\overline{A \cdot B}$	$\overline{A} + \overline{B}$	$\overline{A + B}$	$\overline{A} \cdot \overline{B}$
0	0	1	1	1	1
0	1	1	1	0	0
1	0	1	1	0	0
1	1	0	0	0	0

上述基本公式可用真值表进行证明。例如,证明反演律 $\overline{A \cdot B} = \overline{A} + \overline{B}$,可将变量 A 和 B 的各种取值组合分别代入等号两边的表达式中,其结果见表 1-10,可以看到,它们的逻辑值完全对应相等,说明该等式成立。

2. 逻辑代数的三条规则

（1）代入规则

在任何一个逻辑等式中,如果将等号两边所有出现的变量都代之以一个逻辑函数,此等式仍然成立,这一规则称为代入规则。例如:等式 $\overline{A \cdot B} = \overline{A} + \overline{B}$,若用 $F = A \cdot C$ 去代替等式中的 A,则等式仍然成立: $\overline{A \cdot C \cdot B} = \overline{A \cdot C} + \overline{B} = \overline{A} + \overline{C} + \overline{B}$。这样,两个变量的等式可以变成三个变量的等式。

（2）反演规则

求逻辑函数 F 的反函数 $\overline{F}$ 时,可用反演规则。它将逻辑函数 F 中的

  · 换成 ＋, ＋ 换成 ·

  0 换成 1, 1 换成 0

  原变量换成反变量, 反变量换成原变量

则得到的新函数是原逻辑函数的反函数 $\overline{F}$。

在变换过程中应注意:两个以上变量的公用非号保持不变;运算的优先顺序是,先计算括号内的运算,然后计算逻辑乘,最后计算逻辑加。

例如:求 $F = A + B + \overline{C} + D + \overline{\overline{E}} + \overline{(G \cdot H)}$ 的反函数。

$$\overline{F} = \overline{A} \cdot \overline{B} \cdot C \cdot \overline{D} \cdot \overline{\overline{E}} \cdot \overline{(G + \overline{H})}$$

（3）对偶规则

将逻辑函数 F 中的

$$\cdot \quad 换成 \quad +, \quad + \quad 换成 \quad \cdot$$
$$0 \quad 换成 \quad 1, \quad 1 \quad 换成 \quad 0$$

便得到逻辑函数 F 的对偶式 F'。若两个逻辑函数相等，则它们的对偶式也相等。若两个逻辑函数的对偶式相等，那么这两个逻辑函数也相等。

例如：求 $F = A \cdot B + \overline{A} \cdot C + B \cdot C$ 的对偶式。

$$F' = (A+B) \cdot (\overline{A}+C) \cdot (B+C)$$

3. 常用公式

公式 1 $AB + A\overline{B} = A$

证明： $AB + A\overline{B} = A(B+\overline{B}) = A$

公式 2 $A + \overline{A}B = A + B$

证明： $A + \overline{A}B = (A+\overline{A})(A+B) = A+B$

公式 3 $AB + \overline{A}C + BC = AB + \overline{A}C$

证明： $AB + \overline{A}C + BC = AB + \overline{A}C + BC(A+\overline{A}) = AB + \overline{A}C + ABC + \overline{A}BC = AB + \overline{A}C$

推论 $AB + \overline{A}C + BCD = AB + \overline{A}C$

公式 4 $\overline{AB + \overline{A}C} = A\overline{B} + \overline{A}\,\overline{C}$

证明： $\overline{AB + \overline{A}C} = \overline{AB} \cdot \overline{\overline{A}C} = (\overline{A}+\overline{B})(A+\overline{C}) = \overline{A}A + \overline{A}\,\overline{C} + A\overline{B} + \overline{B}\,\overline{C}$
$$= A\overline{B} + \overline{A}\,\overline{C} + \overline{B}\,\overline{C} = A\overline{B} + \overline{A}\,\overline{C}$$

公式 5 $A\overline{B} + \overline{A}B = \overline{AB + \overline{A}\,\overline{B}}$ $\quad(\overline{A \oplus B} = A \odot B)$

证明： $\overline{A\overline{B} + \overline{A}B} = \overline{A\overline{B}} \cdot \overline{\overline{A}B} = (\overline{A}+B)(A+\overline{B}) = AB + \overline{A}\,\overline{B} = A \odot B$

同理 $\overline{A \odot B} = A \oplus B$

公式 6 $xf(x, \overline{x}, \cdots, z) = xf(1, 0, \cdots, z)$

例如： $A[AB + \overline{A}C + (A+D)(\overline{A}+E)] = A[1 \cdot B + 0 \cdot C + (1+D)(0+E)]$
$$= A(B + 0 + 1 \cdot E) = A(B+E)$$

公式 7 $f(x, \overline{x}, \cdots, z) = xf(1, 0 \cdots, z) + \overline{x}f(0, 1, \cdots, z)$

例如： $F = AB + \overline{A}C + (A+D)E + (\overline{A}+H)G$
$$= A[1 \cdot B + 0 \cdot C + (1+D)E + (0+H)G] +$$
$$\overline{A}[0 \cdot B + 1 \cdot C + (0+D)E + (1+H)G]$$
$$= A(B+E+HG) + \overline{A}(C+DE+G)$$

1.3.4 逻辑函数的表示方法

表示逻辑函数的方法有 4 种：真值表、表达式、逻辑图和卡诺图。

设一个逻辑电路有两个输入变量 A 和 B，一个输出函数 F。若 A 和 B 逻辑值相同，则输出 F 为 1；若 A 和 B 逻辑值不同，则输出 F 为 0。以此例说明逻辑函数的 4 种表示方法。

由逻辑电路的输出函数 F 和输入变量 A 和 B 之间的因果关系可列出真值表，见表 1-11。

根据真值表写出该逻辑电路的逻辑函数表达式为 $F=\overline{A}\ \overline{B}+AB$。

根据逻辑函数表达式可画出逻辑电路图,如图 1-7 所示。

表 1-11　真值表

A	B	F
0	0	1
0	1	0
1	0	0
1	1	1

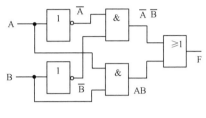

图 1-7　同或逻辑电路图

除上述三种表示方法外,逻辑函数还可用卡诺图表示。这将在逻辑函数的化简中专门讲述。

1.3.5　逻辑函数的化简

一般来说,如果逻辑函数表达式很简单,实现这个表达式的逻辑图就会比较简单,所用的器件也就比较少,因而既节约了器件又可以提高可靠性。通常,从逻辑命题抽象出来的逻辑函数不一定是最简的,所以要求对逻辑函数进行化简,找到其最简单的表达式。此外,有时逻辑函数表达式是最简的形式,但是它不一定适合给定的逻辑门,这种情况又要求对已有的最简形式进行适当的变换,才能用给定的逻辑门画出逻辑电路图。

一个逻辑函数可有多种不同的表达式,这些表达式可以互相转换,例如:

$$F =AB+\overline{A}\ \overline{B} \qquad \text{与-或表达式}$$

$$=\overline{\overline{AB}\cdot\overline{\overline{A}\ \overline{B}}} \qquad \text{与非-与非表达式}$$

$$=\overline{(\overline{A}+\overline{B})(A+B)} \qquad \text{或-与非表达式}$$

$$=\overline{\overline{AB}+A\ \overline{B}} \qquad \text{与-或非表达式}$$

$$=\overline{\overline{(\overline{A}+\overline{B})}+\overline{(A+B)}} \qquad \text{或非-或表达式}$$

$$=\overline{\overline{AB}\cdot A\ \overline{B}} \qquad \text{与非-与非表达式}$$

$$=(A+\overline{B})(\overline{A}+B) \qquad \text{或-与表达式}$$

$$=\overline{\overline{(A+\overline{B})}+\overline{(\overline{A}+B)}} \qquad \text{或非-或非表达式}$$

与或表达式是最常用的一种逻辑函数表达式,最简与或表达式的标准是:式中含有的与项最少;各与项中含有的变量数最少。有了最简与或表达式,就很容易得到其他形式的最简表达式。这里只介绍两种与或表达式的化简方法。一种是公式化简法,另一种是卡诺图化简法。

1. 逻辑函数的公式化简法

公式化简法就是利用基本公式和常用公式来化简逻辑函数,下面通过几个具体的例子来说明公式化简法。

(1)吸收法

利用 $A+AB=A$ 公式，消去多余的乘积项。

例如：$F_1=A\overline{B}+A\overline{B}CD(E+F)=A\overline{B}[1+CD(E+F)]=A\overline{B}$

$$F_2=\overline{A}+A\cdot\overline{BC}\cdot(B+\overline{AC+\overline{D}})+BC=\overline{A}+BC+(\overline{A}+BC)(B+\overline{AC+\overline{D}})$$

$$=(\overline{A}+BC)[1+(B+\overline{AC+\overline{D}})]=\overline{A}+BC$$

(2)消去法

利用 $A+\overline{A}B=A+B$ 公式，消去多余因子。

例如：$F_1=\overline{A}+AB+\overline{B}E=\overline{A}+B+\overline{B}E=\overline{A}+B+E$

$$F_2=A\overline{B}+\overline{A}B+ABCD+\overline{A}\ \overline{B}CD=A\overline{B}+\overline{A}B+(AB+\overline{A}\ \overline{B})CD$$

$$=A\overline{B}+\overline{A}B+\overline{A\overline{B}+\overline{A}B}\ CD=A\overline{B}+\overline{A}B+CD$$

(3)合并项法

利用 $A+\overline{A}=1$ 公式，两项合并为一项，消去一个变量。

例如：$F_1=ABC+\overline{A}BC+\overline{BC}=BC(A+\overline{A})+\overline{BC}=BC+\overline{BC}=1$

$$F_2=A(BC+\overline{B}\ \overline{C})+A(B\overline{C}+\overline{B}C)=ABC+A\overline{B}\ \overline{C}+AB\overline{C}+A\overline{B}C$$

$$=AB(C+\overline{C})+A\overline{B}(\overline{C}+C)=AB+A\overline{B}=A(B+\overline{B})=A$$

(4)配项法

为了达到化简目的，有时给某个与项乘以 $(A+\overline{A})$，把一项变为两项再与其他项合并进行化简；有时也可以添加 $A\overline{A}(=0)$ 项进行化简。

例如：$F_1=A\overline{B}+B\overline{C}+\overline{B}C+\overline{A}B$

$$=A\overline{B}(C+\overline{C})+B\overline{C}(A+\overline{A})+\overline{B}C+\overline{A}B$$

$$=A\overline{B}C+A\overline{B}\ \overline{C}+AB\overline{C}+\overline{A}B\overline{C}+\overline{B}C+\overline{A}B$$

$$=\overline{B}C(1+A)+A\overline{C}(\overline{B}+B)+\overline{A}B(1+\overline{C})$$

$$=\overline{B}C+A\overline{C}+\overline{A}B$$

$$F_2=AB\overline{C}+\overline{ABC}\cdot\overline{AB}=AB\overline{C}+\overline{ABC}\cdot\overline{AB}+AB\cdot\overline{AB}$$

$$=AB(\overline{C}+\overline{AB})+\overline{ABC}\ \overline{AB}=AB\ \overline{(C+\overline{AB})}+\overline{AB}\ \overline{ABC}$$

$$=AB\ \overline{ABC}+\overline{AB}\ \overline{ABC}=\overline{ABC}$$

从上面几个例子可以看到，利用公式法化简逻辑函数要求熟练掌握各种公式，而且需要一定的技巧，这对初学者来说比较困难。另外，还需说明一点，有的逻辑函数化简的结果不唯一。

2. 逻辑函数的卡诺图化简法

用卡诺图化简逻辑函数是一种简便直观、容易掌握、行之有效的方法。它在数字逻辑电路设计中已得到广泛应用。

一个逻辑函数的卡诺图就是将此函数最小项表达式中的各个最小项相应地填入一个特定的方格图内，此方格图称为卡诺图。

(1)最小项及最小项表达式

① 最小项及最小项的性质

最小项是逻辑代数中的一个重要概念，卡诺图中的每个小方格都表示了一个最小项。

在有 n 个逻辑变量的逻辑函数中，n 个变量（包含所有变量）的乘积项称为最小项。其特点是：n 个变量有 2^n 个最小项；每个最小项只有 n 个变量；每个变量只能出现一次，它不是以原变量形式出现，就是以反变量形式出现。例如，有两个变量 A 和 B，则有 $2^2 = 4$ 个最小项（$\bar{A}\bar{B}$，$\bar{A}B$，$A\bar{B}$，AB）。有三个变量 A、B 和 C，共有 $2^3 = 8$ 个最小项（$\bar{A}\bar{B}\bar{C}$，$\bar{A}\bar{B}C$，$\bar{A}B\bar{C}$，$\bar{A}BC$，$A\bar{B}\bar{C}$，$A\bar{B}C$，$AB\bar{C}$，ABC）。

为了读、写方便，通常将每个最小项编号，用 m_i 表示。编号是这样得到的：最小项中以原变量出现时用 1 表示，以反变量出现时用 0 表示，最小项的变量取值组合为二进制数值，将它转换为对应的十进制数值就是该最小项的编号。例如，最小项 $\bar{A}BC$ 的变量取值为 011，所对应的十进制数为 3，所以 $\bar{A}BC$ 的编号为 m_3。其余类推，$A\bar{B}\bar{C}$ 的编号为 m_4，$A\bar{B}C$ 的编号为 m_5 等。

要注意的是，提到最小项时，一定要说明变量的数目，否则最小项这一术语将失去意义。例如，乘积项 ABC 对三个变量是最小项，而对 4 个变量则不是最小项。

下面以三个变量的最小项为例说明最小项的性质，其真值表见表 1-12。由此表可以看出最小项的性质如下。

表 1-12 三个变量的最小项的真值表

变量	最小项							
ABC	$\bar{A}\bar{B}\bar{C}$	$\bar{A}\bar{B}C$	$\bar{A}B\bar{C}$	$\bar{A}BC$	$A\bar{B}\bar{C}$	$A\bar{B}C$	$AB\bar{C}$	ABC
0 0 0	1	0	0	0	0	0	0	0
0 0 1	0	1	0	0	0	0	0	0
0 1 0	0	0	1	0	0	0	0	0
0 1 1	0	0	0	1	0	0	0	0
1 0 0	0	0	0	0	1	0	0	0
1 0 1	0	0	0	0	0	1	0	0
1 1 0	0	0	0	0	0	0	1	0
1 1 1	0	0	0	0	0	0	0	1
编号	m_0	m_1	m_2	m_3	m_4	m_5	m_6	m_7

i)每个最小项相对应的一组变量取值使它为 1，而变量取其他值时，这个最小项都是 0。

ii)所有最小项的逻辑和为 1，即 $\sum (m_0, m_1, m_2, m_3, m_4, m_5, m_6, m_7) = 1$。

iii)任意两个最小项的逻辑乘为 0，即 $m_i \cdot m_j = 0 (i \neq j)$。

iv)三个变量的最小项中，每个最小项都有三个相邻项。所谓相邻项，是指如果两个最小项中只有一个变量互为相反变量，其余变量均相同，则称这两个最小项在逻辑上是相邻的，又称逻辑上的相邻性。例如，ABC 和 $AB\bar{C}$ 两个最小项中除变量 C 互为相反变量外，A 和 B 两个变量均相同，所以 ABC 和 $AB\bar{C}$ 是相邻项。ABC 还有两个相邻项 $A\bar{B}C$ 和 $\bar{A}BC$。n 个变量的每个最小项都有 n 个相邻项。

v)n 个变量有 2^n 个最小项（$m_0, m_1, \cdots, m_{2^n-1}$）。

② 最小项表达式

任何一个逻辑函数表达式都可以转换成最小项之和的形式。用最小项之和表示的逻辑函数表达式称为最小项表达式。例如，$F(A,B,C) = AB + \bar{A}C$，F 的表达式中每项只含有两个变量，需要把每项缺少的变量补入，使之成为最小项形式，而又不改变原有逻辑关系，则

$$F(A,B,C) = AB \cdot (C + \bar{C}) + \bar{A}C \cdot (B + \bar{B}) = ABC + AB\bar{C} + \bar{A}BC + \bar{A}\bar{B}C = m_7 + m_6 + m_3 + m_1$$

(2)卡诺图的画法

卡诺图是根据最小项之间相邻项的关系画出来的方格图。每个小方格代表逻辑函数的一个最小项,下面以 2～5 个变量为例来说明卡诺图的画法。

① 两个变量的卡诺图

两个变量 A 和 B 共有 4 个最小项 $\overline{A}\,\overline{B}$,$\overline{A}B$,$A\overline{B}$,$AB$。用 4 个相邻的方格表示这 4 个最小项之间的相邻关系,如图 1-8 所示。画卡诺图时将变量分为两组,A 为一组,B 为一组。卡诺图的左边线用变量 A 的反变量 $\overline{A}$ 和原变量 A 表示,即上边一行表示 $\overline{A}$,下边一行表示 A。卡诺图的上边线用变量 B 的反变量 $\overline{B}$ 和原变量 B 表示,即左边一列表示 $\overline{B}$,右边一列表示 B。行和列相与就是最小项,记入行和列相交的小方格内,如图 1-8(a)所示。原变量用 1 表示,反变量用 0 表示,如图 1-8(b)所示。每个最小项用编号表示,结果如图 1-8(c)所示。从卡诺图 1-8(a)中可以看出,每对相邻小方格表示的最小项都是相邻项。

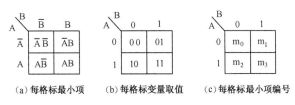

(a)每格标最小项　　(b)每格标变量取值　　(c)每格标最小项编号

图 1-8　两个变量的卡诺图

② 三个变量的卡诺图

三个变量 A、B 和 C 共有 8 个最小项,则用 8 个小方格分别表示各个最小项,图 1-9(a)是三个变量卡诺图的一种画法。A、B 和 C 三个变量分为两组,A 为一组,B 和 C 为一组,分别表示行和列。第 1 行表示 $\overline{A}$,第 2 行表示 A,第 1 列表示 $\overline{B}\,\overline{C}$,第 2 列表示 $\overline{B}C$,第 3 列表示 BC,第 4 列表示 $B\overline{C}$。$\overline{A}$ 和 A 标在卡诺图左边线外,$\overline{B}\,\overline{C}$,$\overline{B}C$,BC,$B\overline{C}$ 标在卡诺图上边线外。任意相邻两列都具有相邻性,两个边列(两端的列)也具有相邻性,相邻的两行显然具有相邻性,与上同理可以画出图 1-9(b)和(c)。例如,m_0 的相邻项有 m_1,m_2,m_4。

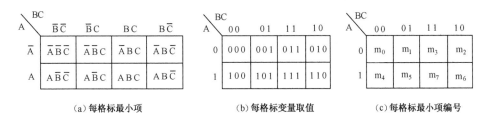

(a)每格标最小项　　　　　(b)每格标变量取值　　　　　(c)每格标最小项编号

图 1-9　三个变量的卡诺图

三个变量的卡诺图是在两个变量的卡诺图基础上画出来的。以两个变量的卡诺图右边线为对称轴作一个对称图形。三个变量的卡诺图上边线变量 B,C 的标注:轴线左边的变量 C 和两个变量的卡诺图上边线变量的标注相同,而轴线右边的变量 C 则与左边的对称填写;轴线左边的 B 均填写 0($\overline{B}$),而右边的 B 填写 1(B)。三个变量的卡诺图左边线标注变量 $\overline{A}$ 和 A,和两个变量的卡诺图标注相同。这样便构成了三个变量的卡诺图,如图 1-9 所示。

③ 4 个变量的卡诺图

4 个变量 A,B,C,D 共有 16 个最小项,则用 16 个小方格分别表示各个最小项,图 1-10 是

4个变量的卡诺图。A,B,C,D这4个变量分为两组,A和B为一组,C和D为一组,分别表示行和列。4个变量的卡诺图也是在三个变量卡诺图基础上画出来的。以三个变量的卡诺图下边线为对称轴,作一个对称图形。4个变量的卡诺图左边线变量A和B的标注:轴线左边的变量B与三个变量的卡诺图左边线变量的标注相同,而轴线下边的变量B则与上边的对称填写;轴线上边的A均填写0,而下边的A均填写1。4个变量的卡诺图上边线变量C和D的标注与三个变量卡诺图的标注相同。这样便构成了4个变量的卡诺图。

④ 5个变量的卡诺图

5个变量A,B,C,D,E共有32个最小项,则用32个小方格分别表示各个最小项,图1-11是5个变量的卡诺图,5个变量分为两组,A和B为一组,C、D和E为一组,分别表示行和列。5个变量的卡诺图是在4个变量的卡诺图基础上画出来的。以4个变量的卡诺图右边线为对称轴作一个对称图形,5个变量的卡诺图上边线变量C、D和E的标注与上同理,轴线左边的D和E与4个变量的卡诺图C和D标注一样,轴线右边则与左边对称填写;轴线左边的C均填写0,而右边的C均填写1。5个变量的卡诺图左边线变量A和B的标注与4个变量卡诺图的标注相同。这样便构成了5个变量的卡诺图,如图1-11所示。方格中标写的0,1,2,…,31是最小项编号的简写。

n个变量的卡诺图是以$n-1$个变量的卡诺图为基础画出来的。两个变量的卡诺图是最基础的卡诺图。

AB\CD	00	01	11	10
00	m_0	m_1	m_3	m_2
01	m_4	m_5	m_7	m_6
11	m_{12}	m_{13}	m_{15}	m_{14}
10	m_8	m_9	m_{11}	m_{10}

图1-10 4个变量的卡诺图

AB\CDE	000	001	011	010	110	111	101	100
00	0	1	3	2	6	7	5	4
01	8	9	11	10	14	15	13	12
11	24	25	27	26	30	31	29	28
10	16	17	19	18	22	23	21	20

图1-11 5个变量的卡诺图

(3)用卡诺图表示逻辑函数

已知逻辑函数表达式就可画出相应的卡诺图。如果逻辑函数是最小项表达式,则在相同变量的卡诺图中,与每个最小项相对应的小方格内填1,其余填0;若逻辑函数是一般式,则先把一般式变为最小项表达式后,再填卡诺图,或直接按逻辑函数一般式填卡诺图亦可。

如果已知逻辑函数真值表,对应于变量逻辑取值的每种组合,函数值为1或0,则在相同变量卡诺图的对应小方格内填1或填0,就得到逻辑函数的卡诺图。

例如,用卡诺图表示逻辑函数 $F_1 = AB + \overline{A}\,BC + \overline{A}B\,\overline{C}$,此逻辑函数表达式为一般式。式中第2和3项是最小项,编号为m_1和m_2,式中第1项只有两个变量A和B,缺少变量C,这一项不是最小项,将AB乘以$(C+\overline{C})=1$,即$AB(C+\overline{C})=ABC+AB\,\overline{C}$,于是逻辑函数$F_1$的最小项表达式为

$$F_1 = ABC + AB\,\overline{C} + \overline{A}\,BC + \overline{A}B\,\overline{C} = m_7 + m_6 + m_1 + m_2 = \sum (m_1, m_2, m_6, m_7)$$

将上式的最小项按其编号填入下面卡诺图中相对应的小方格内,标记为1,其余的小方格填0,如图1-12(a)所示。此卡诺图表示了逻辑函数F_1。也可直接将AB项填入卡诺图。先找出变量A为1的行,即第2行,用虚线表示出来,再找出B为1的列,即第3,4列,也用虚线表示出来,则行和列虚线相交处的小方格m_6,m_7($AB\overline{C}$,ABC)就是包含AB项的两个最小项,如

图 1-12(b)所示。再把 m_1,m_2 两个最小项填入此卡诺图中,则此卡诺图表示逻辑函数 $F_1=AB+\overline{A}\ \overline{B}C+\overline{A}B\overline{C}$。

已知逻辑函数 F_2 的真值表,如表 1-13 所示。要用卡诺图表示此逻辑函数,可把真值表中变量 A、B 和 C 取值的每种组合(函数值为 1 或 0)直接填入三个变量的卡诺图对应小方格内,如图 1-13 所示。此卡诺图即为真值表所表示的逻辑函数 F_2。

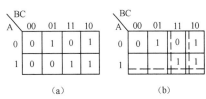

图 1-12　逻辑函数 F_1 的卡诺图

表 1-13　真值表

A	B	C	F_2	A	B	C	F_2
0	0	0	0	1	0	0	0
0	0	1	0	1	0	1	1
0	1	0	0	1	1	0	1
0	1	1	1	1	1	1	1

图 1-13　表 1-13 的卡诺图

（4）用卡诺图化简逻辑函数

卡诺图的最大特点是形象地表达了最小项之间的相邻性,而且边行(或边列)的小方格也具有相邻性。故可利用 $A+\overline{A}=1$ 和 $AB+A\overline{B}=A$ 进行化简。进行化简之前必须明确合并最小项的规则。

① 合并最小项的规则

i)两个相邻最小项的合并

图 1-14 表示了两个相邻最小项合并的各种情况。两个相邻的画有 1 的小方格可以画入同一圈里,即表示两个最小项相加使两个相邻的最小项合并成一项,消去互为反变量的变量。在图 1-14 中把标记 1 的相邻小方格用虚线圈在一起,从中可以观察到,用虚线圈起的有 1 的相邻小方格中都存在着一个互为反变量的变量:图 1-14(a) 中是 B 和 $\overline{B}$;图 1-14(b)中是 D 和 $\overline{D}$;图 1-14(c)中是 A 和 $\overline{A}$;图 1-14(d) 中是 C 和 $\overline{C}$。它们均被消去。而每个圈里相邻小方格中相同变量作为合并后的与项:图 1-14(a) 为 ACD,图 1-14(b)为 ABC,图 1-14(c)为 $\overline{B}\ \overline{C}D$,图 1-14(d)为 $\overline{A}B\overline{D}$。

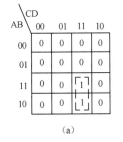
（a）

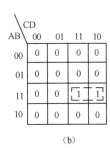
（b）

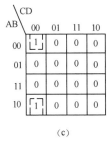
（c）

（d）

图 1-14　两个相邻最小项的合并

ii)4 个相邻最小项的合并

图 1-15 表示了 4 个相邻最小项合并的各种情况。在图 1-15(a)中,m_9,m_{11},m_{13},m_{15} 这 4 个标有 1 的小方格组成一个田字格,该田字格中列对应的变量为 C 和 D,其中 D 的取值相同,C 的取值不同;而行对应的变量为 A 和 B,其中 A 的取值相同,B 的取值不同。所以 C 和 B 两个变量

被消去,而 AD 作为合并后的与项。在图 1-15(b),(c),(d),(e),(f)中,最后合并结果分别为 $\overline{A}B$,$C\overline{D}$,$\overline{B}\,\overline{D}$,$B\overline{D}$,$\overline{B}\,\overline{C}$。

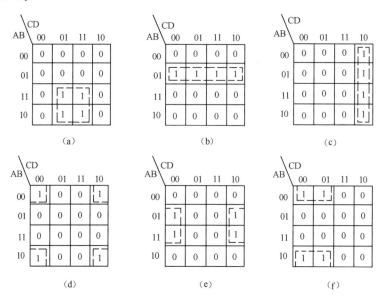

图 1-15 4 个相邻最小项的合并

iii)8 个相邻最小项的合并

图 1-16 表示了 8 个相邻最小项合并的各种情况:相邻的两行或相邻的两列;两个边行或两个边列。这样 8 个标有 1 的相邻小方格可以圈在一起合并成一项。合并时可以消去三个互为反变量的变量,最后只剩下一个变量构成一项。图 1-16(a),(b),(c),(d)化简后分别为 B,D,$\overline{B}$,$\overline{D}$。

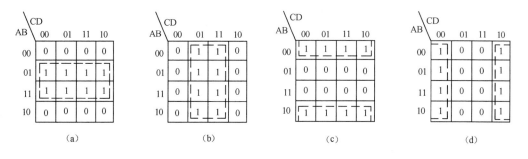

图 1-16 8 个相邻最小项的合并

由上面分析可见,只有 $2^i(i=1,2,3,\cdots)$ 个相邻最小项才能合并,并消去 i 个变量,因为 2^i 个相邻最小项中正好包含了 i 个变量的全部 2^i 个最小项。根据最小项的性质,i 个变量的全部最小项之和为 1,即全部最小项合并后为 1,因此 2^i 个相邻最小项合并后可消去 i 个变量。

② 用卡诺图化简逻辑函数

用卡诺图化简逻辑函数的优点是直观、形象、简单,便于掌握。下面举例说明化简过程。化简逻辑函数 $F=\overline{A}\,\overline{B}C\overline{D}+A\overline{B}CD+\overline{A}B\overline{C}+AB\overline{D}+\overline{A}BC+BCD$。

第一步,把逻辑函数 F 用卡诺图表示,如图 1-17 所示。

第二步，合并最小项，即把标有 1 的小方格按合并最小项的规则分组画圈。画圈的原则是：每个圈内相邻最小项为 1 的个数必须是 $2^i(i=0,1,2,3,\cdots)$ 个；每个圈内为 1 的最小项可以多次被圈，但每个圈内至少有一个未曾被圈过的为 1 的最小项；为保证与项的个数最少，圈的个数应最少，每个圈应尽可能大，这样消除的变量多；所有为 1 的最小项必须全部圈完。

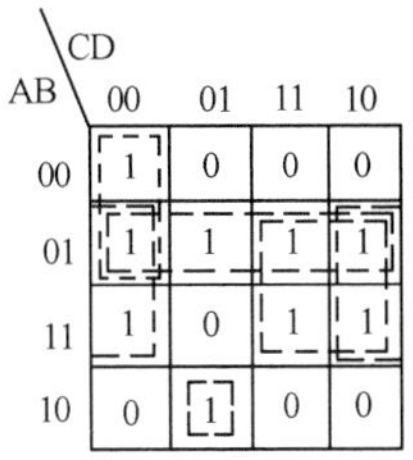

该卡诺图中共画 5 个圈：m_9；m_0，m_4；m_4，m_5，m_6，m_7；m_4，m_{12}，m_6，m_{14}；m_6，m_7，m_{14}，m_{15}。每个圈合并后为：$A\overline{B}\,\overline{C}D$；$\overline{A}\,\overline{C}\,\overline{D}$；$\overline{A}B$；$BC$；$B\overline{D}$。

第三步，将合并后的最简项进行逻辑加，即

$$F=A\overline{B}\,\overline{C}D+\overline{A}\,\overline{C}\,\overline{D}+\overline{A}B+BC+B\overline{D}$$

图 1-17 逻辑函数 F 的卡诺图

3. 具有无关项的逻辑函数化简

在一些逻辑函数中，变量取值的某些组合所对应的最小项不会出现或不允许出现，这些最小项称为约束项。例如，8421 BCD 码中 1010～1111 这 6 个最小项就是约束项。而在另一些逻辑函数中，变量取值的某些组合既可以是 1，也可以是 0，这些最小项称为任意项。约束项和任意项统称为无关项。在逻辑函数化简时，无关项取值可以为 1，也可以为 0。

在逻辑函数表达式中，无关项通常用 $\sum_d(\cdots)$ 表示。在真值表和卡诺图中，无关项对应的函数值用"×"表示。例如，某逻辑函数 $F=\overline{A}\,\overline{B}\,\overline{C}+\overline{A}BC$，其无关项为 $A\overline{B}\,\overline{C}+A\overline{B}C$，则其逻辑函数表达式可以写为 $F(A,B,C)=\sum(m_0,m_1)+\sum_d(m_4,m_5)$。其真值表如表 1-14 所示，其卡诺图如图 1-18 所示。

表 1-14 真值表

A	B	C	F	A	B	C	F
0	0	0	1	1	0	0	×
0	0	1	1	1	0	1	×
0	1	0	0	1	1	0	0
0	1	1	0	1	1	1	0

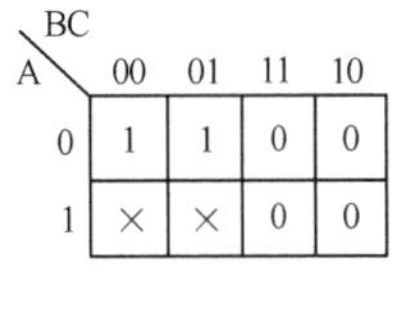

图 1-18 表 1-14 的卡诺图

这里借助无关项对应的函数值可以为 0 或为 1 的特点进行逻辑函数化简，它可以使逻辑函数化为最简。不考虑无关项时，逻辑函数化简后 $F=\overline{A}\,\overline{B}$；考虑无关项时，逻辑函数化简后 $F=\overline{B}$。

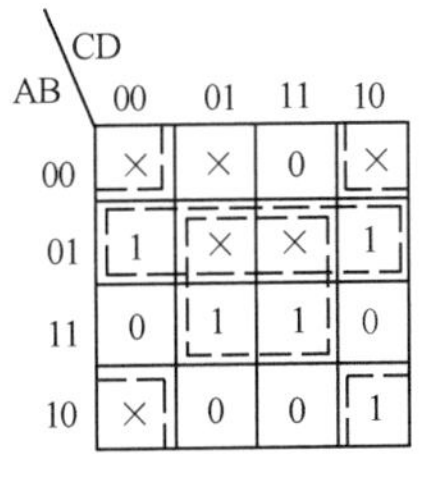

图 1-19 ［例 1-1］的卡诺图

【例 1-1】 用卡诺图化简逻辑函数 $F(A,B,C,D)=\sum(m_{15},m_{13},m_{10},m_6,m_4)+\sum_d(m_8,m_7,m_5,m_2,m_1,m_0)$。

解：用卡诺图表示逻辑函数 F，如图 1-19 所示，如果不考虑无关项，则 F 化简后表达式为

$$F=\overline{A}B\overline{D}+ABD+A\overline{B}C\overline{D}$$

如果考虑无关项，利用无关项进行化简，则 F 化简后表达式为

$$F=\overline{A}B+BD+\overline{B}\,\overline{D}$$

由上述两个化简后的表达式可以看出，利用无关项进行逻辑

函数化简,可使函数表达式中的每项进一步简化。但是,该表达式是受约束的,即 m_8,m_7,m_5,m_2,m_1,m_0 不准出现。

习题 1

1-1　将二进制数转换为十进制数:$(1011)_2$,$(11011)_2$,$(110110)_2$,$(1101100)_2$。

1-2　将二进制数转换为十六进制数:$(11101011)_2$,$(1010110101)_2$,$(11100101110)_2$。

1-3　将二进制数转换为八进制数:$(10111)_2$,$(101110)_2$,$(1011100)_2$,$(101110001)_2$。

1-4　将十六进制数转换为二进制数:$(4AC)_{16}$,$(ACB9)_{16}$,$(78ADF)_{16}$,$(98EBC)_{16}$。

1-5　将八进制数和十六进制数转换为十进制数:$(675)_8$,$(A675)_{16}$,$(111)_8$,$(111A)_{16}$。

1-6　将十进制数转换为八进制数:$(105)_{10}$,$(99)_{10}$,$(9)_{10}$,$(900)_{10}$。

1-7　将十进制数转换为十六进制数:$(100)_{10}$,$(10)_{10}$,$(110)_{10}$,$(88)_{10}$。

1-8　将十进制数写成 8421 BCD 码:$(987)_{10}$,$(3456)_{10}$,$(7531)_{10}$。

1-9　将 8421 BCD 码写成十进制数:$(010110001001)_{8421}$,$(1000100100111000)_{8421}$。

1-10　电路如题图 1-1 所示,设开关闭合为 1,断开为 0;灯亮为 1,灭为 0。试写出灯 F_1 和 F_2 对开关 A,B,C 的逻辑关系真值表,并写出 F_1 和 F_2 对 A,B,C 的逻辑函数表达式。

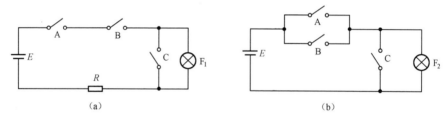

(a)　　　　　　　　　　　　　　　(b)

题图 1-1　习题 1-10 的图

1-11　判断下列逻辑运算是否正确? 并给出说明。

(1)若 A+B=A,则 B=0　　　　　　　　(2) 若 1+B=A·B,则 A=B=1

(3)若 A·B=A·C,则 B=C

1-12　在函数 F=AB+C 的真值表中,F=1 的状态有多少个?

1-13　用真值表法证明:

(1)AB+C=(A+C)(B+C)　　　　　　　(2) $\overline{AB}=\overline{A}+\overline{B}$

1-14　用逻辑代数的基本公式和常用公式化简下列逻辑函数:

(1)$F_1=A\overline{B}+\overline{A}B+A$　　　　　　　(2)$F_2=A\overline{B}\,\overline{C}+ABC+A\overline{B}C+AB\overline{C}+\overline{A}B$

(3)$F_3=\overline{A}+\overline{B}+\overline{C}+\overline{D}+ABCD$　　　　(4)$F_4=AB+\overline{A}C+BC+A+\overline{C}$

1-15　证明下列异或运算公式:

$A\oplus0=A$,$A\oplus1=\overline{A}$,$A\oplus A=0$,$A\oplus\overline{A}=1$,$AB\oplus A\overline{B}=A$,$A\oplus\overline{B}=\overline{A\oplus B}$

1-16　用公式法证明下列等式:

(1) $A\overline{B}+B\overline{C}+C\overline{A}=\overline{A}B+\overline{B}C+\overline{C}A$　　　(2) $\overline{A}\,\overline{C}+\overline{A}\,\overline{B}+BC+\overline{A}\,\overline{C}D=\overline{A}+BC$

1-17　求下列逻辑函数的反函数:

(1)$F_1=A\overline{B}+\overline{A}B$　　　　　　　(2)$F_2=ABC+\overline{\overline{A}+\overline{B}+\overline{C}}$

(3)$F_3=\overline{\overline{A+B+\overline{C}+\overline{D}+\overline{E}}}$　　　　　(4)$F_4=(A+B+C)\cdot(\overline{A}+\overline{B}+\overline{C})$

1-18 求下列逻辑函数的对偶式：

(1) $F_1 = AB + CD$ 　　　　　　　　　(2) $F_2 = (A+B) \cdot (C+D)$

(3) $F_3 = \overline{A+B} + \overline{A} \cdot \overline{B}$ 　　　　　(4) $F_4 = \overline{A+B+\overline{\overline{C}+\overline{DF}}}$

1-19 用卡诺图化简下列函数：

(1) $F(A,B,C) = \sum (m_0, m_1, m_2, m_4, m_5, m_7)$

(2) $F(A,B,C,D) = \sum (m_2, m_3, m_6, m_7, m_8, m_{10}, m_{12}, m_{14})$

(3) $F(A,B,C,D) = \sum (m_0, m_1, m_2, m_3, m_4, m_6, m_8, m_9, m_{10}, m_{11}, m_{12}, m_{14})$

1-20 用卡诺图化简下列函数：

(1) $F = \overline{A}B\overline{C}\,\overline{D} + \overline{A}BC\overline{D} + AB\overline{C}D + ABCD + A\overline{B}C\overline{D}$

　　无关项：$\overline{A}\,\overline{B}\,\overline{C}\,\overline{D} + \overline{A}\,\overline{B}C\overline{D} + \overline{A}B\overline{C}D + \overline{A}BCD + A\overline{B}\,\overline{C}\,\overline{D}$

(2) $F = \overline{A}\,\overline{B}\,\overline{C}D + A\overline{B}\,\overline{C}D + \overline{A}BCD + A\overline{B}CD$

　　无关项：$\overline{A}\,\overline{B}CD + \overline{A}B\overline{C}D + ABCD$

1-21 用卡诺图判断逻辑函数 Z 与 Y 有何关系。

(1) $Z = AB + BC + CA$ 　　　　　　　(2) $Z = D + B\overline{A} + \overline{C}B + \overline{C}\,\overline{A} + C\overline{B}A$

　　$Y = \overline{A}\,\overline{B} + \overline{B}\,\overline{C} + \overline{C}\,\overline{A}$ 　　　　　　$Y = A\overline{B}\,\overline{C}\,\overline{D} + ABC\overline{D} + \overline{A}BC\overline{D}$

第 2 章　逻辑门电路

在数字电路中,具有逻辑运算功能的电路称为逻辑门电路(简称门电路),把门电路中所有元器件及连接导线制作在同一块半导体基片上所构成的电路称为集成逻辑门电路。

2.1　概述

数字集成电路的集成规模根据一块半导体芯片上集成的门电路或者元器件的个数多少而分为小、中、大和超大规模集成电路。小规模集成电路(SSI)一块芯片上,集成的门电路有 $1\sim10$ 个,而元器件有 $10\sim100$ 个;中规模集成电路(MSI)一块芯片上,集成的门电路有 $10\sim100$ 个,而元器件有 $10^2\sim10^3$ 个;大规模集成电路(LSI)一块芯片上,集成的门电路超过 100 个,而元器件超过 10^3 个;超大规模集成电路(VLSI)一块芯片上,集成的门电路可达上万个,而元器件可达数十万个。

本章重点介绍 MOS(MOSFET 的缩写,英文全称为 Metal-Oxide-Semiconductor Field-Effect Transistor)门电路,其属于小规模集成电路范畴。按照使用的晶体管不同,其分为 MOS 型、双极型和混合型。MOS 型主要有 CMOS、NMOS 和 PMOS 门电路,双极型主要有 TTL 和 ECL 门电路,混合型主要有 Bi-CMOS 门电路。

TTL 门电路属双极型集成电路,由于其输入级和输出级都是三极管结构,故而得名。TTL 门电路是技术比较成熟的集成电路,应用最早,曾被广泛使用。随着大规模集成电路的发展,CMOS 门电路结构简单、集成度更高、功耗更低的优势逐渐体现出来。TTL 门电路不再具有主导地位,目前主要应用于简单的中小规模集成电路。

中小规模集成电路芯片的名称以 54 或 74 开始,后加不同系列缩写字母及数字表示具体型号。54 和 74 系列的区别是,54 系列适用的温度范围更宽,测试和筛选标准更严格。

CMOS 门电路是由 NMOS 管和 PMOS 管组成的互补 MOS 门电路,属单极型集成电路。CMOS 门电路是目前使用最广泛、占主导地位的集成电路。早期的 CMOS(如 4000 系列)门电路速度慢,与当时最流行的 TTL 门电路不易匹配,它的应用范围受到了一定的限制。但随着 CMOS 门电路制造工艺的不断改进,其集成度、成本、功耗和抗干扰能力远优于 TTL 门电路,因此,出现了种类繁多的 CMOS 门电路系列,几乎所有的存储器、PLD 器件、CPU 和专用集成电路(ASLC)都采用 CMOS 工艺制造。

但是 CMOS 技术不适合用在射频电路及模数混合电路中。Bi-CMOS 技术将 BJT(双极结型晶体管)的高速性和高驱动能力以及 CMOS 门电路的高密度、低功耗和低成本等优点结合起来,可用在射频电路及模数混合电路中。

ECL(Emitter Coupled Logic)门电路,也是一种双极型集成电路,其主要特点是三极管导通时未进入饱和状态,因此工作速度极高。但同时其功耗比较高,不适合制成大规模集成电路,使用范围有限。ECL 门电路主要用于高速或超高速数字系统或设备。

2.2 CMOS 门电路

2.2.1 MOS 管的开关模型

在数字电路中,MOS 管通常工作在可变电阻区和截止区。MOS 管的工作状态受栅极和源极之间的电压 V_{GS} 控制。以 NMOS 管为例,当 $V_{GS}>V_{TN}$(V_{TN} 为 NMOS 管的开启电压),$V_{GD}>V_{TN}$ 时,NMOS 管导通,且工作在可变电阻区,其源极和漏极之间的导通电阻很小,约在 1kΩ 以内,有的甚至可以小于几十 Ω,同时漏极和源极之间的电压差很小,可以忽略,相当于开关"闭合"。而当 $V_{GS}<V_{TN}$ 时,NMOS 管截止,其源极和漏极之间表现为一个非常大的电阻,可以达到 10^9Ω,可视为开关"断开"。因此,常用开关模型来表示 MOS 管的工作状态,当 MOS 管导通时,用闭合的开关模型表示,如图 2-1(a)所示。当 MOS 管截止时,用断开的开关模型表示,如图 2-1(b)所示。

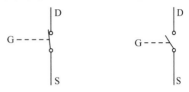

(a) 导通时的等效电路　(b) 截止时的等效电路

图 2-1　MOS 管的开关模型

2.2.2 CMOS 反相器的电路结构和工作原理

1. CMOS 反相器的电路结构

利用 NMOS 管和 PMOS 管两者互补特性而组成的电路称为 CMOS 门电路。CMOS 反相器是最基本的,也是最重要的 CMOS 门电路,如图 2-2(a)所示。CMOS 反相器的逻辑符号如图 2-2(b)和(c)所示。电路中的工作管 VT_N 为 NMOS 管,负载管 VT_P 为 PMOS 管,两个管子的衬底与各自的源极相连。CMOS 反相器采用正电源 V_{DD} 供电,VT_P 的源极接电源正极,VT_N 的源极接地。两个管子的栅极连在一起,作为反相器的输入端,两个管子的漏极连在一起,作为反相器的输出端。

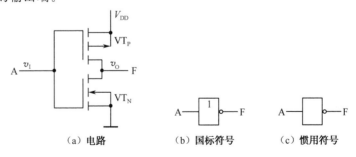

(a) 电路　　　　　(b) 国标符号　　　　(c) 惯用符号

图 2-2　CMOS 反相器

2. CMOS 反相器的工作原理

CMOS 反相器要求电源电压大于两个管子开启电压的绝对值之和,即 $V_{DD}>|V_{TN}|+|V_{TP}|$。

当输入 v_I 为低电平 V_{IL} 且小于 V_{TN} 时,NMOS 工作管 VT_N 截止。但对于 PMOS 负载管 VT_P 来说,由于栅极电位较低,使其栅源电压绝对值大于开启电压的绝对值 $|V_{TP}|$,因此 VT_P

充分导通。由于 VT_N 的截止电阻远比 VT_P 的导通电阻大得多,因此电源电压差不多全部降落在 VT_N 的漏源极之间,使反相器输出高电平 $V_{OH} \approx V_{DD}$。

当输入 v_I 为高电平 V_{IH} 且大于 V_{TN} 时,VT_N 导通。但对于 VT_P 来说,由于栅极电位较高,使其栅源电压绝对值小于开启电压的绝对值 $|V_{TP}|$,因此 VT_P 截止。由于 VT_P 截止时相当于一个很大的电阻,而 VT_N 导通时相当于一个较小的电阻,因此电源电压几乎全部降落在 VT_P 上,使反相器输出为低电平,且很低,即 $V_{OL} \approx 0V$。

CMOS 反相器的工作原理还可用 MOS 管的开关模型来说明。当输入端为低电平时,各开关的状态如图 2-3(a) 所示,故输出端为高电平;当输入端为高电平时,各开关转变为相反状态,如图 2-3(b) 所示,故输出端为低电平。

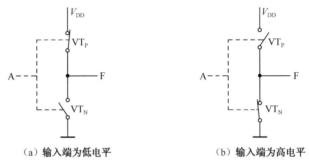

（a）输入端为低电平   （b）输入端为高电平

图 2-3　反相器的开关模型

2.2.3　CMOS 反相器的传输特性曲线和抗干扰能力

1. CMOS 反相器的传输特性曲线

CMOS 反相器的传输特性曲线分为电压传输特性曲线和电流传输特性曲线。电压传输特性曲线是描述输出电压 v_O 与输入电压 v_I 之间对应关系的曲线,如图 2-4(a) 所示;电流传输特性曲线是描述漏极电流 i_D 随输入电压 v_I 变化关系的曲线,如图 2-4(b) 所示。现将电压传输特性曲线分为 5 个区段进行说明。

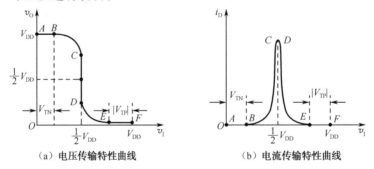

（a）电压传输特性曲线   （b）电流传输特性曲线

图 2-4　电压和电流传输特性曲线

（1）AB 段

当输入电压 $0 < v_I < V_{TN}$ 时,VT_N 截止,VT_P 导通且工作在低电阻的可变电阻区,此时输出电压 v_O 不随输入电压 v_I 变化,$v_O = V_{OH} \approx V_{DD}$,$i_D \approx 0$。

（2）BC 段

当输入电压 $V_{TN}<v_I<v_O-|V_{TP}|$ 时，VT$_N$ 饱和导通，VT$_P$ 工作在可变电阻区，输出电阻小，相当于增益较小的放大器。输出电压 v_O 随输入电压 v_I 的增大而减小。

（3）CD 段

当输入电压 v_I 进一步增大，且满足 $v_O-|V_{TP}|\leq v_I\leq v_O+V_{TN}$ 时，两管的漏区进入夹断状态，同时饱和导通，此时增益很大。随着 v_I 增大，v_O 急剧下降，电压传输特性曲线接近垂直。若 VT$_N$ 和 VT$_P$ 的参数完全对称，则当 $v_I=1/2V_{DD}$ 时，两管的导通内阻相等，$v_O=1/2V_{DD}$，即工作在 CD 段转折区的中点。CD 段的中点对应的输入电压称为阈值电压，则 CMOS 反相器的阈值电压值为 $1/2V_{DD}$。

（4）DE 段

当输入电压 $v_O+V_{TN}\leq v_I\leq V_{DD}-|V_{TP}|$，VT$_N$ 退出饱和导通，进入可变电阻区，而 VT$_P$ 仍维持在饱和导通区。VT$_N$ 作为 VT$_P$ 的负载管，输出电阻小，所以增益减小，输出电压 v_O 随输入电压 v_I 的变化缓慢。

（5）EF 段

随着输入电压 v_I 进一步增大，当满足 $V_{DD}-|V_{TP}|\leq v_I\leq V_{DD}$ 时，VT$_P$ 截止，VT$_N$ 维持在可变电阻区，从而导致 $v_O\approx0\text{V}$，$i_D\approx0$。

当 CMOS 反相器处于 AB 段和 EF 段时，无论输出高电平还是输出低电平，其工作管和负载管中必有一个截止而另一个导通，因此电源仅向反相器提供纳安级的漏电流，所以 CMOS 反相器的静态功耗非常小。但在 $B\sim E$ 段，也就是 $V_{TN}\leq v_I\leq V_{DD}-|V_{TP}|$ 时，两管处于同时导通的过渡区域，电源与地之间的电阻变小，电流出现了急剧变化，产生了一个较大的电流尖峰。使用时应避免长时间工作在此区域，防止功耗过大而损坏器件。

2. 逻辑电平和抗干扰能力

从电压传输特性曲线可以看出，输入端、输出端的高、低电平所对应的电压值都有一个波动范围。输入电压 v_I 从 0V 开始逐渐增加时，输出高电平会维持一段时间保持不变；输入电压 v_I 从 V_{DD} 开始下降时，输出低电平也会保持一段时间不变。不同系列的集成电路，输入、输出电平所对应的电压范围也不同。因此，各种集成门电路都规定了输入低电平的最大值 V_{ILmax}、输入高电平的最小值 V_{IHmin}、输出低电平的最大值 V_{OLmax}、输出高电平的最小值 V_{OHmin}，如图 2-5 所示。中间过渡状态的电压范围对于逻辑状态而言具有不确定性。

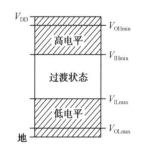

图 2-5　CMOS 器件的逻辑电平

CMOS 门电路的低电平最大/最小值、高电平最大/最小值与电源电压 V_{DD} 及地有关，例如，在 HC 系列中，通常有 $V_{OHmin}=V_{DD}-0.1\text{V}$，$V_{IHmin}=0.7V_{DD}$，$V_{ILmax}=0.3V_{DD}$，$V_{OLmax}=$ 地 $+0.1\text{V}$。

CMOS 反相器在实际应用时，输入端有时会出现干扰电压 V_N 叠加在输入信号上。当干扰电压 V_N 超过一定数值时，会破坏门电路输出的逻辑状态。通常，把不会破坏门电路输出逻辑状态所允许的最大干扰电压称为噪声容限。噪声容限大，说明抗干扰能力强。

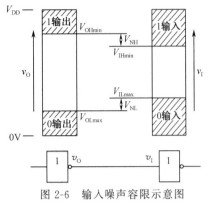

图 2-6 输入噪声容限示意图

图 2-6 给出了噪声容限定义的示意图。当门电路互相连接组成系统时,前一级门电路的输出就是后一级门电路的输入。抗干扰能力分为输入低电平的抗干扰能力 V_{NL} 和输入高电平的抗干扰能力 V_{NH}。

输入低电平的抗干扰能力 V_{NL} 为

$$V_{NL} = V_{ILmax} - V_{OLmax}$$

V_{NL} 越大,表明 CMOS 门电路输入低电平时抗正向干扰的能力越强。

输入高电平的抗干扰能力 V_{NH} 为

$$V_{NH} = V_{OHmin} - V_{IHmin}$$

V_{NH} 越大,表明 CMOS 门电路输入高电平时抗负向干扰的能力越强。

2.2.4 CMOS 反相器的输入特性曲线和输出特性曲线

1. 输入特性曲线

输入特性曲线是描述输入电流与输入电压之间关系的曲线。目前生产的 CMOS 门电路都采用了输入保护措施。因为 MOS 管的栅极氧化层厚度非常薄,约为 $0.1\mu m$,而输入电阻高达 $10^{12}\Omega$,输入电容为几 pF。因此电路在使用时容易因接触静电源而使栅极击穿,所以必须采取保护措施。输入保护电路如图 2-7(a)所示,输入特性曲线如图 2-7(b)所示。

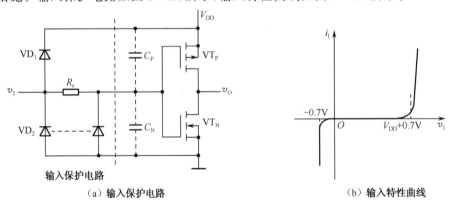

（a）输入保护电路   （b）输入特性曲线

图 2-7 CMOS 反相器输入保护电路和特性曲线

输入保护电路由二极管 VD_1、VD_2 和电阻 R_s 组成,其中 VD_2 是分布式二极管结构,用以通过较大的电流,使得输入引脚上的静电荷得以释放。这种结构用一条虚线连接两个二极管来表示。二极管的导通压降为 $0.5\sim0.7V$,R_s 一般为 $1.5\sim2.5k\Omega$。另外,图 2-7(a)中的 C_P、C_N 分别表示 VT_P、VT_N 的栅极等效电容。

当输入电压 $0\leqslant v_I\leqslant V_{DD}$ 时,输入电压 v_I 处于正常工作范围,输入保护电路不起作用。若输入电压 v_I 些许超过了正常工作范围,则二极管导通,栅极电位被钳制,保护栅极氧化层不会被击穿。若输入端出现瞬时的过冲电压,超过二极管允许的耐压极限时,二极管会发生击穿。只要反向击穿电流不过大,或者持续时间很短,二极管就可以恢复正常工作。但若反向击穿电流过大,或者持续时间较长,就会损坏输入保护电路,进而使 MOS 管栅极被击穿。

2. 输出特性曲线

CMOS 反相器在实际工作时,输出端总要接负载,于是就会产生负载电流,此电流也在影响输出电压的大小。输出电压与负载电流之间的关系曲线,称为输出特性曲线。输出电压有高电平和低电平两种状态,所以就有两种输出特性曲线。下面分别进行讨论。

(1)输出为低电平时的输出特性曲线

当反相器输入为高电平时,输出为低电平。CMOS 反相器中,VT_N 为导通状态,VT_P 处于截止状态,其输出等效电路如图 2-8(a)所示。此时,负载电流的方向是流入 VT_N 的漏极,故称为灌电流负载。其输出特性曲线就是 V_{GS} 为某一值时的共源接法的输出特性曲线,如图 2-8(b)所示。由于 VT_N 工作在可变电阻区,其导通内阻很小,故输出为低电平 V_{OL}。当负载电流 i_L 增加到某值 I_{OLmax} 后,VT_N 将退出可变电阻区进入饱和区。输出电压 v_O 迅速上升,当 v_O 大于 V_{OLmax} 时,破坏了输出为低电平的逻辑关系,因而对灌电流要有限制,其必须小于输出低电平时的最大灌电流 I_{OLmax}。

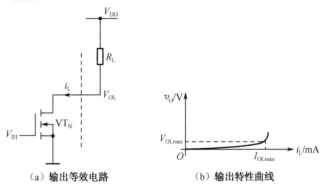

图 2-8 CMOS 反相器输出低电平

(2)输出为高电平时的输出特性曲线

当 CMOS 反相器输入端为低电平时,输出端为高电平。CMOS 反相器中,VT_N 为截止状态,VT_P 处于导通状态,这时的输出等效电路如图 2-9(a)所示,负载电流方向是从 VT_P 的漏极流出,故称为拉电流负载。输出特性如图 2-9(b)所示。其输出电压 v_O 随着负载电流 i_L 的增加而减小,这是因为 $v_O = V_{DD} - R_P i_L$,其中 R_P 为 VT_P 的导通内阻。当负载电流 i_L 大于 I_{OHmax} 时,输出电压 v_O 迅速减小,v_O 小于 V_{OHmin},破坏了输出为高电平的逻辑关系,因而对拉电流也要有限制,即 i_L 应小于 I_{OHmax}。

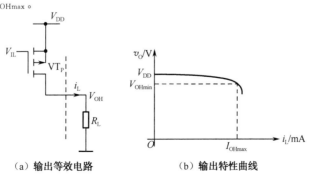

图 2-9 CMOS 反相器输出高电平

2.2.5 CMOS 反相器的动态特性

1. 传输延时 t_{PHL}、t_{PLH}

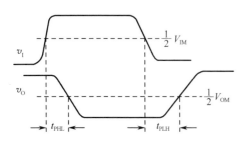

图 2-10 CMOS 反相器传输延时

由于 CMOS 反相器中 MOS 管存在一定的开关时间等原因,使得其输出不能立即响应输入信号的变化,而是有一定的延时,如图 2-10 所示。

输出电压 v_O 由高电平变为低电平时的传输延时称为导通传输延时 t_{PHL};输出电压 v_O 由低电平变为高电平时的传输延时称为截止传输延时 t_{PLH}。

传输延时主要是由于负载电容的充、放电所产生的,因此为了缩短传输延时,必须减小负载电容和 MOS 管的导通电阻。

2. 动态功耗

功耗是门电路的重要参数之一,分为静态功耗和动态功耗。CMOS 反相器的静态功耗是指电路状态稳定时的功耗,一般非常低;而动态功耗是指 CMOS 反相器从一种稳定状态转换到另一种稳定状态时产生的功耗。

动态功耗由两部分组成,一部分是对负载电容充、放电所产生的功耗 P_C,另一部分是因为 VT_N 和 VT_P 在短时间内同时导通所产生的瞬时导通功耗 P_T。

(1)计算负载电容充、放电功耗 P_C。在实际使用 CMOS 反相器时,输出端一定有负载电容 C_L,如图 2-11 所示。C_L 可能是下一级反相器的输入电容,也可能是其他负载电路的电容或连线电容。

当输入电压 $v_I = 0$ 时,VT_N 截止,VT_P 导通,V_{DD} 通过导通的 VT_P 向负载电容 C_L 充电,充电电流为 i_{DP}。同理,当 $v_I = V_{DD}$ 时,VT_N 导通,VT_P 截止,负载电容 C_L 放电,放电电流为 i_{DN},如图 2-11 所示。

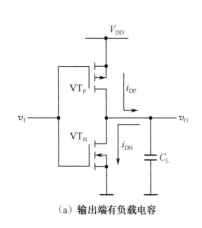

（a）输出端有负载电容

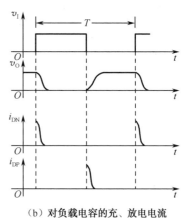

（b）对负载电容的充、放电流

图 2-11 CMOS 反相器对负载电容的充、放电流

$$P_C = \frac{1}{T}\left[\int_0^{T/2} i_{DN} v_O \, dt + \int_{T/2}^{T} i_{DP}(V_{DD} - v_O)\,dt\right]$$

式中，$i_{DN} = -C_L\dfrac{dv_O}{dt}$，$i_{DP} = C_L\dfrac{dv_O}{dt} = -C_L\dfrac{d(V_{DD}-v_O)}{dt}$。可得

$$P_C = \frac{1}{T}\left[C_L\int_{V_{DD}}^{0} -v_O\,dv_O + C_L\int_{V_{DD}}^{0} -(V_{DD}-v_O)\,d(V_{DD}-v_O)\right]$$

$$= \frac{C_L}{T}\left[\frac{1}{2}V_{DD}^2 + \frac{1}{2}V_{DD}^2\right]$$

$$= C_L f V_{DD}^2$$

式中，f 为输入信号的频率。

电容充、放电功耗与负载电容的大小、输入信号的频率和电源电压的平方成正比。

（2）计算瞬时导通功耗 P_T。在输入电平从 V_{IL} 过渡到 V_{IH} 和从 V_{IH} 过渡到 V_{IL} 的过程中，都将在短时间内有 VT_N 和 VT_P 同时导通的情况，有瞬时导通电流 i_T 流过 VT_N 和 VT_P，如图 2-12 所示。i_T 的平均值为

$$I_T = \frac{1}{T}\left(\int_{t_1}^{t_2} i_T\,dt + \int_{t_3}^{t_4} i_T\,dt\right)$$

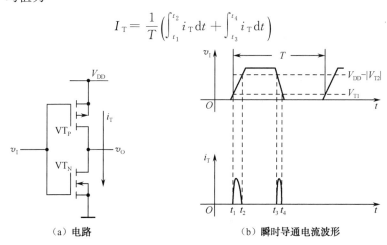

（a）电路　　　　　　（b）瞬时导通电流波形

图 2-12　CMOS 反相器的瞬时导通电流

这部分动态功耗为

$$P_T = C_{PD} f V_{DD}^2$$

式中，C_{PD} 为电路功耗电容。

总的动态功耗 P_D 为

$$P_D = P_T + P_C = (C_{PD} + C_L) f V_{DD}^2$$

2.2.6　与非门

两个输入端的与非门电路如图 2-13（a）所示。图中，两个串联的 NMOS 管 VT_1 和 VT_2 为工作管，两个并联的 PMOS 管 VT_3 和 VT_4 为负载管。与非门的逻辑符号如图 2-13（b）所示。

当输入 A 和 B 都为高电平时，串联的 NMOS 管 VT_1 和 VT_2 都导通，并联的 PMOS 管 VT_3 和 VT_4 都截止，因此输出 F 为低电平；当输入 A 和 B 中有一个为低电平时，两个串联的 NMOS 工作管中必有一个截止，两个并联的 PMOS 负载管中必有一个导通，于是电路输出为高电平。可见，电路的输出与输入之间是与非逻辑关系，即 $F = \overline{A \cdot B}$。

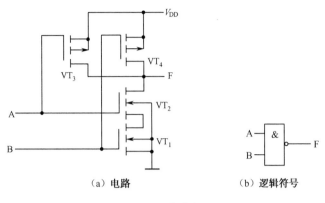

（a）电路　　　　　　　　　　（b）逻辑符号

图 2-13　与非门

2.2.7　或非门

或非门由两个并联的 NMOS 管 VT_1、VT_2 和两个串联的 PMOS 管 VT_3、VT_4 组成，电路如图 2-14(a)所示，逻辑符号如图 2-14(b)所示。当输入 A 和 B 中至少有一个为高电平时，并联的 NMOS 管 VT_1 和 VT_2 中至少有一个导通，串联的 PMOS 管 VT_3 和 VT_4 中至少有一个截止，于是电路输出低电平；当输入 A 和 B 都为低电平时，并联的 NMOS 管 VT_1 和 VT_2 都截止，串联的 PMOS 管 VT_3 和 VT_4 都导通，因此电路输出高电平。可见，电路实现或非逻辑功能，即 $F = \overline{A+B}$。

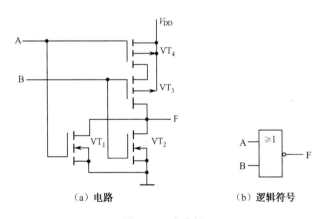

（a）电路　　　　　　　　　　（b）逻辑符号

图 2-14　或非门

与非门、或非门电路的结构很简单，但存在着严重的缺点。它的输出电阻 R_o 的大小受输入状态的影响；输出电平受输入端数目的影响。如果与非门输入端的数目增多，串联的驱动管数目也会增多，其电阻值会增大，会使得输出的低电平 V_{OL} 增高。

为了克服这些缺点，在实际生产的 CMOS 门电路中均采用带缓冲级的结构，就是在门电路的输入端、输出端加入反相器作为缓冲器。实际生产的带缓冲器的 CMOS 与非门的电路和逻辑符号如图 2-15 所示；带缓冲器的 CMOS 或非门的电路和逻辑符号如图 2-16 所示。

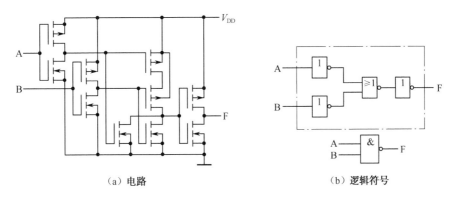

（a）电路　　　　　　　　　（b）逻辑符号

图 2-15　带缓冲器的 CMOS 与非门的电路和逻辑符号

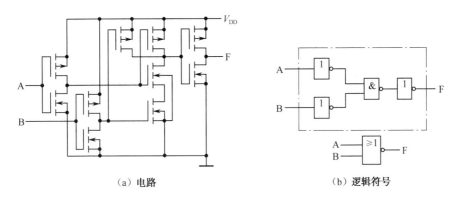

（a）电路　　　　　　　　　（b）逻辑符号

图 2-16　带缓冲器的 CMOS 或非门的电路和逻辑符号

2.3　其他类型的 CMOS 门电路及参数

2.3.1　三态门

1. 三态门工作原理

三态输出（Three State Output）门电路，简称三态门（也可称为 TS 门）。该门的输出不仅有高电平和低电平两种状态，还有第三种状态，称为高阻状态（又称禁止态或开路态）。三态门是由普通门电路加上控制电路构成的。低电平有效的三态门的电路如图 2-17 所示。

在图 2-17 中，A 是输入端，$\overline{EN}$ 是控制端，F 是输出端。当 $\overline{EN}$ 为高电平时，NMOS 管 VT_1 和 PMOS 管 VT_4 均截止，F 呈现高阻态；当 $\overline{EN}$ 为低电平时，VT_1 和 VT_4 同时导通，VT_2 和 VT_3 构成的 CMOS 反相器正常工作，F＝$\overline{A}$。

当控制端 $\overline{EN}$＝0 时，电路为反相器的正常工作状态，则称 $\overline{EN}$ 为低电平有效。逻辑符号上的小圆圈表示低电平有效。有的三态门为高电平有效，当 EN 为高电平时，电路为反相器的正常工作状态。低电平有效的三态门逻辑符号如图 2-18 所示。

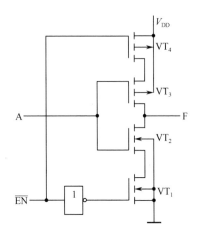

图 2-17　低电平有效的三态门

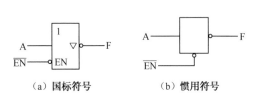

（a）国标符号　　　（b）惯用符号

图 2-18　低电平有效的三态门逻辑符号

2. 三态门的用途

利用三态门可以向同一条总线上轮流传输信号而不至于互相干扰,电路如图 2-19 所示。其工作的条件是:在任何时间里只能有一个三态门处于工作状态,其余三态门处于高阻状态。当两个三态门同时改变工作状态时,就应该保证从工作状态转为高阻状态的速度比从高阻状态转为工作状态的速度要快,否则有可能发生两个三态门同时处于工作状态的情况,使输出的状态不正常。

利用三态门可实现数据的双向传输,如图 2-20 所示。当 EN＝1 时,G_1 工作,G_2 为高阻态,数据由 M 传向 N;当 EN＝0 时,G_1 为高阻态,G_2 工作,数据由 N 传向 M。所以通过对控制端 EN 的控制实现了 M 和 N 之间数据的双向传输。

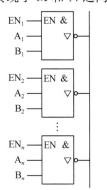

图 2-19　三态门接成总线结构

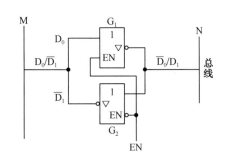

图 2-20　双向传输

2.3.2　CMOS 传输门

CMOS 传输门是 CMOS 门电路的一种基本单元电路,其是一种传输信号的可控开关,电路和逻辑符号如图 2-21 所示。它是一种利用结构上完全对称的 NMOS 管和 PMOS 管按闭环互补形式连接而成的双向传输开关。因为 MOS 管的漏极和源极在结构上完全对称,可以互换,所以传输门的输入端和输出端也可以互换。传输门的导通电阻很低,约几百 Ω,相当于开关接通;其截止电阻很高,可大于 $10^9\,\Omega$,相当于开关断开。其接近于理想开关。

设 NMOS 管 VT_N 和 PMOS 管 VT_P 的开启电压绝对值均为 3V,输入信号电压的变化范围在 0～10V 之间,加在两管栅极上的控制信号的高、低电平分别为 10V 和 0V。若 $V_C=0V$,$V_{\overline{C}}=10V$,VT_N 和 VT_P 同时截止,故传输门截止,则输入和输出之间呈现高阻状态,相当于开关断开;若 $V_C=10V$,$V_{\overline{C}}=0V$,且 v_I 在 0～7V 之间变化,VT_N 导通;而当 v_I 在 3～10V 之间变化时,VT_P 导通,故当 v_I 在 3～7V 之间变化时,VT_N、VT_P 两管均导通,输入和输出之间呈现低阻状态,相当于开关接通。由此可见,CMOS 传输门的导通或截止取决于控制端所加的电平。当 $C=1$,$\overline{C}=0$ 时,传输门导通;而 $C=0$,$\overline{C}=1$ 时,传输门截止。

利用 CMOS 传输门和非门可构成模拟开关,如图 2-22 所示。当 $C=1$ 时,模拟开关导通,$v_O=v_I$;当 $C=0$ 时,模拟开关截止,输出和输入之间断开。

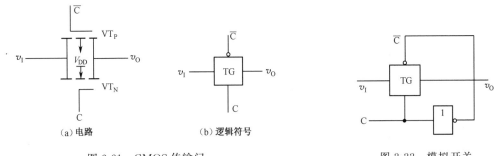

图 2-21　CMOS 传输门　　　　　　　　　　图 2-22　模拟开关

2.3.3　漏极开路门(OD 门)

在实际应用中,常希望把几个门电路的输出端直接连在一起,实现与逻辑,称为"线与"。但是,前面所讲的 CMOS 与非门却不允许将输出端直接连在一起,因为若把两个门的输出端直接并联,当一个门的输出为高电平,而另一个门的输出为低电平时,就会在电源和地之间形成一个低阻通路,如图 2-23 所示。从而在这个低阻通路中产生一个很大电流,其结果不但造成并联输出既非 0 又非 1,破坏了逻辑关系,而且还有可能损坏 MOS 管。要使门电路的输出端直接并联,可以把输出缓冲器改为漏极开路输出,称为漏极开路(Open Drain)门,简称 OD 门,其电路及逻辑符号如图 2-24 所示。

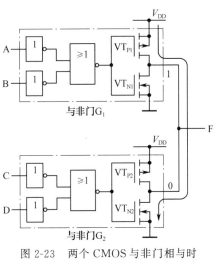

图 2-23　两个 CMOS 与非门相与时的输出情况

1. OD 门的结构及其工作原理

从图 2-24(a)中可以看出,OD 门省去了输出缓冲器中的 PMOS 管 VT_P 及其电源,是 NMOS 管 VT_N 漏极开路的与非门。使用时,必须在 VT_N 漏极外加上合适的负载电阻 R_L 和正电源 V_{DD}。R_L 称为上拉电阻。

当该电路的输入 A、B 都为高电平时,NMOS 管 VT_N 导通,输出 F 为低电平。当输入 A、B

中有一个为低电平时，VT_N 截止，输出 F 为高电平。此电路实现与非功能，即 $F = \overline{A \cdot B}$。

几个 OD 门的输出端直接并联后可公用一个漏极负载电阻 R_L 和电源 V_{DD}。

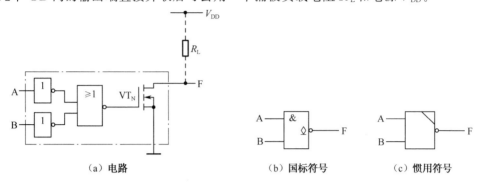

（a）电路　　　　　　　（b）国标符号　　　　　（c）惯用符号

图 2-24　OD 门

2. 漏极负载电阻 R_L 的选择

利用 OD 门可以实现线与功能。当有若干个 OD 门直接并联，并带有多个逻辑门作为负载时，只要公共外接的漏极负载电阻 R_L 选择适当，就可保证输出高电平不低于规定的 V_{OHmin}，还可保证输出低电平不高于规定的 V_{OLmax}，而且也不会在电源和地之间形成低阻通路。

若 m 个 OD 与非门的输出都为高电平，且直接并联，则线与的结果为高电平，如图 2-25 所示。为保证并联输出高电平不低于规定的 V_{OHmin}，要求 R_L 取值不能太大，才能保证 $V_{DD} - I_{RL}R_L \geqslant V_{OHmin}$。图 2-25 中，$m$ 表示 OD 门的个数；n 表示负载与非门输入端的个数；I_{OH} 为 OD 门输出管截止时的漏电流；I_{IH} 为负载与非门每个输入端为高电平时的输入电流。根据图 2-25 可求出 $I_{RL} = mI_{OH} + nI_{IH}$，由此可得

$$V_{DD} - (mI_{OH} + nI_{IH})R_L \geqslant V_{OHmin}$$

R_L 的最大值为

$$R_{Lmax} = \frac{V_{DD} - V_{OHmin}}{mI_{OH} + nI_{IH}}$$

当 OD 门的线与输出为低电平时，从最不利情况考虑，设只有一个 OD 门处于导通状态，而其他的 OD 门均截止，如图 2-26 所示，在此情况下，R_L 取值不能太小，应能保证在所有的负载电流全都流入唯一导通的 OD 门时，线与输出低电平仍能低于规定的 V_{OLmax}，即 $V_{DD} - I_{RL}R_L \leqslant V_{OLmax}$。图 2-26 中，$n$ 表示与非门输入端的个数；I_{OL} 表示 OD 门导通时所允许的最大负载电流；I_{IL} 表示输入电压为低电平时流出输入端的电流。根据图 2-26 可求出 $I_{RL} = I_{OL} - nI_{IL}$，由此可得

$$V_{DD} - (I_{OL} - nI_{IL})R_L \leqslant V_{OLmax}$$

R_L 的最小值为

$$R_{Lmin} = \frac{V_{DD} - V_{OLmax}}{I_{OL} - nI_{IL}}$$

最后根据 R_{Lmin} 和 R_{Lmax} 来选择 R_L，即

$$R_{Lmin} \leqslant R_L \leqslant R_{Lmax}$$

通常，OD 门的负载电阻取值应尽量小，这样可减少低电平到高电平转换的 RC 时间常数

（上升时间），保证 OD 门有较高的工作速度。

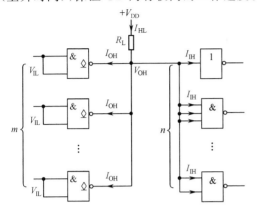

图 2-25　输出为高电平时的情况

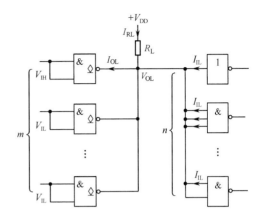

图 2-26　输出为低电平时的情况

【例 2-1】　在图 2-27 中，74HC03 中的 3 个漏极开路与非门 G_1、G_2 和 G_3 构成线与连接，用于驱动 74HC04 中的反相器 G_4、74HC00 中的与非门 G_5 和 74HC02 中的或非门 G_6。已知 $V_{DD}=5V$，当驱动门输出高电平 $V_{OH}\geq4.4V$ 时，输出电流 $I_{OH}\leq5\mu A$；当输出低电平 $V_{OL}\leq0.33V$ 时，输出电流 $I_{OL}\leq5mA$；负载门的输入电流 $I_{IL}=I_{IH}\leq1.0\mu A$。试计算上拉电阻 R_L 的选择范围。

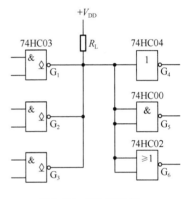

图 2-27　OD 门线与

解：当线与的 OD 门输出低电平时，$V_{OLmax}=0.33V$，$I_{OL}\leq5mA$，$I_{IL}\leq1.0\mu A$，取最大值进行计算，可得

$$R_{Lmin}=\frac{V_{DD}-V_{OLmax}}{I_{OL}-nI_{IL}}=\frac{5-0.33}{5-5\times1.0\times10^{-3}}\approx0.93(k\Omega)$$

当 OD 门输出高电平时，$V_{OHmin}=4.4V$，$I_{OH}\leq5\mu A$，$I_{IH}\leq1.0\mu A$，取最大值进行计算，可得

$$R_{Lmax}=\frac{V_{DD}-V_{OHmin}}{mI_{OH}+nI_{IH}}=\frac{5-4.4}{3\times5\times10^{-3}+5\times1.0\times10^{-3}}=30(k\Omega)$$

则 R_L 的选择范围为

$$0.93k\Omega\leq R_L\leq30k\Omega$$

3. OD 门的应用

OD 门弥补了普通 CMOS 门电路的不足，可以实现线与功能、实现电平转换、驱动发光二极管和其他器件等。

（1）实现线与功能

多个 OD 门的输出端可以并联使用实现与逻辑。将几个 OD 门的输出端直接连在一起，再通过负载电阻 R_L 接到电源 V_{DD} 上，如图 2-28 所示。

$$F_1=\overline{A_1B_1},F_2=\overline{A_2B_2},\cdots,F_n=\overline{A_nB_n}$$

则

$$F=F_1\cdot F_2\cdot\cdots\cdot F_n=\overline{A_1B_1}\cdot\overline{A_2B_2}\cdot\cdots\cdot\overline{A_nB_n}=\overline{A_1B_1+A_2B_2+\cdots+A_nB_n}$$

从逻辑函数表达式可以看出,F 实现了与或非的逻辑功能。

(2)实现电平转换

在数字系统的接口(与外部设备相联系的电路)中需要有电平转换的时候,常用 OD 门实现,如图 2-29 所示。例如,要把高电平从电源电压 V_{DD} 转换成 10V 时,只要选 OD 门的电源电压为 10V 即可实现电平转换。

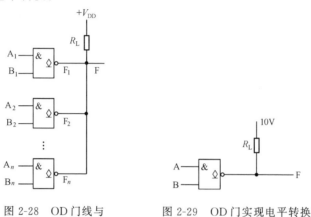

图 2-28   OD 门线与   图 2-29   OD 门实现电平转换

(3)驱动发光二极管和其他器件

可用 OD 门来驱动发光二极管(指示灯)、继电器和脉冲变压器等。当用于驱动指示灯时,上拉电阻 R_L 由指示灯来代替,指示灯的一端与 OD 门的输出相连,另一端接上电源即可。如果电流过大,可串入一个适当的限流电阻。

2.3.4   低电压 CMOS 门电路

随着 IC 工业的发展,CMOS 门电路向低电源电压方向发展:一方面,晶体管的规模越来越小,MOS 管的栅极与源极、栅极与漏极之间的绝缘氧化层变得更薄,不能隔离高达 5V 的电压差,使得 CMOS 门电路向低电源电压方向发展;另一方面,CMOS 门电路的动态功耗与电源电压 V_{DD} 有关($P_C = C_L f V_{DD}^2$),为了减小动态功耗,也使得 CMOS 门电路向低电源电压方向发展。因此,选择 $3.3V \pm 0.3V$、$2.5V \pm 0.2V$、$1.8V \pm 0.15V$ 作为低电源电压 CMOS 门电路的标准逻辑电源电压,同时确定了工作于这些电源电压的器件输入、输出逻辑电平,如图 2-30 所示。

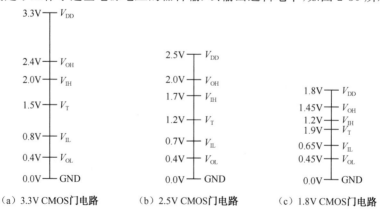

(a)3.3V CMOS门电路   (b)2.5V CMOS门电路   (c)1.8V CMOS门电路

图 2-30   低电源电压 CMOS 门电路逻辑电平的比较

由图 2-30(b)和(c)可以看出，2.5V CMOS 门电路的输出高电平($V_{OH}=2.0V$)大于 1.8V CMOS 门电路的输入高电平($V_{IH}=1.2V$)，所以，2.5V CMOS 门电路可驱动 1.8V CMOS 门电路。然而，1.8V CMOS 门电路的输出高电平($V_{OH}=1.45V$)小于 2.5V CMOS 门电路的输入高电平($V_{IH}=1.7V$)，所以，1.8V CMOS 门电路不能驱动 2.5V CMOS 门电路。解决这个问题的方法是用电平转换器，将低电平转换成高电平。

2.3.5　CMOS 门电路主要性能参数

逻辑门电路的性能参数是正确选择和使用器件的依据，通常由生产厂家提供的数据手册给出。随着 CMOS 制造工艺的不断改进，CMOS 门电路的性能也得到了迅速提高，先后推出了多种系列的 CMOS 门电路产品。对于不同系列的 CMOS 门电路，只要型号最后的数字相同，它们的逻辑功能就是相同的，但是性能参数可能会有些差异。

4000 系列是最早投放市场的 CMOS 门电路系列，其传输延时长，带负载能力弱，基本上已被后续产品所取代。74HC/HCT 系列是高速 CMOS 门电路系列，与 74LS 系列相比，它的开关速度提高了 10 倍。74HC/HCT 系列与相同编号的 TTL 门电路是引脚兼容和逻辑功能等效的。74HCT 系列与 TTL 门电路具有电气兼容性。74AC/ACT 系列是先进的 CMOS 门电路系列，它的芯片引脚布局具有抗噪性能，使器件的输入对芯片其他引脚上信号的变化不敏感。74ACT 系列与 TTL 门电路具有电气兼容性。74AHC/AHCT 系列是改进的高速 CMOS 门电路系列，它的速度比 74HC 系列的快 3 倍，带负载能力也提高了近一倍。74LVC (Low Voltage CMOS)系列是低电源电压 CMOS 门电路系列，可以在低于 3.3V 的电源电压下工作。74ALVC(Advanced Low Voltage CMOS)系列是先进的低电源电压 CMOS 门电路系列，进一步提高了速度。表 2-1 列出了几种 CMOS 门电路系列(74XX04)的主要性能参数。测试条件：4000 系列为 $V_{DD}=5V$，$|I_{Omax}|=1\mu A$；74HC/HCT 系列为 $V_{DD}=4.5V$，$|I_{Omax}|=4mA$；74AHC/AHCT 系列为 $V_{DD}=4.5V$，$|I_{Omax}|=8mA$；74LVC/ALVC 系列为 $V_{DD}=3.3V$，$|I_{Omax}|=100\mu A$。温度为 $+25℃$。

表 2-1　几种 CMOS 门电路系列(74XX04)的主要性能参数

性能参数	4000 系列	74HC 系列	74HCT 系列	74AHC 系列	74AHCT 系列	74LVC 系列	74ALVC 系列
平均传输延时/ns	50	9	10	3	3	2	1.9
输入电容/pF	6.0	3.5	3.5	4.0	4.0	4.0	3.5
功耗电容/pF	12	21	24	13.5	13.9	9.9	27.5
输出高电平最小值 V_{OHmin}/V	4.95	3.98	3.84	3.94	3.94	3.1	3.1
输出低电平最大值 V_{OLmax}/V	0.05	0.26	0.26	0.36	0.36	0.2	0.2
输入高电平最小值 V_{IHmin}/V	4.0	3.15	2.0	3.15	2.0	2.0	2.0
输入低电平最大值 V_{ILmax}/V	1.0	1.35	0.8	1.35	0.8	0.8	0.8

2.4　TTL 门电路

2.4.1　双极型三极管的开关特性

双极型三极管简称三极管。在数字电路中，三极管经常工作在截止状态(相当于开关断开)和饱和状态(相当于开关闭合)下,并且经常在这两种状态之间进行快速转换。我们把这种工作情况称为三极管工作在开关状态下。

1. 截止、饱和的条件

三极管开关电路如图 2-31 所示。设电路的输入电压 $v_I = V_{IL}$ 时,$V_{BE} < 0.5V$,三极管就截止,$I_B = 0$,$I_C = 0$,$v_O = V_{OH} = V_{CE} = V_{CC}$。三极管截止,相当于开关断开,因此,把 $V_{BE} < 0.5V$ 作为三极管截止的条件。设电路的输入电压 $v_I = V_{IH}$ 时,使三极管饱和导通。当 $V_{CE} = V_{BE}$ 时,三极管为临界饱和导通,则 I_C 用 I_{CS} 表示,$I_{CS} = (V_{CC} - 0.7)/R_c \approx V_{CC}/R_c$,称为集电极临界饱和电流。$I_{BS} = I_{CS}/\beta \approx V_{CC}/(\beta R_c)$,称为基极临界饱和电流。当 $I_B > I_{BS}$ 时,三极管工作在饱和状态下,一般 $V_{CES} = 0.1 \sim 0.3V$,由于三极管的 c 和 e 之间电压很小,相当于开关闭合,因此,把 $I_B > I_{BS}$ 作为三极管饱和的条件。

2. 三极管的开关时间

三极管的开关时间如图 2-32 所示。三极管的截止与饱和两种状态相互转换的过程需要一定时间,该时间就是三极管中电荷的建立与消散过程所需的时间。所以集电极电流 i_C 和输出电压 v_O 的变化总是滞后于输入电压 v_I 的变化。

三极管由截止到饱和导通所需要的时间称为开启时间,是三极管发射结由宽变窄以及基区建立电荷所需的时间。三极管由饱和导通到截止所需的时间,称为关闭时间,主要是清除三极管内存储的电荷的时间。三极管的开关时间一般是纳秒(ns)级的。

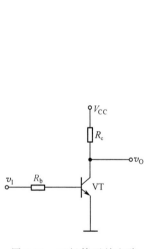

图 2-31　三极管开关电路

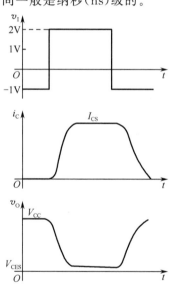

图 2-32　三极管的开关时间

2.4.2　TTL 与非门的电路结构和工作原理

1. TTL 与非门典型电路

最常用的 TTL 与非门典型电路如图 2-33 所示,它包括输入级、中间级和输出级。输入级

由多发射极晶体管 VT_1 和电阻 R_1 组成,实现逻辑与功能。另外,从图 2-33 中可以看出,VT_2 的集电结作为 VT_1 的负载电阻的一部分,当输入 A、B 和 C 由全高电平变为低电平时,VT_2 中存储的电荷被 VT_1 迅速拉出,促使 VT_2 迅速截止,加速了状态的转换,提高了开关速度。中间级由电阻 R_2、R_3 和晶体管 VT_2 组成,它的主要作用是从 VT_2 的集电极和发射极同时输出两个相位相反的信号,分别驱动晶体管 VT_3 和 VT_5。输出级由电阻 R_4、R_5 和晶体管 VT_3、VT_4、VT_5 组成。VT_5 是反相器,VT_3、VT_4 组成复合管构成射极跟随器,它作为 VT_5 的有源负载,又与 VT_5 构成推拉式电路,无论输出高电平或低电平,其输出电阻都比较小,提高了带负载能力。

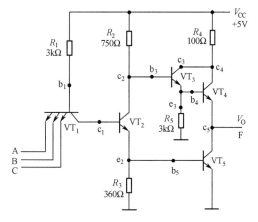

图 2-33　TTL 与非门典型电路

2. 工作原理

当 TTL 与非门的输入端 A、B 和 C 中至少有一个为低电平($V_{IL} = 0.3V$)时,则 VT_1 中相应的发射结导通,使 VT_1 的基极电位被钳位在 $1V[V_{B1} = V_{IL} + V_{BE1} = 0.3 + 0.7 = 1(V)]$。因为 VT_1 的基极到地至少有两个 PN 结相串联,而 VT_1 的基极到地之间只有 1V 电压,所以 VT_1 的集电结和 VT_2 的发射结肯定不能导通。VT_2 截止时,它的集电结相当于一个大电阻,而它接到 VT_1 的集电极 c_1 上,促使 VT_1 深度饱和($V_{CES1} \approx 0.1V$),VT_1 的集电极电位 $V_{C1} = V_{CES1} + V_{IL} = 0.1 + 0.3 = 0.4(V)$。由于 VT_2 的基极电位 $V_{B2} = V_{C1} = 0.4V$,因此 VT_2 截止,$I_{C2} = 0A$,$V_{E2} = V_{B5} = 0V$,故 VT_5 也截止。由于 R_2 和 I_{B2} 都很小,故 R_2 上的压降很小,$V_{C2} = V_{B3} \approx 5V$,$VT_3$ 和 VT_4 导通,$V_O = V_{OH} = V_{B3} - V_{BE3} - V_{BE4} = 3.6V$,输出高电平 V_{OH},即输入端 A、B 和 C 中至少有一个为低电平时,输出 F 为高电平。

当 TTL 与非门的输入端 A、B 和 C 都为高电平($V_{IH} = 3.6V$)时,VT_1 的基极电位升高,使 VT_1 的集电结及 VT_2 和 VT_5 的发射结正向偏置而导通,于是 VT_1 的基极电位 V_{B1} 被钳位在 $2.1V(V_{B1} = V_{BC1} + V_{BE2} + V_{BE5} = 2.1V)$。由于 VT_1 的各发射极电位均为 3.6V,而其基极电位为 2.1V,集电极电位为 1.4V,因此 VT_1 处于倒置工作状态,即 VT_1 的发射极当作集电极用,集电极当作发射极用。电源 V_{CC} 通过 R_1 向 VT_2 和 VT_5 提供很大的偏置电流,使 VT_2 和 VT_5 处于饱和导通状态,饱和压降为 0.3V。VT_2 的集电极电位 $V_{C2} = V_{CE2} + V_{BE5} = 0.3 + 0.7 = 1(V)$,致使 VT_3 微导通,VT_4 截止,所以输出电压 $V_O = V_{OL} = 0.3V$。当输入都为高电平时,输出为低电平。

总之,只要该电路有一个以上输入为低电平,输出就为高电平;只有输入都为高电平时,输出才为低电平。所以该电路实现与非逻辑,即 $F = \overline{A \cdot B \cdot C}$。

2.4.3　TTL 与非门电路特性曲线

1. 电压传输特性曲线

TTL 与非门的电压传输特性曲线如图 2-34 所示,分了 4 个区段。

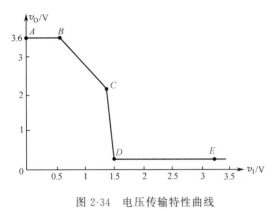

图 2-34 电压传输特性曲线

AB 段（截止区）：当输入电压 $v_I<0.6\text{V}$ 时，输出电压 v_O 不随 v_I 变化而变化，保持高电平 V_{OH}。由于 VT_2 和 VT_5 截止，故称此段为截止区。

BC 段（线性区）：因为 $0.6\text{V}<v_I<1.3\text{V}$，$0.7\text{V}<V_{C1}<1.4\text{V}$，所以，此时 VT_2 开始导通并处于放大状态，则 VT_2 的集电极电位 V_{C2} 和输出电压 v_O 随输入电压 v_I 的升高而线性降低，故该段称为线性区。

CD 段（过渡区）：因为 $1.3\text{V}<v_I<1.4\text{V}$，所以，此时 VT_5 开始导通，VT_2、VT_3 和 VT_4 也都处于导通状态，VT_4、VT_5 有一小段时间同时导通，故有很大电流流过电阻 R_4。VT_2 给 VT_5 提供很大的基极电流，VT_2、VT_5 趋于饱和导通，VT_4 趋于截止，输出电压 v_O 急剧下降到低电平，$V_{OL}=0.3\text{V}$。由于 v_I 的微小变化而引起输出电压 v_O 的急剧下降，故称此段为过渡区或转折区。*CD* 段的中点对应的输入电压称为阈值电压 V_T（或门槛电压），$V_T=1.4\text{V}$。它是 VT_5 截止和导通的分界线，是决定与非门状态的重要参数。

DE 段（饱和区）：当 $v_I>1.4\text{V}$ 以后，VT_1 处于倒置工作状态，V_{B1} 被钳位在 2.1V，VT_2、VT_5 进入饱和导通状态，VT_3 导通，VT_4 截止。由于 VT_2、VT_5 饱和导通，故称此段为饱和区。

2. 输入特性曲线

TTL 与非门测试电路如图 2-35（a）所示，输入特性曲线如图 2-35（b）所示。规定输入电流流入输入端为正，而从输入端流出为负。当 $v_I<0.6\text{V}$ 时，VT_2 是截止的，VT_1 的基极电流经其发射极流出（因集电极的负载电阻很大，I_{C1} 可以忽略不计），这时输入电流可以近似计算为 $i_I=I_{B1}=-(V_{CC}-V_{BE1}-v_I)/R_1$。当 $v_I=0$ 时，相当于输入端接地，故将此时的输入电流称为输入短路电流 I_{IS}，$I_{IS}=-(V_{CC}-V_{BE1})/R_1=-(5-0.7)/3\approx-1.4\text{（mA）}$。当 $v_I>0.6\text{V}$ 时，VT_2 开始导通，VT_2 导通以后 I_{B1} 的一部分要流入 VT_2 的基极，即 $-i_I=I_{B1}-I_{B2}$，因此，i_I 随之略有减小。当 $0.6\text{V}<v_I<1.3\text{V}$ 时，I_{B2} 要随着 v_I 的增加继续增大，而 i_I 继续减小。当 $1.3\text{V}<v_I<1.4\text{V}$ 时，VT_5 开始导通，V_{B1} 被钳位在 2.1V 左右，此后，i_I 的绝对值随 v_I 的增大而迅速减小。I_{B1} 的绝大部分经 VT_1 的集电结流入 VT_2 的基极。当 $v_I>1.4\text{V}$ 以后，VT_1 进入倒置工作状态，i_I 的方向由负变为正，也就是说，i_I 由 VT_1 的发射极流入输入端，此时的输入电流称为输入高电平电流 I_{IH}，其值约为 $10\mu\text{A}$。

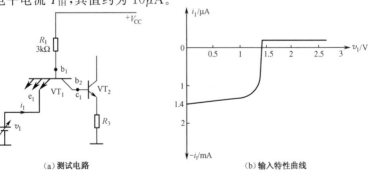

（a）测试电路   （b）输入特性曲线

图 2-35　TTL 与非门输入特性曲线

3. 输入端负载特性曲线

在实际应用中,TTL 与非门的输入端有时要经电阻 R_I 接地,电路如图 2-36(a)所示。此时有电流 I_I 流过 R_I,并在其上产生电压降 v_I。v_I 和 R_I 之间的关系曲线称为输入端负载特性曲线,如图 2-36(b)所示。当输入端所接电阻 $R_I=0$ 时,电压 v_I 为 0V。当 R_I 增大,v_I 上升到 1.4V 时,VT_5 开始导通,V_{B1} 被钳位在 2.1V。此后,R_I 进一步增大,v_I 保持在 1.4V 不再升高。

关门电阻 R_{OFF}:保证 TTL 与非门关闭且输出为标准高电平时所允许的 R_I 最大值。当 $R_I < R_{OFF}$ 时,与非门输出高电平,一般 $R_{OFF} \approx 0.8 k\Omega$。

开门电阻 R_{ON}:保证 TTL 与非门导通且输出为标准低电平时所允许的 R_I 最小值。当 $R_I > R_{ON}$ 时,与非门输出低电平。一般 $R_{ON} \approx 2 k\Omega$。

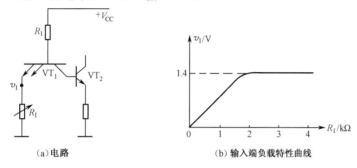

（a）电路　　　　　　（b）输入端负载特性曲线

图 2-36　TTL 与非门输入端负载特性曲线

4. 输出特性曲线

（1）低电平输出特性曲线

当与非门输入全为高电平时,输出为低电平。TTL 与非门中,VT_1 处于倒置工作状态,VT_2、VT_5 饱和导通,VT_3 微导通,VT_4 截止。这时输出级等效电路如图 2-37(a)所示,其基极电流很大。其输出特性曲线是一个三极管在基极电流为某一值时共射极接法的输出特性曲线,如图 2-37(b)所示。由于 VT_5 工作在饱和状态下,其导通内阻很小（十几 Ω）,故输出低电平 V_{OL}。当 i_L 增大到 I_{OLmax} 以后,VT_5 退出饱和状态进入放大状态,则 v_O 迅速增大,当 $v_O > V_{OLmax}$ 时,破坏了输出为低电平的逻辑关系,因此对灌电流的值要有限制,即 $i_L < I_{OLmax}$。

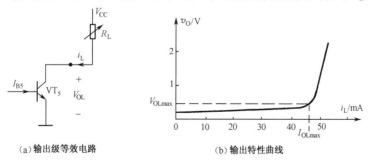

（a）输出级等效电路　　　　　　（b）输出特性曲线

图 2-37　输出为低电平时的输出特性曲线

（2）高电平输出特性曲线

当与非门输入端有一个以上为低电平时,输出为高电平。TTL 与非门中,VT_1 处于饱和状态,VT_2、VT_5截止,VT_3、VT_4导通。这时输出级等效电路如图 2-38(a)所示,输出特性曲线如图 2-38(b)所示。在负载电流 i_L 较小时,VT_3 处于饱和边缘,VT_4 工作在放大区,VT_3、VT_4 组成的复合管有一定的放大作用,其输出电阻很小,所以 TTL 与非门的输出电压 v_O 几乎不随负载电流 i_L 变化而变化,输出为高电平 V_{OH}。当 i_L 增大到大于 I_{OHmax} 后,R_4 上的压降增大,V_{C3} 减小,使 VT_3 进入深度饱和状态,复合管处于饱和状态,则输出电压 v_O 随负载电流的增大而迅速减小($v_O \approx V_{CC} - V_{CES3} - V_{BE4} - i_L R_4$)。为了保证 v_O 为标准高电平,对拉电流的值要有限制,即 $i_L < I_{OHmax}$。

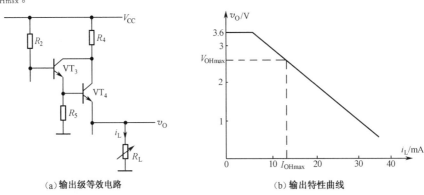

（a）输出级等效电路　　　　（b）输出特性曲线

图 2-38　输出为高电平时的输出特性曲线

5. 动态特性

由于 TTL 与非门各级三极管存在一定的开关时间等原因,使得其输出不能立即响应输入信号的变化,因此有一定的延时,一般平均的延时为 10～20ns。

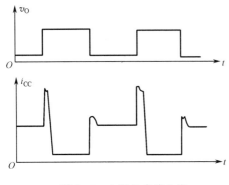

图 2-39　电源的尖峰电流

此外,TTL 与非门还存在动态尖峰电流。在与非门从导通状态转换为截止状态或从截止状态转换为导通状态的过程中,都会出现 VT_4 和 VT_5 两管瞬间同时导通的情况,这一瞬间的电源电流比静态时的电源电流大,但持续时间较短,故称为尖峰电流或浪涌电流,如图 2-39 所示。

尖峰电流造成的后果表现在两个方面:一方面使电源的平均电流增大,这就要求加大电源的容量;另一方面,电源的尖峰电流在电路内部流通时会在电源线和地线上产生电压降,形成一个干扰源,为此要采取合理的接地和去耦措施。

2.4.4　TTL 门电路主要性能参数

最早的 TTL 门电路系列是 74 系列,之后相继生产了 74H、74L、74S、74LS、74AS、74ALS、74F 等改进系列。74H(High-speed TTL)系列通过减小电路中各个电阻的阻值缩短了传输延时,但同时也增加了功耗。74L(Low-power TTL)系列则通过加大电路中各个电阻的阻值降低了功耗,但同时又增加了传输延时。74S(Schottky TTL)系列又称肖特基系列,其通过禁止三极管进入深度饱和状态来减少存储延时。74ALS(Schottky TTL)系列又称先进低功耗肖特基系列,属于74LS系列的后继产品,其在速度、功耗等方面都有较大的改进。74AS(Schottky TTL)系列又称先进超高速肖特基系列,速度快。74F(Fast TTL)系列采用新的生产工艺以减小器件内部的各种寄生电容,从而提高速度。

几种TTL与非门系列(74XX00)的性能参数见表2-2。供电电源都是+5V。

表 2-2　几种 **TTL** 与非门系列(74**XX**00)的性能参数

性 能 参 数	74 系列	74S 系列	74LS 系列	74AS 系列	74ALS 系列	74F 系列
平均传输延时/ns	9	3	9.5	1.7	4	3
输出高电平最小值 V_{OHmin}/V	2.4	2.7	2.7	2.7	2.7	2.7
输出低电平最大值 V_{OLmax}/V	0.4	0.5	0.5	0.5	0.5	0.5
输入高电平最小值 V_{IHmin}/V	2.0	2.0	2.0	2.0	2.0	2.0
输入低电平最大值 V_{ILmax}/V	0.8	0.8	0.8	0.8	0.8	0.8
输出高电平时的电流最大值 I_{OHmax}/mA	−0.4	−1.0	−0.4	−2.0	−0.4	−1.0
输出低电平时的电流最大值 I_{OLmax}/mA	16	20	8	20	8	20
输入高电平时的电流最大值 I_{IHmax}/μA	40	50	20	20	20	20
输入低电平时的电流最大值 I_{ILmax}/mA	−1.0	−2.0	−0.4	−0.5	−0.1	−0.6

2.5　ECL 门电路

ECL门电路是发射极耦合逻辑电路(Emitter Coupled Logic)的简称,它属于双极型集成电路。

在TTL门电路中,三极管工作于饱和、截止状态。由于三极管导通时工作于饱和状态,因此管内存储的电荷限制了电路的工作速度。尽管采取了一系列改进措施,但都不是提高工作速度的根本办法。ECL门电路就是为了满足更高的速度要求而发展起来的一种新型高速逻辑电路。它采用了高速电流开关型电路,内部三极管工作于放大区或截止区,这就从根本上克服了因饱和而产生的存储电荷对速度的影响。ECL门电路的平均传输延时可达2ns以下。它广泛用于高速大型计算机、数字通信系统和高精度测试设备等。

典型的ECL集成电路有MECL 10K/KH和MECL 100K系列,其主要性能参数见表2-3。

表 2-3　几种 **ECL** 系列集成电路的主要性能参数

参数名称及符号	MECL 10K 系列	MECL 10KH 系列	MECL 100K 系列
逻辑电平摆幅/V	0.8	0.8	0.8
传输延时/ns	2	1	0.75
门电路平均功耗/mW	25	25	40

2.5.1 ECL 门电路工作原理

如图 2-40 所示为 MECL 10K 系列或/或非门电路及逻辑符号,它由三部分组成:多输入差动放大器、内部温度和电压补偿偏置网络、发射极跟随输出电路。

正常工作时,取 $V_{CC1}=0V, V_{CC2}=0V, V_{EE}=-5.2V$,VT$_5$ 基极获得的基准电压为 $V_{BB}=-1.29V$,输入信号的高、低电平分别为 $-0.89V$ 和 $-1.7V$。

差动输入放大部分有 4 路输入,VT$_1$~VT$_5$ 的发射极连在一起,VT$_1$~VT$_4$ 的集电极连在一起,这 5 只三极管构成了多输入差动放大器。当 VT$_1$~VT$_4$ 的基极电位为低电平时,只有 VT$_5$ 中有电流通过,这时 VT$_8$ 输出为低电平,VT$_7$ 输出为高电平。

根据图 2-40 中的电阻阻值,可以计算出在各个输入端均为低电平的条件下,VT$_5$ 的集电极电压等于 $-0.98V$,而 VT$_8$ 的输出应当是逻辑 0 电平,VT$_7$ 的输出为逻辑 1 电平。发射极耦合逻辑的输出端往往有 50Ω 负载,把该负载的另一端接在 $-2.0V$ 电平上,因而输出逻辑 0 电平应当为 $-1.7V$,逻辑 1 电平应当为 $-0.89V$。当某一输入端为高电平时,VT$_8$ 输出为逻辑 1 电平,VT$_7$ 输出为逻辑 0 电平。输入高电平在 R_e 中可得到电流 4.51mA,于是在 217Ω 电阻上的电压正好是 $-0.98V$,VT$_7$ 输出的逻辑 0 电平就等于 $-1.7V$,而 VT$_8$ 输出的逻辑 1 电平则为 $-0.89V$。

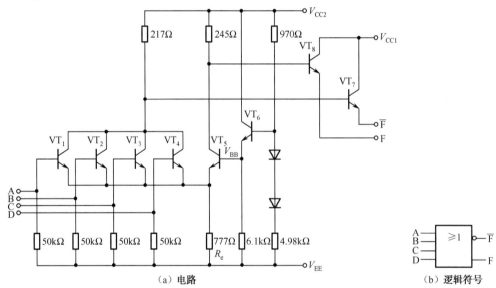

（a）电路　　　　　　　　　　　　　　（b）逻辑符号

图 2-40　MECL 10K 系列或/或非门电路及逻辑符号

图 2-41 给出了 MECL 10K 系列中的 10105 三输入或门/或非门的引脚排列图。与 TTL、CMOS 门电路不同,ECL 门电路使用三个供电引脚,V_{CC1} 给电路内部开关三极管供电,V_{CC2} 给输出电路供电。在实际应用中可以将 V_{CC1} 和 V_{CC2} 接地,V_{EE} 接 $-5.2V$。

MECL 10K 系列门电路高电平输出 V_{OH} 的范围是 $-0.960V \sim -0.810V$,低电平输出 V_{OL} 的范围是 $-1.850V \sim -1.650V$。MECL 100K 系列门电路电源电压 V_{EE} 的范围是 $-7V \sim -4.5V$,最好是 $-4.5V$。高电平输出 V_{OH} 的范围是 $-1.025V \sim -0.880V$,低电平输出 V_{OL} 的范围是 $-1.810V \sim -1.620V$。当 V_{EE} 为 $-5.2V$ 时,MECL 100K 系列门电路的输出与 MELC 10K 系列门电路的输出兼容。

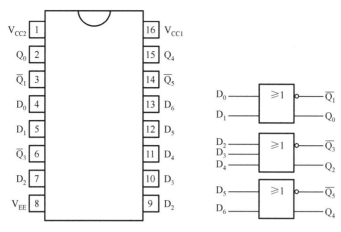

图 2-41 MECL 10K 系列中的 10105 引脚排列图

2.5.2 ECL 门电路主要特点

相对于传统的 CMOS 和 TTL 制造工艺,ECL 门电路具有以下优点。

(1)开关速度高。ECL 门电路是目前各种集成电路中工作速度最快的一种。该电路中的晶体管工作于放大和截止两种状态,而不进入饱和区,这就从电路结构和设计上根除了常规 TTL 门电路中晶体管从饱和到截止状态转换时所需的释放超量存储电荷的"存储时间"。同时,由于 ECL 门电路中的电阻阻值小,逻辑高、低电平之差小,因而可以有效缩短电路节点的上升时间和下降时间。目前 ECL 门电路的传输延时已缩短到 0.1ns 以内。

(2)带负载能力强。由于 ECL 门电路的输出阻抗小(6~8Ω),输入阻抗高,因此电路的带负载能力很强,其扇出系数一般可以达到 100 以上。同时,ECL 门电路可以驱动长的可控阻抗传输线,例如,它可以驱动 50~130Ω 特征阻抗的传输线而其交流特性并没有明显的改变。

(3)逻辑功能强。ECL 门电路多设有互补的输出端,同时其输出结构允许多个输出端直接并联以实现线或的功能,使用起来灵活方便。

(4)内部噪声小,抗共模干扰能力强。在两种开关状态下,ECL 门电路的电源电流几乎相同,电路内部的开关噪声很小。此外,ECL 门电路能够提供差分信号,这是 TTL 和 CMOS 制造工艺所不具备的。而差分信号的优点众所周知——抗共模干扰能力强。

ECL 门电路的缺点也比较明显,主要表现在以下三个方面。

(1)静态功耗大。由于 ECL 门电路的电阻阻值较小,而晶体管工作于放大状态,因此电路功耗相对较大,每个门的平均功耗可达 100mW,由此可见电路工作速度的提高是以牺牲功耗换取的。

(2)抗干扰能力差。ECL 门电路的逻辑电平摆幅小(大约只有 0.8V),噪声容限低(约 0.3V),所以抗干扰能力较低。

(3)输出电平的稳定性差。由于 ECL 门电路的三极管导通时工作于放大区,而且其输出电平又直接与发射极跟随输出电路中 VT_7、VT_8 的发射结压降有关,因此输出电平容易受到参数变化及环境温度改变的影响。

2.6 Bi-CMOS 门电路

Bi-CMOS 技术是一种将 CMOS 器件和双极型器件集成在同一芯片上的技术。尽管双极型器件速度高、驱动能力强、模拟精度高,但是功耗大、集成度低,无法在超大规模集成电路中实现;而 CMOS 器件有着功耗低、集成度高、抗干扰能力强的优点,但是存在速度低、驱动能力差的不足。Bi-CMOS 技术综合了双极型器件高跨导和强负载驱动能力及 CMOS 器件高集成度和低功耗的优点,使这两者取长补短,发挥各自优点,是高速、高集成度、高性能的超大规模集成电路又一可取的技术路线,主要应用在高性能数字与模拟集成电路领域。目前,在某些专用集成电路和高速 SRAM 产品中已经使用了 Bi-CMOS 技术。

2.6.1 Bi-CMOS 门电路工作原理

如图 2-42 所示为基本的 Bi-CMOS 反相器。VT_1、VT_2、VT_3 和 VT_4 所组成的输入级与基本的 CMOS 反相器很相似;VT_5 和 VT_6 构成推拉式输出级,输入信号 v_1 同时作用于 VT_1 和 VT_3 的栅极。当 v_1 为高电平时,VT_3 导通而 VT_1 截止;而当 v_1 为低电平时,情况则相反,VT_1 导通,VT_3 截止。当输出端接有同类 Bi-CMOS 门电路时,输出级能提供足够大的电流为电容性负载充电。同理,已充电的电容性负载也能迅速地通过 VT_6 放电。在上述电路中,VT_5 和 VT_6 基区存储的电荷亦可通过 VT_2 和 VT_4 释放,以加快电路的开关速度。当 v_1 为高电平时,VT_2 导通,VT_5 基区存储的电荷迅速释放;当 v_1 为低电平时,电源电压 V_{DD} 通过 VT_1 使 VT_4 导通,此时 VT_6 基区存储的电荷通过 VT_4 释放。可见,门电路的开关速度可得到改善。

用 Bi-CMOS 技术同样可以实现或非门和与非门。图 2-43 为 Bi-CMOS 或非门。当两个输入端 A 和 B 都为低电平时,VT_4、VT_1、VT_7 和 VT_8 都导通,而 VT_2、VT_3、VT_5、VT_6 和 VT_9 均截止,输出端 F 为高电平。当输入端 A 和 B 中有一个为高电平时,VT_4 和 VT_1 中有一个管子截止,而 VT_2 和 VT_5 中有一个管子导通,VT_3 与 VT_6 中也有一个管子导通,因此 VT_7 和 VT_8 均截止,VT_9 导通,输出端 F 为低电平。同理,也可以构成 Bi-CMOS 与非门。

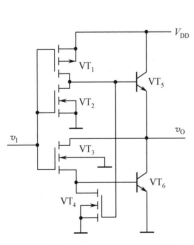

图 2-42 Bi-CMOS 反相器

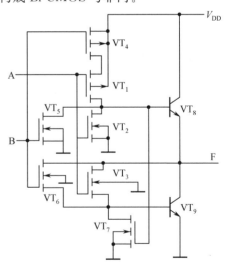

图 2-43 Bi-CMOS 或非门

2.6.2 Bi-CMOS 门电路主要性能参数

典型的 Bi-CMOS 门电路有 74ABT 系列、74ALB 系列和 74ALVT 系列。其主要性能参数见表 2-4。

表 2-4 几种 Bi-CMOS 系列门电路的性能参数

性能参数	74ABT 系列	74ALB 系列	74ALVT 系列
电源电压/V	5	3.3	3.3
平均传输延时/ns	3	1.3	3.2
输入低电平最大值 V_{ILmax}/V	0.8	0.6	0.8
输入高电平最小值 V_{IHmin}/V	2	2	2
输出低电平最大值 V_{OLmax}/V	0.55	0.2	0.55
输出高电平最小值 V_{OHmin}/V	2	2	2
输出低电平时的电流最大值 I_{OLmax}/mA	64	25	64
输出高电平时的电流最大值 I_{OHmax}/mA	32	25	32

2.7 数字电路使用中应注意的问题

在用数字电路设计、组装数字系统时,除合理选用适当型号的芯片外,还有一些问题需要注意。

首先是电源的问题。电源一般来说是非理想的,有一定的内阻,而数字电路在高、低电平转换期间,会产生较大的尖峰电流,相应地,在内阻上会产生电压降,有可能会使逻辑状态发生混乱。因此,通常在印制电路板电源的入口处加装 $20 \sim 50 \mu F$ 的滤波电容,同时在芯片电源引脚处接入 $0.01 \sim 0.1 \mu F$ 的高频滤波电容。

其次是接地的问题。正确的接地技术有助于降低电路的噪声。通常的做法是:① 逻辑电路和强电控制电路要分别接地,并接到一个合适的共同接地点上,以防止强电控制电路地线上的干扰。② 电源地和信号地分开。信号地汇集于一点,用最短的导线接到电源地上,以防止尖峰电流对信号的干扰。③ 在模拟和数字混合系统中,模拟地和数字地应分开,各自接到一起,最后两者接到一个合适的共同接地点上。

2.7.1 CMOS 门电路使用中应注意的问题

1. 最大额定值

在使用 CMOS 门电路时,应保证不超过规定的最大额定值,包括电源电压、允许的功耗、输入电平摆幅、工作环境温度范围、存储温度范围和引线温度范围等都不允许超过极限参数。

2. 电源

① 保证正常的电源电压。CMOS 门电路的工作电压范围较宽,有的在 $3 \sim 18V$ 电压范围内都可以工作。手册中一般给出最高工作电压 V_{DDmax} 和最低工作电压 V_{DDmin},使用时不要超出

此电压范围,并注意电压下限不要低于 V_{SS}(源极电源电压)。

另外,电源电压的高、低会直接影响 CMOS 门电路的工作频率,V_{DD} 降低将使工作频率下降。

电源电压的取值可按下式进行选择:

$$V_{DD} = \frac{1}{2}(V_{DDmax} + V_{DDmin})$$

② 电源的极性不能接反。

③ 在保证电路正确的逻辑功能前提下,电流不能过大,以防止 CMOS 门电路出现"可控硅效应",使电路工作不稳定,甚至烧坏芯片。

电流大小选择的依据是电路的总功耗。CMOS 门电路的总功耗是静态功耗 P_S 与动态功耗 P_D 之和,静态功耗等于静态漏极电流 I_D 与漏极电源电压 V_{DD} 的乘积。动态功耗与其工作频率 f、器件的功耗电容 C_{PD}、输出端的负载电容 C_L 和电源电压 V_{DD} 有关,其大小为

$$P_D = (C_{PD} + C_L)fV_{DD}^2$$

对于式中的负载电容 C_L,若是 CMOS 门电路驱动 CMOS 门电路,则被驱动电路的输入电容就是 C_L。若驱动 N 个门电路,则总电容需要乘以 N。

3. 输入端

① CMOS 门电路的输入端不允许悬空,不用的输入端可视具体情况接高电平(V_{DD})或低电平(V_{SS}),以防止栅极被击穿。为防止印制电路板拔下后造成输入端悬空,可在输入端与地之间接保护电阻。

② 在一般情况下,输入高电平不得高于 $V_{DD}+0.5V$,输入低电平不得低于 $V_{SS}-0.5V$。

③ 输入端的电流一般应限制在 1mA 以内。

④ 输入脉冲信号上升沿和下降沿的间隔应小于几 μs,否则将使输入电平不稳,使器件损耗过大进而损坏器件。一般来说,当 $V_{DD}=5V$ 时,输入脉冲信号上升沿、下降沿的间隔应小于 $10\mu s$。

4. 输出端

CMOS 门电路驱动 CMOS 门电路的能力很强,低速时其扇出系数可以很高,但在高速时,考虑到负载电容的影响,CMOS 门电路的扇出系数一般取 $10\sim20$ 为宜。

5. **防止静电击穿的措施**

防止静电击穿是使用 CMOS 门电路时应特别注意的问题,可采取以下措施:

① 保存时应用导电材料进行屏蔽,或把全部引脚短路。

② 焊接时,应断开电烙铁电源。

③ 各种测量仪器均要良好接地。

④ 通电测试时,应先开电源再加信号,关机时应先关信号源再关电源。

⑤ 插拔 CMOS 芯片前应先切断电源。

2.7.2　TTL 门电路使用中应注意的问题

1. 电源

TTL 门电路电源电压的纹波及稳定度一般要求小于或等于 10%，有的要求小于或等于 5%，即电源电压应限制在 5V±0.5V(或 5V±0.25V)以内。电流容量应有一定裕量。电源极性不能接反，否则会烧坏芯片。

2. 输入端

① 输入端不能直接与高于 +5.5V 和低于 −0.5V 的低内阻电源连接，否则将损坏芯片。
② 为提高电路的可靠性，多余输入端一般不能悬空，可视情况进行处理，如图 2-44 所示。

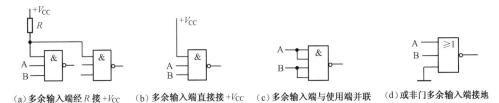

(a)多余输入端经 R 接 $+V_{CC}$　(b)多余输入端直接接 $+V_{CC}$　(c)多余输入端与使用端并联　(d)或非门多余输入端接地

图 2-44　多余输入端的处理

a)与门、与非门的多余输入端直接接 V_{CC}，或通过一个电阻接 V_{CC}。
b)将多余的输入端与使用的输入端并联。
c)将或门、或非门的多余输入端接地。
d)触发器的多余输入端及置 0 端、置 1 端应根据要求接 V_{CC} 或接地。

3. 输出端

TTL 门电路输出端不允许与 V_{CC} 直接相连。

2.7.3　数字电路接口

在设计一个数字系统时，往往要同时使用不同类型的器件。由于它们各自的电源电压不同，对输入、输出电平的要求也不同，因此在设计时要考虑不同类型器件之间的接口问题。

1. CMOS 门电路与 TTL 门电路之间的接口

(1)CMOS 门电路驱动 TTL 门电路

由表 2-1、表 2-2 可以看出，在 5V±0.5V 电源电压作用下，CMOS 门电路性能参数中，74HC、74AHC 系列的 V_{OHmin} 均在 3.8V 以上，V_{OLmax} 均在 0.4V 以下；TTL 门电路性能参数中，$V_{IHmin}=2.0V$，$V_{ILmax}=0.8V$。同时，74HC 系列的 $|I_{Omax}|=4mA$，74AHC 系列的 $|I_{Omax}|=8mA$。而 TTL 门电路的 $|I_{IHmax}|$ 低于 $50\mu A$，$|I_{ILmax}|$ 低于 2mA。另外，74HCT、74AHCT 系列与 TTL 门电路是电气兼容的。所以 5V 电源电压的 CMOS 门电路可以直接驱动 TTL 门电路。

(2)TTL 门电路驱动 5V CMOS 门电路

由表 2-1、表 2-2 可以看出，在 5V±0.5V 电源电压作用下，TTL 门电路性能参数中，$V_{OHmin}=$

2.7V，V_{OLmax}＝0.5V(74系列除外)；CMOS门电路性能参数中，74HC及74AHC系列的V_{IHmin}为3.15V，V_{ILmax}为1.35V。两者低电平时是兼容的，但高电平不兼容。为提高TTL门电路输出高电平的幅值，可在TTL门电路输出端与电源之间接一个电阻R_x，如图2-45所示。R_x的取值可根据不同系列TTL门电路的I_{OH}值决定，可参考表2-5。由于74HCT、74ACT系列与TTL门电路是电气兼容的，因此TTL门电路可以直接驱动74HCT、74AHCT系列的CMOS门电路。

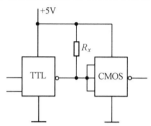

图 2-45　TTL门电路驱动 5V CMOS门电路接口

表 2-5　R_x的取值参考表

TTL 门电路	74 标准系列	74H 系列	74S 系列	74LS 系列
$R_x/\text{k}\Omega$	0.39～4.7	0.27～4.7	0.27～4.7	0.82～12

2. 与三极管、LED 的接口

(1)与三极管的接口

当需要用门电路控制较大的电流和较高的电压时，可先驱动三极管，再用三极管去驱动高电压、大电流的负载，如图2-46所示。

(2)与LED 的接口

当用门电路驱动 LED 时，需加一个限流电阻，电阻的阻值不同，LED 的亮度也不同，其连接方式如图2-47所示。

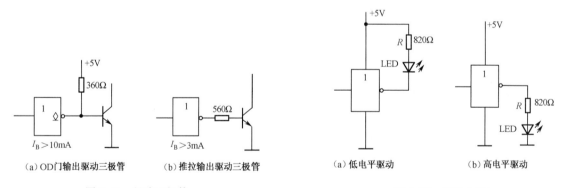

(a) OD门输出驱动三极管　　(b) 推拉输出驱动三极管

图 2-46　驱动三极管

(a) 低电平驱动　　(b) 高电平驱动

图 2-47　驱动 LED

习题 2

2-1　在实际应用中，为避免外界干扰的影响，有时将与非门多余的输入端与输入信号输入端并联使用，这时对前级和与非门有无影响？

2-2　在用或非门时,对多余输入端的处理方法同与非门的处理方法有什么区别?

2-3　用CMOS门电路实现逻辑函数表达式 $F=\overline{A+B+C}$,画出电路原理图。

2-4　题图 2-1 中,图(a)、(b)和(c)三个逻辑电路的功能是否一样? 分别写出输出 F_1、F_2和 F_3 的逻辑函数表达式。

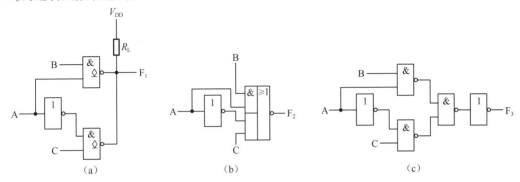

题图 2-1　习题 2-4 的图

2-5　题图 2-2 所示的逻辑门均为CMOS门电路,假设二极管是理想的。试分析各门电路的逻辑功能,并写出输出 $F_1 \sim F_4$ 的逻辑函数表达式。

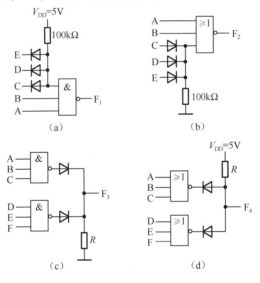

题图 2-2　习题 2-5 的图

2-6　写出题图 2-3 中各 CMOS 门电路输出 F_1、F_2、F_3 的逻辑函数表达式。

2-7　已知几种门电路及其输入 A、B 的波形如题图 2-4(a)、(b)所示,试分别写出输出 $F_1 \sim F_5$ 的逻辑函数表达式,并画出它们的波形图。

2-8　试说明下列各种门电路中哪些可以将输出端并联使用(输入端的状态不一定相同):

(1)TTL 与非门;

(2)TTL 门电路的三态输出门;

(3)CMOS 门电路的 OD 门;

(4)CMOS 门电路的三态输出门。

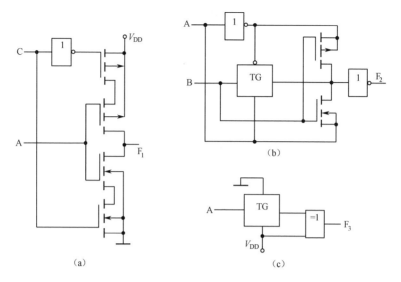

（a）

（b）

（c）

题图 2-3　习题 2-6 的图

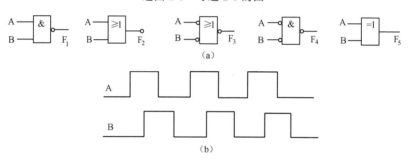

（a）

（b）

题图 2-4　习题 2-7 的图

2-9　分析如题图 2-5 所示电路的逻辑功能,并写出逻辑函数表达式。

2-10　在题图 2-6 电路中,G_1、G_2 是两个漏极开路与非门,假设每个门在输出低电平时的最大电流为 $I_{OLmax}=8mA$,输出高电平时的最大电流为 $I_{OHmax}=10\mu A$。$G_3 \sim G_6$ 是 4 个 CMOS 门电路,它们输入低电平时的最大电流 $I_{ILmax}=-1\mu A$,输入高电平时的最大电流 $I_{IHmax}=1\mu A$,计算外接负载电阻 R_L 的取值范围,即 R_{Lmax} 和 R_{Lmin}。

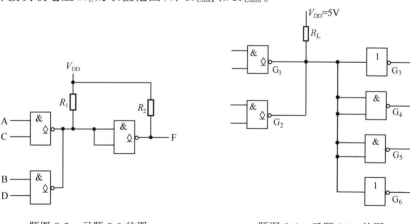

题图 2-5　习题 2-9 的图

题图 2-6　习题 2-10 的图

2-11 根据题图 2-7(a)中 TTL 与非门的电压传输特性曲线、输出特性曲线、输入特性曲线和输入端负载特性曲线,求题图 2-7(b)中的 $v_{O1} \sim v_{O7}$。

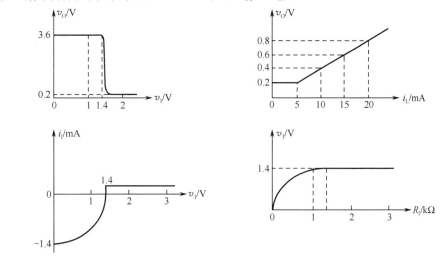

（a）TTL 与非门的电压传输特性曲线、输出特性曲线、输入特性曲线和输入端负载特性曲线

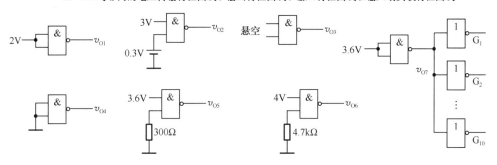

（b）TTL 与非门的门电路

题图 2-7　习题 2-11 的图

2-12 写出题图 2-8 中各逻辑电路的输出 F_1、F_2 的逻辑函数表达式。

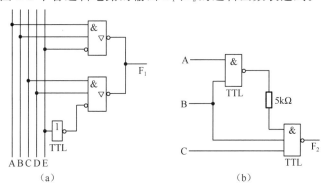

题图 2-8　习题 2-12 的图

2-13 由 TTL 门和 CMOS 门构成的电路如题图 2-9 所示,试分别写出输出的表达式或逻辑值。

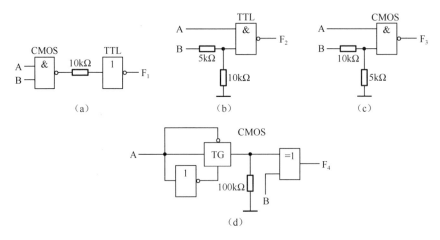

（a）　　　　　　　　　（b）　　　　　　　　　（c）

（d）

题图 2-9　习题 2-13 的图

2-14　已知发光二极管导通时的电压降约为 2.0V,正常发光时需要约 5mA 的电流。当发光二极管按题图 2-10 连接时,试确定上拉电阻 R 的大小。

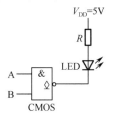

题图 2-10　习题 2-14 的图

2-15　计算题图 2-11 电路中接口电路输出端 v_C 的高、低电平,并说明接口电路参数的选择是否合理。假设 CMOS 或非门的电源电压 $V_{DD}=10V$,空载输出的高、低电平分别为 $V_{OH}=9.95V$,$V_{OL}=0.05V$,门电路的输出电阻小于 200Ω。TTL 与非门输入高电平时的电流为 $I_{IH}=20\mu A$,输入低电平时的电流为 $I_{IL}=-0.4mA$。

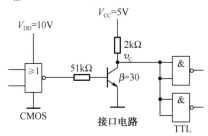

题图 2-11　习题 2-15 的图

第 3 章　组合逻辑电路

数字电路按逻辑功能的不同,分成两大类:一类称为组合逻辑电路,简称组合电路;另一类称为时序逻辑电路,简称时序电路。

3.1　组合逻辑电路的特点

组合电路的特点是,电路任意时刻的输出状态只取决于该时刻的输入状态,而与该时刻前的电路状态无关。

一个多输入、多输出的组合电路框图如图 3-1 所示。图中,X_1,X_2,$\cdots$,X_n 表示输入逻辑变量,F_1,F_2,$\cdots$,F_m 表示输出逻辑函数。该组合电路输出与输入之间的逻辑关系可表示为

$$F_1 = f_1(X_1, X_2, \cdots, X_n)$$
$$F_2 = f_2(X_1, X_2, \cdots, X_n)$$
$$\cdots$$
$$F_m = f_m(X_1, X_2, \cdots, X_n)$$

图 3-1　组合电路框图

既然组合电路的输出状态与电路过去的状态无关,那么电路就不需要包含有记忆性的器件。这决定了组合电路是由各种门电路构成的。

3.2　小规模集成电路构成的组合逻辑电路的分析与设计

组合电路的分析是找出组合电路逻辑功能的过程。而设计则是按照给定的具体逻辑命题求出最简单的逻辑电路的过程。

3.2.1　分析方法

分析组合电路的目的是找出其逻辑功能。既然组合电路的输出为一个逻辑函数,那么用真值表来表示电路的逻辑功能最为直观了。由小规模集成电路构成的组合电路的分析步骤:通常先根据给定的逻辑电路,由输入到输出逐级写出逻辑函数表达式,然后利用公式或卡诺图对其进行化简,进而得到最简的逻辑函数表达式。有时也用真值表来表示电路的逻辑功能。

【例 3-1】　试分析图 3-2 所示电路的逻辑功能,要求写出逻辑函数表达式,列出真值表。

解:由图 3-2 写出逻辑函数表达式为

$$F_0 = \overline{A_1} \cdot \overline{A_0} \qquad\qquad F_2 = A_1 \cdot \overline{A_0}$$
$$F_1 = \overline{A_1} \cdot A_0 \qquad\qquad F_3 = A_1 \cdot A_0$$

再根据表达式列出其真值表,见表 3-1,可以看出,$A_1 A_0 = 00$ 时,$F_0 = 1$,其他输出均为 0;$A_1 A_0 = 01$ 时,$F_1 = 1$,其余输出均为 0;$A_1 A_0 = 10$ 时,$F_2 = 1$,其他输出均为 0;$A_1 A_0 = 11$ 时,$F_3 = 1$,其他输出均为 0。这种只有一个输出为 1、其余输出为 0 的情况,说明输出有效电平为高电平。观察输出状态便可以知道输入代码的值,这种功能称为译码功能。

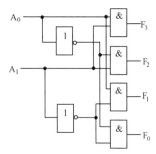

图 3-2　[例 3-1]的逻辑图

表 3-1　[例 3-1]的真值表

A_1	A_0	F_0	F_1	F_2	F_3
0	0	1	0	0	0
0	1	0	1	0	0
1	0	0	0	1	0
1	1	0	0	0	1

【例 3-2】　试分析图 3-3 所示电路的逻辑功能,要求写出逻辑函数表达式,列出真值表。

解:由图 3-3 写出逻辑函数表达式为

$$\overline{F_0}=\overline{\overline{A_1}\cdot\overline{A_0}} \qquad\qquad \overline{F_2}=\overline{A_1\cdot\overline{A_0}}$$

$$\overline{F_1}=\overline{\overline{A_1}\cdot A_0} \qquad\qquad \overline{F_3}=\overline{A_1\cdot A_0}$$

根据表达式列出其真值表,见表 3-2,可以看出,对应输入变量的一组取值,只能使一个输出为 0,而其余输出为 1。这种情况说明低电平为输出的有效电平。这种功能同样也称为译码功能。

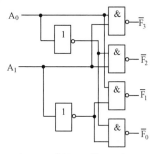

图 3-3　[例 3-2]的逻辑图

表 3-2　[例 3-2]的真值表

A_1	A_0	$\overline{F_0}$	$\overline{F_1}$	$\overline{F_2}$	$\overline{F_3}$
0	0	0	1	1	1
0	1	1	0	1	1
1	0	1	1	0	1
1	1	1	1	1	0

【例 3-3】　试分析图 3-4 所示电路的逻辑功能,要求写出逻辑函数表达式,列出真值表。

解:由图 3-4 写出逻辑函数表达式为

$$F=(\overline{A_1}\cdot\overline{A_0})\cdot D_0+(\overline{A_1}\cdot A_0)\cdot D_1+(A_1\cdot\overline{A_0})\cdot D_2+(A_1\cdot A_0)\cdot D_3$$

根据表达式列出其真值表,见表 3-3,可以看出,$A_1A_0=00$ 时,$F=D_0$;$A_1A_0=01$ 时,$F=D_1$;……。给 A_1A_0 赋以不同的代码值,输出端即可获得相应的某个输入值 $D_i(i=0,1,2,3)$,故其具有选择输入功能。

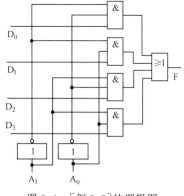

图 3-4　[例 3-3]的逻辑图

表 3-3　[例 3-3]的真值表

A_1	A_0	F
0	0	D_0
0	1	D_1
1	0	D_2
1	1	D_3

3.2.2 设计方法

组合电路的设计是指按照给定的逻辑命题,设计出能实现其逻辑功能的电路。

组合电路的设计通常是按下述步骤进行的。

1. 列真值表

通常给出的设计要求是用文字描述的一个具有固定因果关系的事件。由文字描述的逻辑问题直接写出逻辑函数是困难的,但列出真值表却比较方便。要列真值表,首先要对事件的因果关系进行分析,把事件的起因定为输入逻辑变量,把事件的结果作为输出逻辑函数;其次要对逻辑变量赋值,就是用二值逻辑的 0 和 1 分别表示两种不同状态;再次根据给定事件的因果关系列出真值表。至此,事件的因果关系就用逻辑函数表示方法中的真值表表示出来了。

2. 写出逻辑函数表达式

由得到的真值表很容易写出逻辑函数表达式。

3. 对逻辑函数表达式进行化简或变换

由真值表写出的逻辑函数表达式不一定是最简的,若不是最简的,需对其进行化简,得到最简式。如果命题选定了器件,还需将最简式变换成相应的形式。

4. 根据简化的逻辑函数表达式画出电路图

至此,原理性逻辑电路设计已经完成。要想得到实际装置,还必须进行工艺设计、安装、调试等项工作。

【例 3-4】 试用与非门设计一个三变量表决器。如果 A、B 和 C 三者中多数同意,则提案通过,否则提案不通过。

解:不同的逻辑变量赋值会得到不同的结果。

方案一 同意用 1 表示,不同意用 0 表示;通过用 1 表示,不通过用 0 表示。根据题意,按上述赋值规定列出的真值表见表 3-4。由于用卡诺图化简,不再由真值表写出逻辑函数表达式,而是直接填入卡诺图,如图 3-5 所示。化简后得到逻辑函数表达式为与-或式。为达到用与非门实现的目的,需将与-或式变成与非-与非式。最后根据与非-与非式画出的逻辑图如图 3-6 所示。

表 3-4 [例 3-4]方案一的真值表

A	B	C	F
0	0	0	0
0	0	1	0
0	1	0	0
0	1	1	1
1	0	0	0
1	0	1	1
1	1	0	1
1	1	1	1

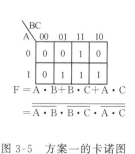

$$F = A \cdot B + B \cdot C + A \cdot C$$

$$= \overline{\overline{A \cdot B} \cdot \overline{B \cdot C} \cdot \overline{A \cdot C}}$$

图 3-5 方案一的卡诺图　　图 3-6 方案一的逻辑图

方案二 同意用 0 表示,不同意用 1 表示;通过用 1 表示,不通过用 0 表示。根据题意,按上述赋值规定列出的真值表见表 3-5,由此画出的卡诺图如图 3-7 所示。根据最简式画出的逻辑图如图 3-8 所示。

表 3-5 [例 3-4]方案二的真值表

A	B	C	F
0	0	0	1
0	0	1	1
0	1	0	1
0	1	1	0
1	0	0	1
1	0	1	0
1	1	0	0
1	1	1	0

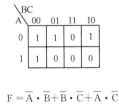

$$F = \overline{A} \cdot \overline{B} + \overline{B} \cdot \overline{C} + \overline{A} \cdot \overline{C}$$
$$= \overline{\overline{\overline{A} \cdot \overline{B}} \cdot \overline{\overline{B} \cdot \overline{C}} \cdot \overline{\overline{A} \cdot \overline{C}}}$$

图 3-7 方案二的卡诺图

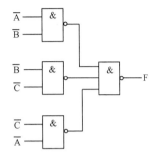

图 3-8 方案二的逻辑图

【例 3-5】 某工厂有 A、B 和 C 三个车间,各需电力 10kW,由厂变电所的 X 和 Y 两台变压器供电。其中,X 变压器的功率为 13kW,Y 变压器的功率为 25kW。为合理供电,需设计一个送电控制电路,控制电路的输出接继电器线圈。送电时,线圈通电;不送电时,线圈不通电。线圈动作电压为 12V,线圈电阻为 300Ω。

解: 车间工作用 1 表示,不工作用 0 表示;送电用 1 表示,不送电用 0 表示。三个车间是否工作及变压器送电情况见表 3-6。经公式变换和卡诺图化简得

$$X = \overline{A} \cdot \overline{B} \cdot C + \overline{A} \cdot B \cdot \overline{C} + A \cdot \overline{B} \cdot \overline{C} + A \cdot B \cdot C = \overline{A} \cdot (\overline{B} \cdot C + B \cdot \overline{C}) +$$
$$A \cdot (\overline{B} \cdot \overline{C} + B \cdot C) = A \oplus B \oplus C$$

$$Y = A \cdot B + B \cdot C + A \cdot C = \overline{\overline{A \cdot B} \cdot \overline{B \cdot C} \cdot \overline{A \cdot C}}$$

由线圈动作电压 12V,线圈电阻 300Ω 算得,线圈动作时流过线圈的电流等于 40mA。由于一般的门是不可能带 40mA 负载电流的,因此,输出级需选 OD 门或 OC 门驱动器,逻辑图如图 3-9 所示。

表 3-6 [例 3-5]的真值表

A	B	C	X	Y
0	0	0	0	0
0	0	1	1	0
0	1	0	1	0
0	1	1	0	1
1	0	0	1	0
1	0	1	0	1
1	1	0	0	1
1	1	1	1	1

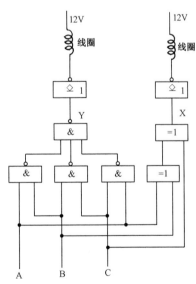

图 3-9 [例 3-5]的逻辑图

3.3 编码器

组合电路就其功能而言,种类不胜枚举。常用的组合电路有编码器、译码器、数据选择器、数据分配器、加法器、比较器、算术逻辑单元等。目前,这些常用组合电路都有集成电路产品,都是由门电路构成的。

在3.2节中已经讲过了组合电路的分析方法,为此,对于编码器、译码器、数据选择器、数据分配器等不再做详细分析,而着重介绍其逻辑功能和应用。

在数字系统中,常需将有特定意义的信息(如数字、符号等)编成若干位二进制代码,这一过程称为编码。实现编码的数字电路称为编码器。由于数字系统在处理数据时采用二进制运算,因此采用二进制代码或二-十进制代码,与之相应的编码器,则称为二进制编码器和二-十进制编码器。

3.3.1 二进制编码器

如图3-10所示为用与非门构成的三位二进制编码器。$\bar{I}_0$,$\bar{I}_1$,$\cdots$,$\bar{I}_7$是8个输入端。输入信号为低电平有效。由于编码的唯一性,即某一时刻只能对一个输入信号编码,因此8个输入电平中只能有一个为低电平,其余均为高电平。A_0、A_1和A_2是三个输出端。由图很容易写出它们的逻辑函数表达式为

$$A_0 = \overline{\bar{I}_1 \cdot \bar{I}_3 \cdot \bar{I}_5 \cdot \bar{I}_7}$$

$$A_1 = \overline{\bar{I}_2 \cdot \bar{I}_3 \cdot \bar{I}_6 \cdot \bar{I}_7}$$

$$A_2 = \overline{\bar{I}_4 \cdot \bar{I}_5 \cdot \bar{I}_6 \cdot \bar{I}_7}$$

由上式列出表示三位二进制编码器功能的真值表,见表3-7。显然,每个输出代码仅对应输入的编码。

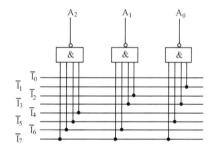

图3-10 三位二进制编码器

表3-7 三位二进制编码器的真值表

输				入				输	出	
$\bar{I}_0$	$\bar{I}_1$	$\bar{I}_2$	$\bar{I}_3$	$\bar{I}_4$	$\bar{I}_5$	$\bar{I}_6$	$\bar{I}_7$	A_2	A_1	A_0
0	1	1	1	1	1	1	1	0	0	0
1	0	1	1	1	1	1	1	0	0	1
1	1	0	1	1	1	1	1	0	1	0
1	1	1	0	1	1	1	1	0	1	1
1	1	1	1	0	1	1	1	1	0	0
1	1	1	1	1	0	1	1	1	0	1
1	1	1	1	1	1	0	1	1	1	0
1	1	1	1	1	1	1	0	1	1	1

3.3.2 优先编码器

二进制编码器在编码时,只允许在一个输入端加入有效输入信号,否则编码器的输出就会产生混乱。而优先编码器允许同时在几个输入端加入有效输入信号。但是,它会根据设计编

码器时已规定好的信号优先编码级别,选择其中相对优先级最高的输入信号进行编码。

图 3-11 示出了 8-3 线优先编码器 74HC148 的逻辑图和逻辑符号。$\overline{I}_0 \sim \overline{I}_7$ 为编码输入端,其中 $\overline{I}_7$ 的优先级最高,$\overline{I}_0$ 的优先级最低;$\overline{A}_2$、$\overline{A}_1$ 和 $\overline{A}_0$ 为编码输出端;$\overline{I}_S$ 为控制端,亦称选通输入端;$\overline{S}$ 为选通输出端;$\overline{E}$ 为扩展端。

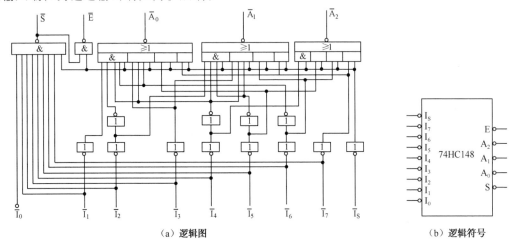

（a）逻辑图　　　　　　　　　　　（b）逻辑符号

图 3-11　74HC148 的逻辑图和逻辑符号

表 3-8 列出了 74HC148 的真值表。由真值表可以看出,编码器有效输入信号为低电平;输出编码为反码形式;当控制端 $\overline{I}_S=0$ 时,编码器才能正常工作;若无有效输入信号,即输入全为 1,则输出 $\overline{A}_2\overline{A}_1\overline{A}_0=111$,$\overline{E}=1$,$\overline{S}=0$;若有有效输入信号,则按信号优先级进行编码,$\overline{E}=0$,$\overline{S}=1$;在 $\overline{I}_S=1$ 条件下,编码器输出全为高电平,$\overline{E}=1$,$\overline{S}=1$。

表 3-8　74HC148 的真值表

| 输　　入 | | | | | | | | | 输　　出 | | | | |
$\overline{I}_S$	$\overline{I}_0$	$\overline{I}_1$	$\overline{I}_2$	$\overline{I}_3$	$\overline{I}_4$	$\overline{I}_5$	$\overline{I}_6$	$\overline{I}_7$	$\overline{A}_2$	$\overline{A}_1$	$\overline{A}_0$	$\overline{E}$	$\overline{S}$
1	×	×	×	×	×	×	×	×	1	1	1	1	1
0	1	1	1	1	1	1	1	1	1	1	1	1	0
0	×	×	×	×	×	×	×	0	0	0	0	0	1
0	×	×	×	×	×	×	0	1	0	0	1	0	1
0	×	×	×	×	×	0	1	1	0	1	0	0	1
0	×	×	×	×	0	1	1	1	0	1	1	0	1
0	×	×	×	0	1	1	1	1	1	0	0	0	1
0	×	×	0	1	1	1	1	1	1	0	1	0	1
0	×	0	1	1	1	1	1	1	1	1	0	0	1
0	0	1	1	1	1	1	1	1	1	1	1	0	1

由表 3-8 可以看出,对 $\overline{I}_7$ 编码时,$\overline{A}_2\overline{A}_1\overline{A}_0=000$,而 7 的二进制数为 111,可见,$\overline{A}_2\overline{A}_1\overline{A}_0=000$ 是对 111 取反得到的。通常,称与十进制数对应的二进制码为原码,而把原码各位值取反得到的代码称为反码。

$\overline{S}$ 端和 $\overline{E}$ 端是为扩展编码功能而设置的。

【例 3-6】　试用两片 74HC148 接成 16-4 线优先编码器,输出编码为原码形式。

解:参照 74HC148 的真值表(见表 3-8),可以列出本题的真值表,见表 3-9,表中没有$\bar{I}_S$ 端是因为用两片 74HC148 构成 16-4 线优先编码器之后,无须再进行扩展。

表 3-9 [例 3-6]的真值表

$\bar{I}_0$	$\bar{I}_1$	$\bar{I}_2$	$\bar{I}_3$	$\bar{I}_4$	$\bar{I}_5$	$\bar{I}_6$	$\bar{I}_7$	$\bar{I}_8$	$\bar{I}_9$	$\bar{I}_{10}$	$\bar{I}_{11}$	$\bar{I}_{12}$	$\bar{I}_{13}$	$\bar{I}_{14}$	$\bar{I}_{15}$	A_3	A_2	A_1	A_0	$\bar{E}$	$\bar{S}$
							输 入											输 出			
1	1	1	1	1	1	1	1	1	1	1	1	1	1	1	1	0	0	0	0	1	0
×	×	×	×	×	×	×	×	×	×	×	×	×	×	×	0	1	1	1	1	0	1
×	×	×	×	×	×	×	×	×	×	×	×	×	×	0	1	1	1	1	0	0	1
×	×	×	×	×	×	×	×	×	×	×	×	×	0	1	1	1	1	0	1	0	1
×	×	×	×	×	×	×	×	×	×	×	×	0	1	1	1	1	1	0	0	0	1
×	×	×	×	×	×	×	×	×	×	×	0	1	1	1	1	1	0	1	1	0	1
×	×	×	×	×	×	×	×	×	×	0	1	1	1	1	1	1	0	1	0	0	1
×	×	×	×	×	×	×	×	×	0	1	1	1	1	1	1	1	0	0	1	0	1
×	×	×	×	×	×	×	×	0	1	1	1	1	1	1	1	1	0	0	0	0	1
×	×	×	×	×	×	×	0	1	1	1	1	1	1	1	1	0	1	1	1	0	1
×	×	×	×	×	×	0	1	1	1	1	1	1	1	1	1	0	1	1	0	0	1
×	×	×	×	×	0	1	1	1	1	1	1	1	1	1	1	0	1	0	1	0	1
×	×	×	×	0	1	1	1	1	1	1	1	1	1	1	1	0	1	0	0	0	1
×	×	×	0	1	1	1	1	1	1	1	1	1	1	1	1	0	0	1	1	0	1
×	×	0	1	1	1	1	1	1	1	1	1	1	1	1	1	0	0	1	0	0	1
×	0	1	1	1	1	1	1	1	1	1	1	1	1	1	1	0	0	0	1	0	1
0	1	1	1	1	1	1	1	1	1	1	1	1	1	1	1	0	0	0	0	0	1

用两片 74HC148 接成的 16-4 线优先编码器的逻辑图如图 3-12 所示,为了方便,图中用 $\overline{0}\sim\overline{15}$ 来表示 $\bar{I}_0\sim\bar{I}_{15}$。

由于 74HC148 只有 8 个编码输入端,因此将 16-4 线优先编码器的 16 个编码输入中的 $\bar{I}_0\sim\bar{I}_7$ 接到 1 号片的编码输入端,$\bar{I}_8\sim\bar{I}_{15}$ 接到 2 号片的编码输入端。按优先级,只有当 2 号片无有效输入信号时,才允许 1 号片对 $\bar{I}_0\sim\bar{I}_7$ 的有效输入信号进行编码。为此,需将 2 号片的 $\bar{S}$ 端接到 1 号片的 $\bar{I}_S$ 端。

$\bar{I}_0\sim\bar{I}_{15}$ 中没有 0(低电平)时,$A_3A_2A_1A_0=0000$。$\bar{I}_8\sim\bar{I}_{15}$ 中有 0 时,按优先级,$A_3A_2A_1A_0$ 应为 1111~1000。$\bar{I}_8\sim\bar{I}_{15}$ 中没有 0,而 $\bar{I}_0\sim\bar{I}_7$ 中有 0 时,$A_3A_2A_1A_0$ 应为 0111~0000。这就是说,2 号片编码时,$A_3=1$;$\bar{I}_8\sim\bar{I}_{15}$ 中没有 0 时,$A_3=0$。与 74HC148 的真值表对应可以看出,恰好与 $\bar{S}$ 相同,故选 2 号片的 $\bar{S}$ 为 A_3。

由于 74HC148 的输出编码为反码形式,而例题的编码为原码形式,因此输出级需用与非门。分别将两片的 $\bar{A}_2$ 进行与非运算、$\bar{A}_1$ 进行与非运算、$\bar{A}_0$ 进行与非运算,便可以得到 A_2、A_1 和 A_0。

$\bar{E}\,\bar{S}=10$,表示编码器无 0 输入;而 $\bar{E}\,\bar{S}=01$,则表示有 0 输入。$\bar{I}_0\sim\bar{I}_{15}$ 全为 1 时,$\bar{E}_1=1$,$\bar{E}_2=1$,自然有 $\bar{E}=\bar{E}_1\cdot\bar{E}_2=1$;$\bar{I}_0\sim\bar{I}_{15}$ 中有 0 时,$\bar{E}_1$ 和 $\bar{E}_2$ 至少有一个为 0,当然有 $\bar{E}=\bar{E}_1\cdot\bar{E}_2=0$,

满足了"无 0 输入时 $\overline{E}=1$,有 0 输入时 $\overline{E}=0$"的要求。若取 $\overline{S}=\overline{S}_1+\overline{S}_2$,则 $\overline{I}_0\sim\overline{I}_{15}$ 全为 1 时,$\overline{S}_1=0$,$\overline{S}_2=0$,必 $\overline{S}=0$;而有 0 输入时,$\overline{S}_1$ 和 $\overline{S}_2$ 至少有一个为 1,当然 $\overline{S}=1$,满足了"无 0 输入时 $\overline{S}=0$,有 0 输入时 $\overline{S}=1$"的要求。

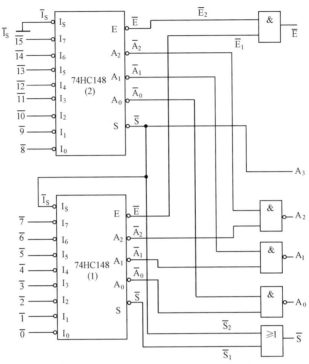

图 3-12　16-4 线优先编码器的逻辑图

3.4　译码器

译码为编码的逆过程。它将编码时赋予代码的含义"翻译"过来。实现译码的逻辑电路称为译码器。译码器的输出与输入代码有唯一的对应关系。

3.4.1　二进制译码器

二进制译码器的输入为一组二进制代码,而输出则是一组高、低电平信号。

如图 3-13 所示为 3-8 线译码器 74HC138 的逻辑图和逻辑符号。A_2、A_1 和 A_0 为三位二进制代码输入端,$\overline{F}_0\sim\overline{F}_7$ 为 8 个输出端,S_1、$\overline{S}_2$ 和 $\overline{S}_3$ 为三个输入控制端。只有 $S_1=1$,$\overline{S}_2=\overline{S}_3=0$ 时,译码器才处于工作状态。否则,译码器将处在禁止状态,所有输出端全为高电平。表 3-10 是 74HC138 的真值表。由图 3-13 写出译码器各输出端的函数表达式为

$$\overline{F}_0=\overline{\overline{A}_2\cdot\overline{A}_1\cdot\overline{A}_0},\quad \overline{F}_1=\overline{\overline{A}_2\cdot\overline{A}_1\cdot A_0},\quad \overline{F}_2=\overline{\overline{A}_2\cdot A_1\cdot\overline{A}_0},\quad \overline{F}_3=\overline{\overline{A}_2\cdot A_1\cdot A_0}$$

$$\overline{F}_4=\overline{A_2\cdot\overline{A}_1\cdot\overline{A}_0},\quad \overline{F}_5=\overline{A_2\cdot\overline{A}_1\cdot A_0},\quad \overline{F}_6=\overline{A_2\cdot A_1\cdot\overline{A}_0},\quad \overline{F}_7=\overline{A_2\cdot A_1\cdot A_0}$$

上述各式是在 S_1、$\overline{S}_2$ 和 $\overline{S}_3$ 有效($S_1=1$,$\overline{S}_2=\overline{S}_3=0$)的前提下写出的。控制端不仅控制 74HC138 是否处于工作状态,还可以作为功能扩展端。

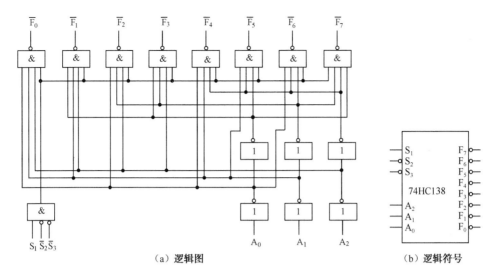

（a）逻辑图 （b）逻辑符号

图 3-13　74HC138 的逻辑图和逻辑符号

表 3-10　**74HC138 的真值表**

使 能 输 入		代 码 输 入			译 码 输 出							
S_1	$\overline{S_2}+\overline{S_3}$	A_2	A_1	A_0	$\overline{F_0}$	$\overline{F_1}$	$\overline{F_2}$	$\overline{F_3}$	$\overline{F_4}$	$\overline{F_5}$	$\overline{F_6}$	$\overline{F_7}$
0	×	×	×	×	1	1	1	1	1	1	1	1
×	1	×	×	×	1	1	1	1	1	1	1	1
1	0	0	0	0	0	1	1	1	1	1	1	1
1	0	0	0	1	1	0	1	1	1	1	1	1
1	0	0	1	0	1	1	0	1	1	1	1	1
1	0	0	1	1	1	1	1	0	1	1	1	1
1	0	1	0	0	1	1	1	1	0	1	1	1
1	0	1	0	1	1	1	1	1	1	0	1	1
1	0	1	1	0	1	1	1	1	1	1	0	1
1	0	1	1	1	1	1	1	1	1	1	1	0

【例 3-7】　试用两片 3-8 线译码器 74HC138 接成 4-16 线译码器。

解：74HC138 只有三个代码输入端(亦称地址输入端)，但是 4-16 线译码器应有 4 个代码输入端，为此，只能选用控制端作为 A_3 输入端。用两片 74HC138 接成 4-16 线译码器有两种方案。方案一带控制端，方案二不带控制端。

方案一　1 号片输出为 $\overline{0}\sim\overline{7}$，2 号片输出为 $\overline{8}\sim\overline{15}$。$A_3A_2A_1A_0$ 为 1000～1111 时，2 号片译码，1 号片不译码；$A_3A_2A_1A_0$ 为 0000～0111 时，1 号片译码，而 2 号片不译码。也就是说，$A_3=1$ 时，2 号片译码，$A_3=0$ 时，1 号片译码。只要将 A_3 接到 2 号片的 S_1 端和 1 号片的 $\overline{S_2}$ 端，便可达到此目的。另外，两片的 A_2、A_1 和 A_0 相应地接到一起作为 4-16 线译码器的 A_2、A_1 和 A_0，便可达到两片各自译码的要求。

现规定 $\overline{S}=0$ 时译码，$\overline{S}=1$ 时禁止译码。为达此要求，只需将 S 端接至两片的 $\overline{S_3}$ 端便可，即 $\overline{S}=0$ 时译码，$\overline{S}=1$ 时两片均不译码。除此之外，1 号片的 S_1 端应接 5V，2 号片的 $\overline{S_2}$ 端应接地，以满足两片译码的要求。

综合上述分析画出的方案一的逻辑图如图 3-14 所示。

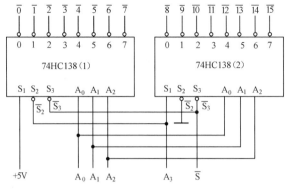

图 3-14 方案一的逻辑图

方案二 有方案一的基础,实现方案二就更简单了。只需将方案一中用于控制端 $\overline{S}$ 的 1 号片的 $\overline{S}_3$ 端接 A_3,2 号片的 $\overline{S}_3$ 端接地,便可满足译码要求。逻辑图如图 3-15 所示。

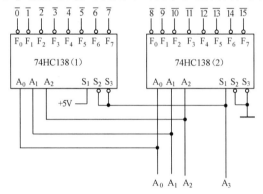

图 3-15 方案二的逻辑图

二进制译码器的每个输出均为输入代码的最小项函数。输出高电平有效的译码器的每个输出均为输入代码的最小项,输出低电平有效的译码器的每个输出均为输入代码的最小项的非。例如,74HC138 的 $\overline{F}_0 = \overline{\overline{A}_2 \cdot \overline{A}_1 \cdot \overline{A}_0}$,所以可用二进制译码器实现逻辑函数。

【例 3-8】 试用 74HC138 实现逻辑函数 $F = \sum(m_1, m_2, m_4, m_7)$。

解:$F = \sum(m_1, m_2, m_4, m_7) = \overline{A} \cdot \overline{B} \cdot C + \overline{A} \cdot B \cdot \overline{C} + A \cdot \overline{B} \cdot \overline{C} + A \cdot B \cdot C$

$$= \overline{\overline{\overline{A} \cdot \overline{B} \cdot C} \cdot \overline{\overline{A} \cdot B \cdot \overline{C}} \cdot \overline{A \cdot \overline{B} \cdot \overline{C}} \cdot \overline{A \cdot B \cdot C}}$$

令 $A_2 = A, A_1 = B, A_0 = C$,则

$$F = \overline{\overline{\overline{A}_2 \cdot \overline{A}_1 \cdot A_0} \cdot \overline{\overline{A}_2 \cdot A_1 \cdot \overline{A}_0} \cdot \overline{A_2 \cdot \overline{A}_1 \cdot \overline{A}_0} \cdot \overline{A_2 \cdot A_1 \cdot A_0}} = \overline{\overline{F}_1 \cdot \overline{F}_2 \cdot \overline{F}_4 \cdot \overline{F}_7}$$

根据此式画出的逻辑图便可以实现 $F = \sum(m_1, m_2, m_4, m_7)$。其逻辑图如图 3-16 所示。

3.4.2 二-十进制译码器

二-十进制译码器的输入为一组 BCD 码,输出则是一组高、低电平信号。二-十进制译码器按输入、输出线数又称为 4-10 线译码器。

图 3-17 示出了 CMOS 二-十进制译码器 CD4028 的逻辑图。表 3-11 列出了它的真值表。

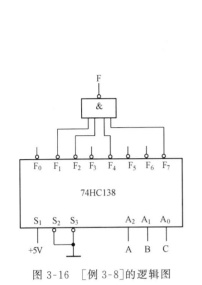

图 3-16 ［例 3-8］的逻辑图

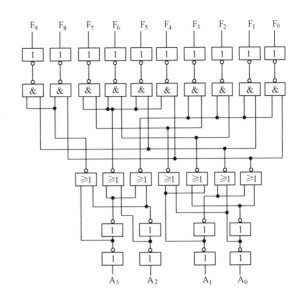

图 3-17 CD4028 的逻辑图

表 3-11 **CD4028 的真值表**

输		入		输				出					
A_3	A_2	A_1	A_0	F_0	F_1	F_2	F_3	F_4	F_5	F_6	F_7	F_8	F_9
0	0	0	0	1	0	0	0	0	0	0	0	0	0
0	0	0	1	0	1	0	0	0	0	0	0	0	0
0	0	1	0	0	0	1	0	0	0	0	0	0	0
0	0	1	1	0	0	0	1	0	0	0	0	0	0
0	1	0	0	0	0	0	0	1	0	0	0	0	0
0	1	0	1	0	0	0	0	0	1	0	0	0	0
0	1	1	0	0	0	0	0	0	0	1	0	0	0
0	1	1	1	0	0	0	0	0	0	0	1	0	0
1	0	0	0	0	0	0	0	0	0	0	0	1	0
1	0	0	1	0	0	0	0	0	0	0	0	0	1

3.4.3 半导体数码管和七段字形译码器

数码管是数码显示器的俗称。常用的数码显示器有半导体数码管、荧光数码管、辉光数码管和液晶显示器等。

半导体数码管是用发光二极管(简称 LED)组成的字形来显示数字的,7 个条形发光二极管排列成 7 段组合字形,便构成了半导体数码管,如图 3-18 所示。半导体数码管有共阳极和共阴极两种类型。共阳极数码管的 7 个发光二极管的阳极接在一起,而 7 个阴极则是独立的。共阴极数码管与共阳极数码管相反,7 个发光二极管的阴极接在一起,而 7 个阳极是独立的。

当共阳极数码管的某一阴极接低电平时,相应的二极管发光,可根据字形使某几段二极管发光,所以共阳极数码管需要输出低电平有效的译码器去驱动。而共阴极数码管则需输出高电平有效的译码器去驱动。表 3-12 列出了输出低电平有效的七段字形译码器 7447 的真值表。图 3-19 示出了 7447 的逻辑图和逻辑符号。

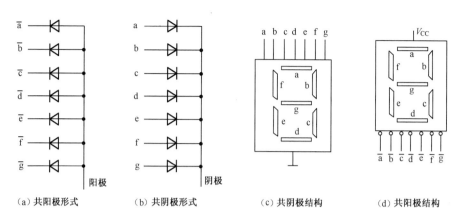

（a）共阳极形式　（b）共阴极形式　（c）共阴极结构　（d）共阳极结构

图 3-18　半导体数码管

表 3-12　7447 的真值表

输　　入						输　　出							显示数字符号
$\overline{LT}$	$\overline{RBI}$	A_3	A_2	A_1	A_0	$\overline{BI}/\overline{RBO}$	$\overline{a}$	$\overline{b}$	$\overline{c}$	$\overline{d}$	$\overline{e}$	$\overline{f}$	$\overline{g}$
1	1	0	0	0	0	1	0	0	0	0	0	0	1	𝟢
1	×	0	0	0	1	1	1	0	0	1	1	1	1	𝟣
1	×	0	0	1	0	1	0	0	1	0	0	1	0	𝟤
1	×	0	0	1	1	1	0	0	0	0	1	1	0	𝟥
1	×	0	1	0	0	1	1	0	0	1	1	0	0	𝟦
1	×	0	1	0	1	1	0	1	0	0	1	0	0	𝟧
1	×	0	1	1	0	1	1	1	0	0	0	0	0	𝟨
1	×	0	1	1	1	1	0	0	0	1	1	1	1	𝟩
1	×	1	0	0	0	1	0	0	0	0	0	0	0	𝟪
1	×	1	0	0	1	1	0	0	0	1	1	0	0	𝟫
×	×	×	×	×	×	0	1	1	1	1	1	1	1	熄灭
1	0	0	0	0	0	0	1	1	1	1	1	1	1	熄灭
0	×	×	×	×	×	1	0	0	0	0	0	0	0	𝟪

注：$\overline{BI}/\overline{RBO}$ 列中除倒数第 3 行为 $\overline{BI}=0$ 输入外，其余均为 $\overline{RBO}$ 输出。

7447 除对 8421 BCD 码有译码功能外，还有如下附加功能。

（1）试灯输入 $\overline{LT}$。试灯输入是为检查数码管各段是否能正常发光而设置的。当 $\overline{LT}=0$ 时，无论输入 A_3、A_2、A_1 和 A_0 为何种状态，译码器输出均为低电平，若被驱动的数码管正常，应显示 8(𝟪)。此功能见表 3-12 最下边一行。译码时，$\overline{LT}$ 应为高电平。

（2）灭灯输入 $\overline{BI}$。灭灯输入是为控制多位数码显示的灭灯所设置的。$\overline{BI}=0$ 时，无论 $\overline{LT}$ 与输入 A_3、A_2、A_1 和 A_0 为何种状态，译码器输出均为高电平，使共阳极数码管熄灭。其功能见表 3-12 倒数第 3 行。

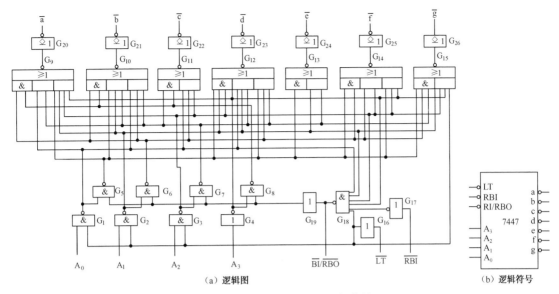

(a) 逻辑图   (b) 逻辑符号

图 3-19   7447 的逻辑图和逻辑符号

(3) 灭零输入 $\overline{RBI}$。灭零输入是为熄灭不希望显示的 0 而设定的。例如，多位数 00088.800 习惯上写为 88.8，为此，需将各 0 位熄灭。当每一位的 $A_3 = A_2 = A_1 = A_0 = 0$ 时，本应显示 0，但是在 $\overline{RBI} = 0$ 作用下，$G_{18} = 0$ 封锁了门 G_5、G_6、G_7 和 G_8，使译码器输出全为高电平。其结果和加入灭灯输入信号的结果一样，将 0 熄灭。功能见表 3-12 倒数第 2 行。

(4) 灭零输出 $\overline{RBO}$。灭零输出 $\overline{RBO}$ 和灭灯输入 $\overline{BI}$ 公用一端。注意表 3-12 倒数第 2 行 $\overline{RBO} = 0$ 的条件。灭零输出 $\overline{RBO}$ 和灭零输入 $\overline{RBI}$ 配合使用，可以实现多位数码显示的灭零控制。图 3-20 示出了 8 位数字显示系统的灭零控制。整数位的最高位和小数位的最低位的灭零输入 $\overline{RBI}$ 接地，以便灭零。另外，整数位的高位的灭零输出 $\overline{RBO}$ 与低一位的 $\overline{RBI}$ 相连，小数位的最低位的 $\overline{RBO}$ 与高一位的 $\overline{RBI}$ 相连，这样就可以把多余的零熄灭掉。这种接法，只有整数的高位是 0，而且被熄灭时，低位才有灭零输入信号。同理，只有小数位的最低位是 0，而且被熄灭时，高位才有灭零输入信号。图 3-20 中整数部分的个位和小数部分的十分位没有使用灭零功能，当全部数据为 0 时，可保留显示 0.0，否则 8 位将全部熄灭。注意，为简便起见，在图 3-20 中，$\overline{RBI}$ 和 $\overline{RBO}$ 的非号都没有画出来。

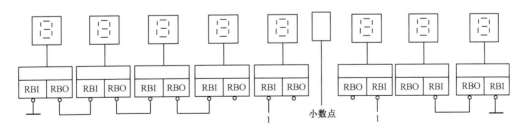

图 3-20   8 位数字显示系统的灭零控制

图 3-21 和图 3-22 分别给出用输出低电平有效的译码器驱动共阳极数码管和用输出高电平有效的译码器驱动共阴极数码管的接线图。其中 R 为限流电阻。

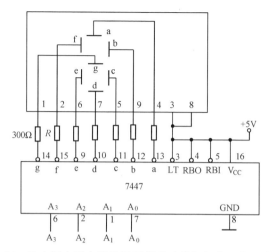

图 3-21 输出低电平有效的译码器驱动共阳极数码管的接线图

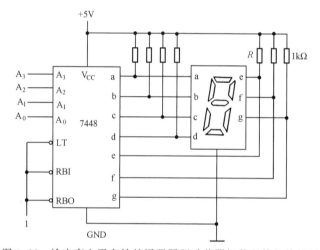

图 3-22 输出高电平有效的译码器驱动共阴极数码管的接线图

3.5 数据分配器与数据选择器

3.5.1 数据分配器

在数据传输过程中,有时需要将某一路数据分配到不同的数据通道上,能够完成这种功能的电路称为数据分配器(也称多路分配器或多路调节器),简称 DEMUX,其电路为单输入、多输出形式。其功能如同开关接通一样,将 D 送到选择变量取值指定的通道。图 3-23 中虚线框内表示一个数据分配器,K 受选择变量 A 和 B 的控制。图 3-24 是 4 路数据分配器的逻辑图,D 为被传输的数据输入端,A 和 B 是选择输入端,$W_0 \sim W_3$ 为数据输出端(称为数据通道)。

根据图 3-24 可列出 4 路数据分配器的真值表,见表 3-13。其逻辑函数表达式为 $W_0 = D \cdot \overline{A} \cdot \overline{B}$,$W_1 = D \cdot \overline{A} \cdot B$,$W_2 =$

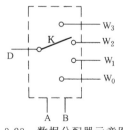

图 3-23 数据分配器示意图

$D \cdot A \cdot \overline{B}, W_3 = D \cdot A \cdot B$。可见,数据分配器实质上是地址译码器与数据 D 的组合,因而选择输入端有时也称为地址选择输入端。

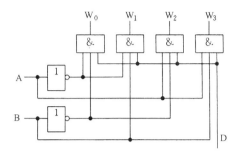

图 3-24　4 路数据分配器的逻辑图

表 3-13　4 路数据分配器的真值表

A	B	W_0	W_1	W_2	W_3
0	0	D	0	0	0
0	1	0	D	0	0
1	0	0	0	D	0
1	1	0	0	0	D

数据分配器的功能可用译码器来实现。3-8 线译码器 74HC138 有三个地址输入端,三个控制输入端,8 个输出端,利用 74HC138 可以实现 8 路数据分配。

【例 3-9】　试用 74HC138 实现原码和反码两种输出形式的 8 路数据分配器。

解:74HC138 输出为低电平有效。当 $S_1 = 1$, $\overline{S}_2 = \overline{S}_3 = 0$,满足译码条件时,若 $A_2 A_1 A_0 = 000$,则 $\overline{F}_0 = 0$。当 $S_1 = 1$, $\overline{S}_2 = \overline{S}_3 = 1$ 时, $\overline{F}_0 \sim \overline{F}_7$ 全为 1,当然有 $\overline{F}_0 = 1$。如果选 $\overline{S}_2 = \overline{S}_3 = D$,则 $\overline{F}_0 = D$。若 $A_2 A_1 A_0 = 001$,则 $\overline{F}_1 = D$,……,若 $A_2 A_1 A_0 = 111$,则 $\overline{F}_7 = D$。由此实现了原码输出的 8 路数据分配。其电路如图 3-25(a)所示。

当选 S_1 作为数据输入,即 $S_1 = D(\overline{S}_2 = \overline{S}_3 = 0)$ 时,可得到反码输出。当 $S_1 = D = 1$ 时,若 $A_2 A_1 A_0 = 000$,则 $\overline{F}_0 = 0$,……;当 $S_1 = D = 0$ 时,译码器不译码,输出全为 1。由此实现了反码输出的 8 路数据分配。其电路如图 3-25(b)所示。

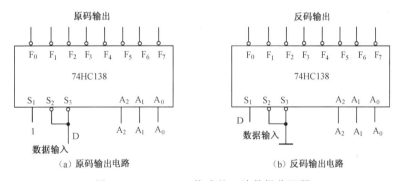

（a）原码输出电路　　　　　　　　　　（b）反码输出电路

图 3-25　74HC138 构成的 8 路数据分配器

3.5.2　数据选择器

数据选择器又叫多路开关,简称 MUX(Multiplexer)。数据选择器的逻辑功能是在地址选择信号的控制下,从多路数据中选择一路数据作为输出信号,数据选择器示意图如图 3-26 所示。

图 3-27 示出了双四选一数据选择器 74HC153 的逻辑图和逻辑符号。它的功能表见表 3-14。在控制端输入电平有效,即 $\overline{E} = \overline{E'} = 0$ 时,数据选择器的输出逻辑函数表达式为

$$F_1 = \overline{A}_1 \cdot \overline{A}_0 \cdot D_0 + \overline{A}_1 \cdot A_0 \cdot D_1 + A_1 \cdot \overline{A}_0 \cdot D_2 + A_1 \cdot A_0 \cdot D_3$$

$$F_2 = \overline{A_1} \cdot \overline{A_0} \cdot D'_0 + \overline{A_1} \cdot A_0 \cdot D'_1 + A_1 \cdot \overline{A_0} \cdot D'_2 + A_1 \cdot A_0 \cdot D'_3$$

当 $\overline{E} = \overline{E'} = 1$ 时，$F_1 = F_2 = 0$。

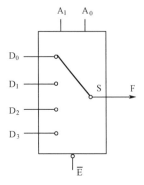

图 3-26 数据选择器
示意图

表 3-14　74HC153 的功能表

输　　入					输　　出	
地址选择		使　能	数　　据			
A_1	A_0	$\overline{E}(\overline{E'})$	D_i	(D'_i)	F_1	(F_2)
×	×	1	×	×	0	0
0	0	0	$D_0 \sim D_3$	$(D'_0 \sim D'_3)$	D_0	(D'_0)
0	1	0	$D_0 \sim D_3$	$(D'_0 \sim D'_3)$	D_1	(D'_1)
1	0	0	$D_0 \sim D_3$	$(D'_0 \sim D'_3)$	D_2	(D'_2)
1	1	0	$D_0 \sim D_3$	$(D'_0 \sim D'_3)$	D_3	(D'_3)

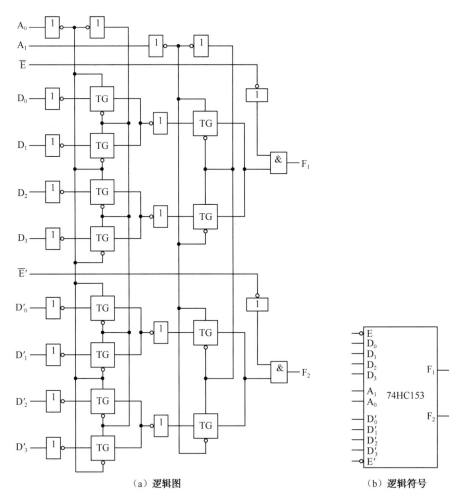

（a）逻辑图　　　　　　　　　　　（b）逻辑符号

图 3-27　74HC153 的逻辑图和逻辑符号

图 3-28 示出了八选一数据选择器 74HC151 的逻辑图和逻辑符号。它的功能表见表 3-15。

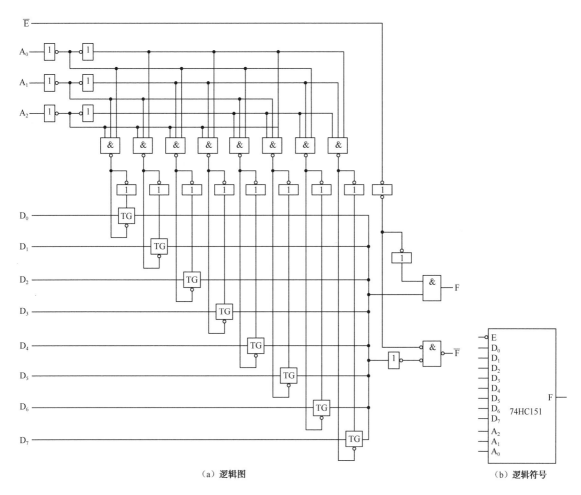

（a）逻辑图

（b）逻辑符号

图 3-28　74HC151 的逻辑图和逻辑符号

表 3-15　74HC151 的功能表

$\overline{E}$	A_2	A_1	A_0	F	$\overline{F}$	$\overline{E}$	A_2	A_1	A_0	F	$\overline{F}$
1	$\times$	$\times$	$\times$	0	1	0	1	0	0	D_4	$\overline{D_4}$
0	0	0	0	D_0	$\overline{D_0}$	0	1	0	1	D_5	$\overline{D_5}$
0	0	0	1	D_1	$\overline{D_1}$	0	1	1	0	D_6	$\overline{D_6}$
0	0	1	0	D_2	$\overline{D_2}$	0	1	1	1	D_7	$\overline{D_7}$
0	0	1	1	D_3	$\overline{D_3}$						

　　由于数据选择器的输出逻辑函数表达式是最小项之和的与-或式,因此可以用数据选择器实现任一逻辑函数。

【例 3-10】　试用 74HC153 接成八选一数据选择器。

　　解:八选一数据选择器应有三个地址输入端 A_2、A_1 和 A_0。可是,双四选一数据选择器 74HC153 只有两个地址输入端 A_1 和 A_0。为此,需选控制端$\overline{E}$作为 A_2 输入端。74HC153 的 8 个输入端作为八选一数据选择器的输入端。数据选择器只有一个输出端。为此,需将 74HC153 的两个输出相或后作为八选一数据选择器的输出。74HC153 的两个数据选择器不能同时工作,$A_2 = 0$时,应使输入为 $D_0 \sim D_3$ 的数据选择器工作,$A_2 = 1$ 时,应使输入为 $D_4 \sim D_7$

的数据选择器工作。为此，A_2 接 $\overline{E}$，A_2 经非门取非接 $\overline{E'}$。据此画出的逻辑图如图 3-29 所示。

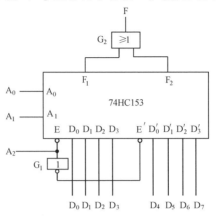

图 3-29 ［例 3-10］的逻辑图

【例 3-11】 试用 74HC151 实现逻辑函数 $F(A,B,C)=\sum(m_1,m_2,m_4,m_7)$。

解：74HC151 的输出逻辑函数表达式为

$$F=\overline{A_2}\cdot\overline{A_1}\cdot\overline{A_0}\cdot D_0+\overline{A_2}\cdot\overline{A_1}\cdot A_0\cdot D_1+\overline{A_2}\cdot A_1\cdot\overline{A_0}\cdot D_2+\overline{A_2}\cdot A_1\cdot A_0\cdot D_3+$$
$$A_2\cdot\overline{A_1}\cdot\overline{A_0}\cdot D_4+A_2\cdot\overline{A_1}\cdot A_0\cdot D_5+A_2\cdot A_1\cdot\overline{A_0}\cdot D_6+A_2\cdot A_1\cdot A_0\cdot D_7$$

令 $A=A_2$，$B=A_1$，$C=A_0$，则

$$F(A,B,C)=\overline{A_2}\cdot\overline{A_1}\cdot A_0+\overline{A_2}\cdot A_1\cdot\overline{A_0}+A_2\cdot\overline{A_1}\cdot\overline{A_0}+A_2\cdot A_1\cdot A_0$$

比较两式可知 $D_1=D_2=D_4=D_7=1$，$D_0=D_3=D_5=D_6=0$

利用真值表也很容易求出 $D_0\sim D_7$ 的值。本例的真值表和八选一数据选择器的真值表列在一起，见表 3-16。由表可同样求得

$$D_1=D_2=D_4=D_7=1,\quad D_0=D_3=D_5=D_6=0$$

图 3-30 示出了用 74HC151 实现 $F(A,B,C)=\sum(m_1,m_2,m_4,m_7)$ 的逻辑图。

表 3-16 ［例 3-11］的真值表

A	B	C	F	选择器输出	注
0	0	0	0	D_0	$D_0=0$
0	0	1	1	D_1	$D_1=1$
0	1	0	1	D_2	$D_2=1$
0	1	1	0	D_3	$D_3=0$
1	0	0	1	D_4	$D_4=1$
1	0	1	0	D_5	$D_5=0$
1	1	0	0	D_6	$D_6=0$
1	1	1	1	D_7	$D_7=1$

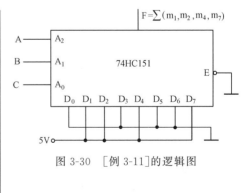

图 3-30 ［例 3-11］的逻辑图

【例 3-12】 试用四选一数据选择器和逻辑门实现逻辑函数 $F(A,B,C)=\sum(m_1,m_2,m_4,m_7)$。

解：四选一数据选择器只有两个地址输入端，可是逻辑函数 $F(A,B,C)$ 却有三个变量。为此，只能从 A、B 和 C 三个变量中选 A 和 B 两个作为地址输入 A_1A_0，另一个变量 C 则作为数

据输入。首先根据例题要求列出真值表,见表 3-17。然后划分 $A_1 A_0$,求出 D_0,D_1,D_2,D_3。$A_1 A_0 = 00$ 时,$F = D_0$,$AB = 00$ 时,$F = C$,所以 $D_0 = C$。其余类推,列入表 3-17 中。据此画出的逻辑图如图 3-31 所示。

表 3-17 [例 3-12] 的真值表

A A_1	B A_0	C	F	F 与 C 的 关系
0	0	0	0	$D_0 = C$
0	0	1	1	
0	1	0	1	$D_1 = \overline{C}$
0	1	1	0	
1	0	0	1	$D_2 = \overline{C}$
1	0	1	0	
1	1	0	0	$D_3 = C$
1	1	1	1	

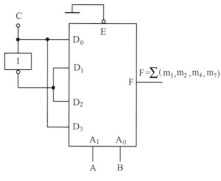

图 3-31 [例 3-12] 的逻辑图

3.6 数值比较电路

数值比较电路是用来比较两个二进制数的大小或是否相等的电路。

1. 比较原理

怎样比较两个数及数值的大小呢?设两个二进制数 A 和 B 分别由 4 位二进制代码组成,例如 $A = A_3 A_2 A_1 A_0$ 和 $B = B_3 B_2 B_1 B_0$,比较这两个二进制数的大小要从最高位开始比较至最低位。设 $A_3 = 1$,$B_3 = 0$,则 $A_3 > B_3$,以下各位就不必比较了,可断定 $A > B$;反之 $A < B$。如果 A 和 B 的最高位数码相同,则必须比较次高位,由次高位数码的大小确定 A 和 B 哪一个数值大,例如,$A_3 = B_3 = 1$ 或 $A_3 = B_3 = 0$,进而必须比较 A_2,B_2 的大小,设 $A_2 = 1$,$B_2 = 0$,则一定是 $A > B$,反之 $A < B$,以下各位就不必比较了;如果 $A_2 = B_2$,则依次比较下一位,待 4 位数码完全比较完毕后可得出 A 和 B 的比较结果,结果是 $A = B$、$A > B$ 和 $A < B$ 这三种情况中的一种。

2. 一位数值比较器

比较两个一位二进制数 A_i 和 B_i 的大小,结果有三种情况:$A_i > B_i$,$A_i < B_i$,$A_i = B_i$。

一位数值比较器的真值表见表 3-18。根据表 3-18 得出一位数值比较器三个输出端的逻辑函数表达式:$(A_i = B_i) = \overline{A_i \oplus B_i}$,$(A_i < B_i) = \overline{A_i} \cdot B_i$,$(A_i > B_i) = A_i \cdot \overline{B_i}$。根据这些表达式画出一位数值比较器的逻辑图,如图 3-32 所示。

3. 4 位数值比较器

图 3-33 是 4 位数值比较器集成电路 MC14585 和 7485 的逻辑图。两个 4 位二进制数进行比较时,输出和输入的关系按前面叙述的比较原理进行设计,其真值表见表 3-19。除了两个 4 位二进制数输入端之外,又增加了多个芯片级联用的输入端,用来输入低 4 位的比较结果。

数值比较器应用很广泛,用数码比较功能与其他电路配合可实现各种控制功能。

表 3-18 一位数值比较器的真值表

输 入		输 出		
A_i	B_i	$(A_i=B_i)$	$(A_i<B_i)$	$(A_i>B_i)$
0	0	1	0	0
1	1	1	0	0
0	1	0	1	0
1	0	0	0	1

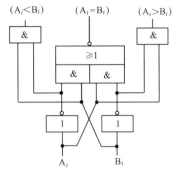

图 3-32 一位数值比较器的逻辑图

表 3-19 4 位数值比较器的真值表

	比 较 输 入								级 联 输 入			输 出		
	A_3	B_3	A_2	B_2	A_1	B_1	A_0	B_0	$(a>b)$	$(a<b)$	$(a=b)$	$(A>B)$	$(A<B)$	$(A=B)$
① $\begin{cases}\end{cases}$	$A_3>B_3$		$\times$	$\times$	$\times$	$\times$	$\times$	$\times$	$\times$	$\times$	$\times$	1	0	0
	$A_3<B_3$		$\times$	$\times$	$\times$	$\times$	$\times$	$\times$	$\times$	$\times$	$\times$	0	1	0
②	$A_3=B_3$		$A_2>B_2$		$\times$	$\times$	$\times$	$\times$	$\times$	$\times$	$\times$	1	0	0
	$A_3=B_3$		$A_2<B_2$		$\times$	$\times$	$\times$	$\times$	$\times$	$\times$	$\times$	0	1	0
	$A_3=B_3$		$A_2=B_2$		$A_1>B_1$		$\times$	$\times$	$\times$	$\times$	$\times$	1	0	0
	$A_3=B_3$		$A_2=B_2$		$A_1<B_1$		$\times$	$\times$	$\times$	$\times$	$\times$	0	1	0
	$A_3=B_3$		$A_2=B_2$		$A_1=B_1$		$A_0>B_0$		$\times$	$\times$	$\times$	1	0	0
	$A_3=B_3$		$A_2=B_2$		$A_1=B_1$		$A_0<B_0$		$\times$	$\times$	$\times$	0	1	0
③	$A_3=B_3$		$A_2=B_2$		$A_1=B_1$		$A_0=B_0$		1	0	0	1	0	0
	$A_3=B_3$		$A_2=B_2$		$A_1=B_1$		$A_0=B_0$		0	1	0	0	1	0
	$A_3=B_3$		$A_2=B_2$		$A_1=B_1$		$A_0=B_0$		0	0	1	0	0	1

表 3-19 中第①种情况说明只要两数最高位不等,就足以判断两数大小。以下各位(包括级联输入)可为任意值。如果 $A_3>B_3$,即 $A_3=1$,$B_3=0$,则结果(A>B)输出端为 1,其余两端为 0。

第②种情况是高位相等,需要比较低位,总计有 6 种比较结果。

第③种情况是 A,B 两数各位均相等,输出状态由级联输入端状态决定。如果输入(a<b)端为 1,则结果(A<B)输出端为 1,其余两端输出为 0。如果输入(a=b)端为 1,则结果(A=B)输出端为 1,说明两数相等。

综上所述,$A_i>B_i$ $(0\leqslant i\leqslant 3)$说明 $A_i=1$,$B_i=0$,即 $A_i \cdot \overline{B_i}=1$;同理 $A_i<B_i$ 可写成 $\overline{A_i} \cdot B_i=1$;$A_i=B_i$ 可写成 $\overline{A_i\oplus B_i}=1$。这样,可以写出三个输出端的逻辑函数表达式

$$(A>B)=A_3 \cdot \overline{B_3}+\overline{A_3\oplus B_3} \cdot A_2 \cdot \overline{B_2}+\overline{A_3\oplus B_3} \cdot \overline{A_2\oplus B_2} \cdot A_1 \cdot \overline{B_1}+$$

$$\overline{A_3\oplus B_3} \cdot \overline{A_2\oplus B_2} \cdot \overline{A_1\oplus B_1} \cdot A_0 \cdot \overline{B_0}+$$

$$\overline{A_3\oplus B_3} \cdot \overline{A_2\oplus B_2} \cdot \overline{A_1\oplus B_1} \cdot \overline{A_0\oplus B_0} \cdot (a>b) \tag{3-1}$$

$$(A<B)=\overline{A_3}\cdot B_3+\overline{A_3\oplus B_3}\cdot \overline{A_2}\cdot B_2+\overline{A_3\oplus B_3}\cdot \overline{A_2\oplus B_2}\cdot \overline{A_1}\cdot B_1+$$
$$\overline{A_3\oplus B_3}\cdot \overline{A_2\oplus B_2}\cdot \overline{A_1\oplus B_1}\cdot \overline{A_0}\cdot B_0+$$
$$\overline{A_3\oplus B_3}\cdot \overline{A_2\oplus B_2}\cdot \overline{A_1\oplus B_1}\cdot \overline{A_0\oplus B_0}\cdot (a<b)\quad\quad (3\text{-}2)$$
$$(A=B)=\overline{A_3\oplus B_3}\cdot \overline{A_2\oplus B_2}\cdot \overline{A_1\oplus B_1}\cdot \overline{A_0\oplus B_0}\cdot (a=b)$$

由这些逻辑函数表达式画出逻辑图,如图 3-33 所示。图 3-34 示出了集成 CMOS 型和 TTL 型 4 位数值比较器的逻辑符号。

多片 4 位数值比较器级联使用时,最低位片的输入(a=b)端应接 1,而输入(a<b)和输入 (a>b)端应接 0。

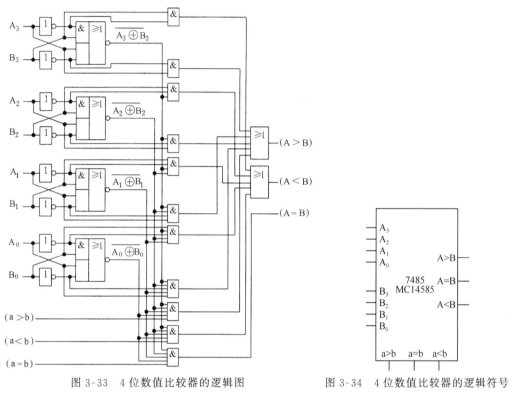

图 3-33　4 位数值比较器的逻辑图　　　　图 3-34　4 位数值比较器的逻辑符号

3.7　算术运算电路

3.7.1　二进制加法电路

两个 n 位二进制数相加的过程:从最低有效位开始相加,形成和数并传送进位,最后得到结果。最低位只有加数和被加数相加,这种两个一位数相加称为半加;完成加数、被加数、低位的进位数三个一位数相加称为全加。实现半加运算的电路称为半加器,实现全加运算的电路称为全加器。

1. 半加器和全加器

(1)半加器

半加器(Half Adder)是只考虑两个一位二进制数相加,而不考虑低位进位的运算电路。

图 3-35 给出了半加器的逻辑图及逻辑符号。A_i 和 B_i 不同时，半加和 S_i 为 1；相同时，S_i 为 0，符合二进制数加法法则。只有 A_i 和 B_i 同时为 1 时，向高一位的进位 C_{i+1} 才为 1，这是产生绝对进位的条件。

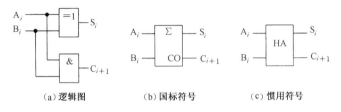

(a) 逻辑图　　　　(b) 国标符号　　　　(c) 惯用符号

图 3-35　半加器的逻辑图及逻辑符号

（2）全加器

实现两个一位二进制数相加的同时，再加上来自低位的进位信号，这种运算电路称为全加器（Full Adder）。根据二进制数加法法则可以列出全加器的真值表，见表 3-20。

由真值表可写出 S_i 和 C_{i+1} 的逻辑函数表达式，化简后得

$$S_i = A_i \oplus B_i \oplus C_i, \quad C_{i+1} = A_i B_i + C_i(A_i \oplus B_i)$$

由此画出全加器逻辑图如图 3-36(a) 所示，其逻辑符号如图 3-36(b) 和 (c) 所示。

表 3-20　全加器的真值表

被加数	加数	低位来的进位	和数	向高位进位
A_i	B_i	C_i	S_i	C_{i+1}
0	0	0	0	0
0	0	1	1	0
0	1	0	1	0
0	1	1	0	1
1	0	0	1	0
1	0	1	0	1
1	1	0	0	1
1	1	1	1	1

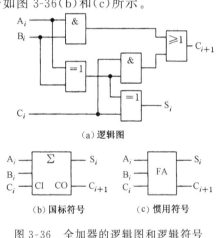

(a) 逻辑图

(b) 国标符号　　　　(c) 惯用符号

图 3-36　全加器的逻辑图和逻辑符号

全加器是计算机中最基本的算术逻辑单元。实现各种算术和逻辑操作的运算器，大多是全加器逻辑功能的扩展。

2. 加法器

实现多位二进制数加法运算的电路称为加法器。按数的各位相加方式的不同可分为串行加法器和并行加法器。串行加法器采用串行运算方式，从二进制数的最低位开始逐位相加至最高位，最后得出和数。并行加法器采用并行运算方式，即两个数各位同时相加。由于串行加法器从最低位开始逐位相加至最高位，运算速度比并行加法器慢得多，因此目前并行加法器应用很广泛。并行加法器按进位方式又可分为串行进位并行加法器和超前进位并行加法器两种。

（1）串行进位并行加法器

图 3-37 是一个 4 位串行进位并行加法器，全加器的个数等于相加数的位数。这种加法器的优点是电路简单，连接方便。其缺点是运算速度不高。由图不难看出，最高位的运算必须要

等到所有低位运算依次结束,并送来进位信号之后才能进行,因此其运算速度受到限制。

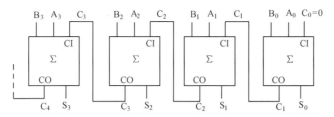

图 3-37 4 位串行进位并行加法器

(2)超前进位并行加法器

串行进位加法运算,其进位信号是逐位传送的。每一位的加法运算必须在低一位的运算结束,并且进位信号送上来之后,才能进行。这样,随着加法器位数的增多,完成一次加法运算所需时间必然延长。为了进一步提高运算速度,出现了超前进位并行加法器。图 3-38 所示为 4 位超前进位加法器 74HC283 的逻辑图和逻辑符号。它由 4 个全加器和超前进位电路组成。由表 3-20 可得全加器进位信号的逻辑函数表达式

$$C_{i+1} = A_i \cdot B_i + (A_i + B_i) \cdot C_i \tag{3-3}$$

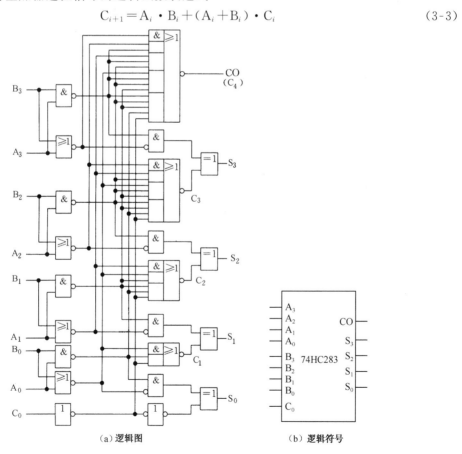

(a) 逻辑图   (b) 逻辑符号

图 3-38 超前进位加法器 74HC283 的逻辑图和逻辑符号

令 $A_i \cdot B_i = G_i$ 为绝对进位,$P_i \cdot C_i$ 为相对进位,式(3-3)用 G_i,P_i 代入后得

$$C_{i+1} = G_i + P_i \cdot C_i \tag{3-4}$$

由此式可导出 4 位进位信号的逻辑函数表达式

$$C_1 = A_0 \cdot B_0 + (A_0 + B_0) \cdot C_0 = G_0 + P_0 \cdot C_0 \tag{3-5}$$

$$C_2 = G_1 + P_1 \cdot C_1 = G_1 + P_1 \cdot (G_0 + P_0 \cdot C_0) = G_1 + P_1 \cdot G_0 + P_1 \cdot P_0 \cdot C_0 \tag{3-6}$$

$$C_3 = G_2 + P_2 \cdot C_2 = G_2 + P_2 \cdot (G_1 + P_1 \cdot G_0 + P_1 \cdot P_0 \cdot C_0)$$

$$= G_2 + P_2 \cdot G_1 + P_2 \cdot P_1 \cdot G_0 + P_2 \cdot P_1 \cdot P_0 \cdot C_0 \tag{3-7}$$

$$C_4 = G_3 + P_3 \cdot C_3 = G_3 + P_3 \cdot (G_2 + P_2 \cdot G_1 + P_2 \cdot P_1 \cdot G_0 + P_2 \cdot P_1 \cdot P_0 \cdot C_0)$$

$$= G_3 + P_3 \cdot G_2 + P_3 \cdot P_2 \cdot G_1 + P_3 \cdot P_2 \cdot P_1 \cdot G_0 + P_3 \cdot P_2 \cdot P_1 \cdot P_0 \cdot C_0 \tag{3-8}$$

由于 G_i 和 P_i 与进位信号无关,只与各位加数 A_i 和 B_i 有关,因此只要知道 A_3, A_2, A_1, A_0, B_3, B_2, B_1, B_0, C_0(C_0 是向最低位进位的信号,其值为 0)即可,可见各进位信号只与两个加数有关,它们是可以并行产生的。各位和数的表达式为

$$\begin{cases} S_0 = A_0 \oplus B_0 \oplus C_0 \\ S_1 = A_1 \oplus B_1 \oplus C_1 \\ S_2 = A_2 \oplus B_2 \oplus C_2 \\ S_3 = A_3 \oplus B_3 \oplus C_3 \end{cases} \tag{3-9}$$

由于和数信号和进位信号是同时产生的,不必逐级传送,因此提高了运算速度。

3.7.2　二进制减法电路

应用组合逻辑电路设计方法,可以设计出半减器和全减器,这里不进行讨论。在数字系统中,常常要变减法为加法运算,并利用加法器实现减法运算。

二进制数同十进制数一样也有正数和负数之分,二进制正、负数的表示方法不同,实现减法运算的电路也不同。

1. 二进制正、负数的表示方法

（1）原码表示法

原码表示法又称符号-绝对值表示法。在二进制数最高位前增加一位符号位,正数的符号位为 0,负数的符号位为 1,其余各位表示数的绝对值。例如,$X = +10010$,$Y = -10010$。其原码表示法记为 $[+10010]_\text{原} = 010010$,$[-10010]_\text{原} = 110010$。

（2）补码表示法

一个正数的补码与这个正数的原码相同,例如,一个二进制正数 $X = +10110$ 的原码为 $[X]_\text{原} = [+10110]_\text{原} = 010110$,补码为 $[X]_\text{补} = [+10110]_\text{补} = 010110$。

一个负数的补码与其原码不同,求法如下:

$$[-X]_\text{补} = 2^n - X \tag{3-10}$$

式中,n 为 X 的位数。例如,$(-13)_{10} = (-1101)_2$,它的补码(未加上符号位)为 $2^4 - 1101 = 10000 - 1101 = 00011$,再加上符号位,则 $[-1101]_\text{补} = 10011$。另一种求法是先求这个负数的反码,然后在反码的末位加 1。

例如,求 $X = -1101$ 的补码。

先写出 X 的原码为 $[11101]_\text{原}$,符号位除外,其余各位均求反,1 变 0,0 变 1,得到反码 10010,再加 1,即得到 X 的补码 10011。

2. 减法电路

在计算机里,经常用加法代替减法,因为减去一个正数等于加上一个负数,减去一个负数等于加上一个正数。有了正、负数的补码表示法,就可以变减法为补码加法。

（1）用补码完成减法

用补码表示正、负数,X 与 Y 的减法便可写成 $X-Y=X+(-Y)$ 的补码加法。

【例 3-13】 求 $5-2$ 的值。

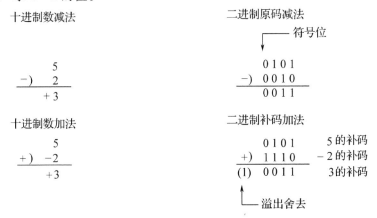

十进制数减法   二进制原码减法

$$
\begin{array}{r}
5 \\
-)\quad 2 \\
\hline
+3
\end{array}
$$

符号位

$$
\begin{array}{r}
0101 \\
-)\quad 0010 \\
\hline
0011
\end{array}
$$

十进制数加法   二进制补码加法

$$
\begin{array}{r}
5 \\
+)\quad -2 \\
\hline
+3
\end{array}
$$

$$
\begin{array}{rl}
0101 & \quad 5\,的补码 \\
+)\quad 1110 & \quad -2\,的补码 \\
\hline
(1)\quad 0011 & \quad 3\,的补码
\end{array}
$$

溢出舍去

舍去越过符号位溢出的 1,其结果为 0011。补码运算的结果仍为补码形式。当差值为正数时,其补码形式与原码相同,可知为十进制数 3。

【例 3-14】 求 $4-7$ 的值,其差值为负数。

$$
\begin{array}{rrl}
4 & 0100 & 4\,的补码 \\
-)\quad 7 & +)\quad 1001 & -7\,的补码 \\
\hline
-3 & 1101 & -3\,的补码
\end{array}
$$

再对补码 1101 求补得到原码,即 $[1101]_补=1011$,可知结果为 -3。

由于加、减法运算中,参加运算的数有正、负之分,所以变换成补码进行加法运算最方便。补码的加法运算所遵循的规律是:对于两个 n 位（不算符号位）的二进制数,无论其值为正或为负,只要其和不超过最大值 2^n-1,则运算步骤如下:① 把减法运算表示成加法运算;② 将两数各自求补;③ 将求补后的两个补码相加,如果有溢出则舍去,然后再对运算结果求补,可得到原码表示的值。

（2）求反电路

求反电路可以用异或门实现,如图 3-39 所示。$M=1$ 时,异或门输出为输入的反码;$M=0$ 时,输出与输入相同。

（3）原码输出二进制减法电路

按照补码运算规则设计的原码输出二进制减法电路如图 3-40 所示。该电路由求反电路和 4 位全加器 74HC283 组成。

图 3-39 求反电路

两个 4 位二进制数 $A(A_3 A_2 A_1 A_0)$ 和 $B(B_3 B_2 B_1 B_0)$（最高位为符号位）进行减法运算是变减法为补码的加法运算。下面举例说明该电路实现减法运算过程:

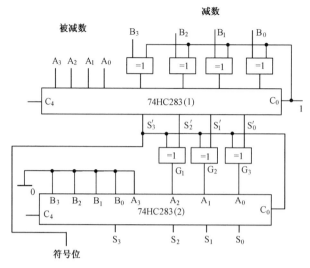

图 3-40 原码输出二进制减法电路

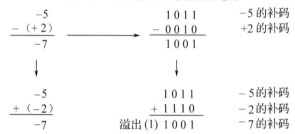

对 −7 的补码再求补得 −7 的原码,即[1001]$_补$=1111。

该例题是负数减正数结果为负数的情况。图 3-40 中的求解过程如下。

在 $A_3A_2A_1A_0$ 输入端送入 −5 的补码 1011,$B_3B_2B_1B_0$ 输入端送入 +2 的补码 0010。现需要将减法运算变成 1011 与 −2 的补码 1110 的加法运算。−2 的补码是由 C_0=1 控制求反电路对 +2 求反,送入 1 号片实现 $A+\overline{B}+1$ 运算的。得到中间结果 $S_3'S_2'S_1'S_0'$ 为 −7 的补码,S_3'符号位为 1 表示这是负数的补码,S_3'一方面作为符号位输出,另一方面控制门 G_1,G_2,G_3 对数值部分 $S_2'S_1'S_0'$(001)求反后送入 2 号片与 $B_3B_2B_1B_0$(0000)和 C_0(1)相加,实现对 −7 的补码再求补,最后得到 −7 的原码输出。应当指出的是,因为图 3-40 中只有三位数码输出,所以 A 和 B 之差的绝对值不能大于 7。

综上所述,原码输出减法电路的设计原理是 A−B=A+(−B),负数用补码表示,进行加法运算极为方便。所以[A−B]$_补$=[A]$_补$+[−B]$_补$,变成原码需要对[A−B]$_补$再求补一次,即 [[A−B]$_补$]$_补$=[A−B]$_原$。

3.7.3 算术逻辑单元

算术逻辑单元是一种集多种运算功能于一体的运算电路。它能按照控制信号的规定进行某种算术或逻辑运算。它在全加器的基础上增加了一些逻辑门及功能选择控制端,不但能进行两个输入数的加法、减法等算术运算,也能实现与、与非、或、或非、异或、数码比较等逻辑运算。因此称它为算术逻辑单元,常用 ALU 表示。

数据输入端的二进制代码,其含义可以是参加运算的数据,也可以是代表特定含义的信息。

由于 ALU 芯片功能全面(算术运算及逻辑运算),在计算机及其他数字装置中得到了广泛应用。

1. ALU 的基本组成原理

一个功能比较简单的 ALU 逻辑框图及其中一位的电路图如图 3-41 所示。M 端为方式控制端,M=1 时进行算术运算,M=0 时进行逻辑运算。S_1,S_0 为操作选择端,由它们的状态决定 ALU 是进行算术运算或逻辑运算。$A_3 \sim A_0$ 和 $B_3 \sim B_0$ 是参与操作的数据输入端,C_0 是算术运算的进位输入端,C_4 是进位输出端,二者作为芯片之间级联用;$F_3 \sim F_0$ 为算术运算或逻辑运算结果输出端。

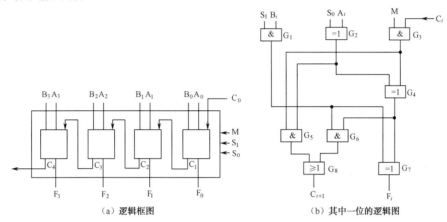

（a）逻辑框图 （b）其中一位的逻辑图

图 3-41 简单 ALU 的逻辑原理图

当 M=0 时,进行逻辑运算,对应 S_1 和 S_0 的 4 种状态,ALU 进行不同操作,见表 3-21。

表 3-21 ALU 进行逻辑运算的不同操作

S_1	S_0	F_i	说　明
0	0	A_i	传送 A_i 至 F_i
0	1	$\overline{A_i}$	对 A_i 取反并传送至 F_i
1	0	$A_i \oplus B_i$	执行 A_i 与 B_i 的异或操作
1	1	$\overline{A_i \oplus B_i}$	执行 A_i 与 B_i 的异或非操作

当 M=1 时,进行算术运算。由于进位输入有两个状态,因此 ALU 执行的操作也不同,见表 3-22。

表 3-22 ALU 进行算术运算的不同操作

C_0	S_1	S_0	F	说　　明
0	0	0	A	传送 A 到输出端
0	0	1	$\overline{A}$	对 A 取反
0	1	0	A 加 B	求 A 与 B 之和
0	1	1	$\overline{A}$加 B	求$\overline{A}$与 B 之和
1	0	0	A 加 1	输出为 A 加 1
1	0	1	$\overline{A}$加 1	输出为 A 的补码
1	1	0	A 加 B 加 1	求 A 与 B 之和再加 1
1	1	1	$\overline{A}$加 B 加 1	求$[B-A]_{补}$

2. 集成算术逻辑单元

算术逻辑单元已有系列化的 MSI 产品出售。图 3-42 是中规模 ALU 集成电路 74HC181 引脚排列图。

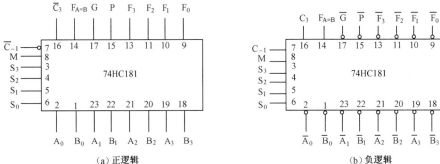

图 3-42　74HC181 引脚排列图

它是在 4 位超前进位加法器基础上发展来的,具有 16 种逻辑运算功能和 16 种算术运算功能。图 3-42 中的 $A_3 \sim A_0$ 和 $B_3 \sim B_0$ 是两组输入的操作数,$F_3 \sim F_0$ 是输出的运算结果,$\overline{C_3}$ 是两组操作数进行加法运算时的进位输出,$\overline{C_{-1}}$ 是来自低位的进位输入。当两组输入操作数完全相同时,$F_{A=B}$ 输出端给出高电平信号。G 和 P 是进位函数产生的输出端和进位传送函数的输出端,提供扩展位数,用于片间连接。M 为逻辑/算术运算控制端,$S_3 \sim S_0$ 为操作选择端。74HC181 的运算功能见表 3-23,它是按正逻辑规定列出来的。

表 3-23　74HC181 的运算功能(正逻辑)

操作选择				运算功能		
S_3	S_2	S_1	S_0	$M=1$, 逻辑运算	$M=0$,算术运算	
					$\overline{C_{-1}}=1$(无进位)	$\overline{C_{-1}}=0$(有进位)
0	0	0	0	$F=\overline{A}$	$F=A$	$F=A$ 加 1
0	0	0	1	$F=\overline{A+B}$	$F=A+B$	$F=(A+B)$ 加 1
0	0	1	0	$F=\overline{A} \cdot B$	$F=A+\overline{B}$	$F=(A+\overline{B})$ 加 1
0	0	1	1	$F=0$	$F=$ 减 1	$F=0$
0	1	0	0	$F=\overline{A \cdot B}$	$F=A$ 加 $A \cdot \overline{B}$	$F=A$ 加 $A \cdot \overline{B}$ 加 1
0	1	0	1	$F=\overline{B}$	$F=(A+B)$ 加 $A \cdot \overline{B}$	$F=(A+B)$ 加 $A \cdot \overline{B}$ 加 1
0	1	1	0	$F=A \oplus B$	$F=A$ 减 B 减 1	$F=A$ 减 B
0	1	1	1	$F=A \cdot \overline{B}$	$F=A \cdot \overline{B}$ 减 1	$F=A \cdot \overline{B}$
1	0	0	0	$F=\overline{A}+B$	$F=A$ 加 $A \cdot B$	$F=A$ 加 AB 加 1
1	0	0	1	$F=\overline{A \oplus B}$	$F=A$ 加 B	$F=A$ 加 B 加 1
1	0	1	0	$F=B$	$F=(A+\overline{B})$ 加 $A \cdot B$	$F=(A+\overline{B})$ 加 $A \cdot B$ 加 1
1	0	1	1	$F=A \cdot B$	$F=AB$ 减 1	$F=AB$
1	1	0	0	$F=1$	$F=A$ 加 A(相当 A 乘以 2)	$F=A$ 加 A 加 1
1	1	0	1	$F=A+\overline{B}$	$F=(A+B)$ 加 A	$F=(A+B)$ 加 A 加 1
1	1	1	0	$F=A+B$	$F=(A+\overline{B})$ 加 A	$F=(A+\overline{B})$ 加 A 加 1
1	1	1	1	$F=A$	$F=A$ 减 1	$F=A$

如果输入和输出按负逻辑规定,则输入为$\overline{A}_3 \sim \overline{A}_0$,$\overline{B}_3 \sim \overline{B}_0$,$\overline{C}_{-1}$,输出为$\overline{F}_3 \sim \overline{F}_0$,$\overline{C}_3$,$\overline{P}$和$\overline{G}$,而$S_3 \sim S_0$,$M$,$F_{A=B}$由于是状态标志,故符号不变。

3.8 奇偶校验电路

在数字设备中,数据的传输是大量的,且传输的数据都是由若干位二进制代码0和1组合而成的。系统内部或外部的干扰等可能会使数据在传输过程中产生错误,例如,发送端待发送的数据是8位的,有3位是1,到了接收端却变成了有4位是1,产生了误传。奇偶校验电路就是能自动检验数据信息传送过程中是否出现误传的逻辑电路。

3.8.1 奇偶校验的基本原理

图3-43是奇偶校验原理框图。奇偶校验的基本方法是,在待发送的代码(发送码)有效数据位之外再增加一位奇偶校验位(又称监督码),利用这一位将待发送的代码中1的个数补成奇数(当采用奇校验时)或者补成偶数(当采用偶校验时),形成传输码。然后,在奇偶校验器中通过检查接收到的传输码中1的个数的奇偶性判断传输过程中是否有误传现象,若传输正确则向接收端发出接收命令,否则拒绝接收或发出报警信号。产生奇偶校验位(监督码)的工作由图3-43中的奇偶发生器来完成。判断传输码中1的个数的奇偶性的工作由图3-43中的奇偶校验器完成。

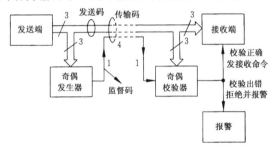

图3-43 奇偶校验原理框图

表3-24和表3-25分别列出了3位二进制码的奇校验的传输码和偶校验的传输码,根据这两个表可以设计出奇偶发生器的电路图。图3-44示出了实现3位二进制码奇校验的逻辑图。当进行奇校验时,若发送端3位二进制码中有偶数个1,则$W_{OD1}=1$;若发送端3位二进制码有奇数个1,则$W_{OD1}=0$。若传输正确,则$W_{OD2}=1$;若$W_{OD2}=0$,则说明传输有误。

表3-24 奇校验的传输码

发	送	码	监 督 码	传	输		码
A	B	C	W_{OD}	W_{OD}	A	B	C
0	0	0	1	1	0	0	0
0	0	1	0	0	0	0	1
0	1	0	0	0	0	1	0
0	1	1	1	1	0	1	1
1	0	0	0	0	1	0	0
1	0	1	1	1	1	0	1
1	1	0	1	1	1	1	0
1	1	1	0	0	1	1	1

表3-25 偶校验的传输码

发	送	码	监 督 码	传	输		码
A	B	C	W_E	W_E	A	B	C
0	0	0	0	0	0	0	0
0	0	1	1	1	0	0	1
0	1	0	1	1	0	1	0
0	1	1	0	0	0	1	1
1	0	0	1	1	1	0	0
1	0	1	0	0	1	0	1
1	1	0	0	0	1	1	0
1	1	1	1	1	1	1	1

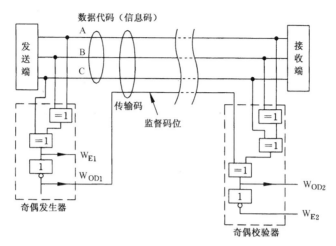

图 3-44 3 位二进制码的奇校验逻辑图

3.8.2 中规模集成奇偶发生器/校验器

目前,常用的中规模集成奇偶发生器/校验器有 74180、74280 等。图 3-45 是中规模集成奇偶发生器/校验器 74180 的逻辑图和逻辑符号。由于增设了输出控制门 $G_9 \sim G_{14}$ 及奇偶控制端 S_{OD} 和 S_E,因此 74180 既可作为奇偶发生器,也可作为奇偶校验器,并且它既可用于奇校验,也可用于偶校验。可见,74180 具有较强的使用灵活性。在图 3-45 中,A,B,C,D,…,H 是 8 位输入代码,S_{OD} 和 S_E 是奇偶控制端,W_{OD} 是奇校验输出端,W_E 是偶校验输出端。根据图 3-45(a)可写出 P、W_{OD} 和 W_E 的逻辑函数表达式如下:

$$P = \overline{\overline{A \oplus B \oplus \overline{C \oplus D}} \oplus \overline{\overline{E \oplus F} \oplus \overline{G \oplus H}}} = A \oplus B \oplus C \oplus D \oplus E \oplus F \oplus G \oplus H$$

$$W_{OD} = \overline{P \cdot S_{OD} + \overline{P} \cdot S_E} \quad , \quad W_E = \overline{\overline{P} \cdot S_{OD} + P \cdot S_E}$$

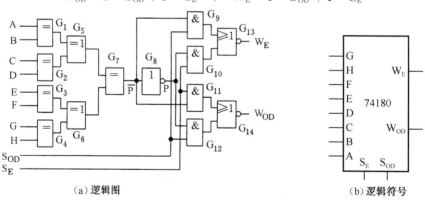

(a)逻辑图   (b)逻辑符号

图 3-45 8 位奇偶发生器/校验器 74180 的逻辑图和逻辑符号

表 3-26 是 74180 的功能表。当把 74180 作为奇偶发生器进行奇校验时,根据 74180 的功能表,若监督码从 W_{OD} 引出,S_{OD} 应接 1(或者 5V),S_E 应接 0。这种接法能保证 9 位传输码中有奇数个 1。若监督码从 W_E 引出,S_{OD} 应接 0,S_E 应接 1(或接 5V),这样同样能保证传输码中有奇数个 1。图 3-46 是一个 8 位奇校验系统,在发送端,奇偶发生器(74180)的 W_{OD1} 给出待传输的 8 位代码的监督码,从而形成 9 位传输码。在接收端,奇偶校验器的 S_{OD} 接监督码。若

8 位代码中有奇数个 1,则奇偶发生器的 W_{OD1} 一定会发出 0 信号,这就意味着奇偶校验器的 $S_{OD}=0$,$S_E=1$。再查 74180 的功能表可知,若传输正确,则奇偶校验器的 W_{OD} 应输出 1 信号。若 W_{OD2} 输出的是 0 信号,则说明传输有错误。

在上述奇偶校验系统中,如果在传输码中有偶数位同时产生误传或者监督码产生误传,则系统无校验能力。

表 3-26　74180 的功能表

输　入			输　出	
A~H 中 1 的个数	S_E	S_{OD}	W_E	W_{OD}
偶数	1	0	1	0
奇数	1	0	0	1
偶数	0	1	0	1
奇数	0	1	1	0
×	1	1	0	0
×	0	0	1	1

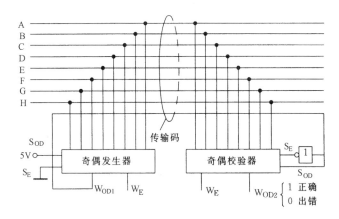

图 3-46　8 位奇校验系统

3.9　中规模集成电路构成的组合逻辑电路的设计

用中规模集成电路(MSI)设计组合电路和用小规模集成电路设计组合电路有相同之处,也有不同之处。

用 MSI 设计组合电路通常按下述步骤进行:

(1)列真值表。

(2)写出逻辑函数表达式。

以上两步与用小规模集成电路设计组合电路相同。

(3)将第(2)步得到的逻辑函数表达式变换成与所用 MSI 逻辑函数表达式相似的形式。

用 MSI 设计组合电路的基本方法是对比法:一是用组合电路的逻辑函数表达式与 MSI 的逻辑函数表达式相比较;二是用组合电路的真值表与 MSI 的真值表相比较。从比较对照中确定 MSI 的输入。比较时可能出现以下情况:

① 若组合电路的逻辑函数表达式和某种 MSI 的逻辑函数表达式的形式一样(真值表形式一样),则选用该 MSI 的效果最好。

② 若组合电路的逻辑函数表达式是某种 MSI 的逻辑函数表达式的一部分,则只要对多出的输入变量和乘积项进行适当处理(接 1 或接 0),就可以方便地得到组合电路的逻辑函数表达式。

③ 若 MSI 的逻辑函数表达式是组合电路的逻辑函数表达式的一部分,则可以用多片

MSI 和少量逻辑门进行扩展的方法得到组合电路的逻辑函数表达式。

④ 对于多输入、单输出的组合电路,选用数据选择器比较方便;对于多输入、多输出的组合电路,选译码器和逻辑门比较方便。

⑤ 由于可用的 MSI 品种有限,因此,如果组合电路的逻辑函数表达式与 MSI 的逻辑函数表达式相同之处很少,则不宜选用这几种 MSI。

(4)根据对比结果,画出电路图。

在用 MSI 设计组合电路时,不应拘泥于上述过程。例如,用真值表进行对比,就不用写表达式了。另外,巧妙地利用 MSI 的控制端,会使电路更简单。

【例 3-15】 试用四选一数据选择器实现 $F = \overline{A}$。

解:四选一数据选择器有 4 个数据输入端。实现 $F = \overline{A}$ 只需两个数据输入端。令 $A_1 = 0$,$A_0 = A$ 便可达到以上目的。$A = 0$ 时,$A_1 A_0 = 00$,$F = D_0$。只要 $D_0 = 1$,便实现了 $F = \overline{A}$。$A = 1$ 时,$A_1 A_0 = 01$,$F = D_1$。同理,$D_1 = 0$,也实现了 $F = \overline{A}$。据此画出的逻辑图如图 3-47 所示。

【例 3-16】 试用四选一数据选择器设计一个判定电路。只有在主裁判同意的前提下,三名副裁判中多数同意,比赛成绩才被承认,否则比赛成绩不予承认。

解:设主裁判为 A,三名副裁判分别为 B,C,D;同意用 1 表示,不同意用 0 表示;承认用 1 表示,不承认用 0 表示。根据题意列出的真值表见表 3-27。

表 3-27　[例 3-16]的真值表

A	B	C	D	F	方案一	方案二
0	0	0	0	0		
0	0	0	1	0	$D_0 = 0$	
0	0	1	0	0	(F 与 C,D 无关)	
0	0	1	1	0		
0	1	0	0	0		
0	1	0	1	0	$D_1 = 0$	
0	1	1	0	0	(F 与 C,D 无关)	
0	1	1	1	0		
1	0	0	0	0		$D_0 = 0$
1	0	0	1	0	$D_2 = C \cdot D$	
1	0	1	0	0	(F = C · D)	
1	0	1	1	1		$D_1 = D$
1	1	0	0	0		$D_2 = D$
1	1	0	1	1	$D_3 = C + D$	
1	1	1	0	1	(F = C + D)	
1	1	1	1	1		$D_3 = 1$

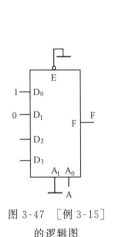

图 3-47　[例 3-15]
的逻辑图

方案一　令 $A = A_1$,$B = A_0$。这时 C,D 成为数据输入。$D_0 \sim D_3$ 与 C,D 的关系已标在表 3-27 中。

方案二　由表 3-27 可以看出,A = 0 时,F 一定等于 0。当控制端 $\overline{E} = 1$ 时,其输出为 0。令 $\overline{A}$ 作为 $\overline{E}$ 端的输入,A = 0 时,输出为 0,即 F = 0;当 A = 1 时,B,C 作为地址输入,D 作为数据输入。$D_0 \sim D_3$ 与 D 的关系也标在表 3-27 中。

比较两个方案,发现方案二巧妙使用控制端使电路少用了一个门。两种方案的逻辑图如图 3-48 所示。

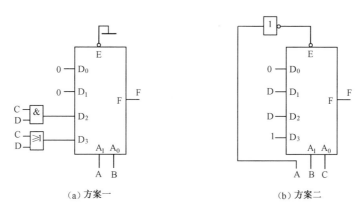

（a）方案一　　　　　　　　（b）方案二

图 3-48　［例 3-16］的逻辑图

【例 3-17】 试用一片二进制译码器设计一个判定电路。只有在主裁判同意的前提下，三名副裁判中多数同意，比赛成绩才被承认，否则比赛成绩不予承认。

解：设主裁判为 A，三名副裁判分别为 B，C，D；同意用 1 表示，不同意用 0 表示；承认用 1 表示，不承认用 0 表示。按照题意列出的真值表见表 3-28。

按例 3-8 的办法需要用一片 4-16 线译码器。但是，如果控制端用得巧妙，用一片 3-8 线译码器 74HC138 也是可行的。由表 3-28 可以看出，A＝0 时所示，F＝0；A＝1 时，F 才有 1 输出。对于 74HC138，只要 A＝0 时不让它译码（输出全为 1），而 A＝1 时则让它译码，便可满足上述要求。为此选 S_1 端的输入为 A，$\overline{S}_2$ 和 $\overline{S}_3$ 端接地（$S_1=1$，$\overline{S}_2=\overline{S}_3=0$ 时译码，$S_1=0$，$\overline{S}_2=\overline{S}_3=0$ 时禁止译码）。另外，令 B，C，D 作为 A_2，A_1，A_0 三个地址输入端的输入，取 $F=\overline{\overline{F}_3\cdot\overline{F}_5\cdot\overline{F}_6\cdot\overline{F}_7}$，便达到了设计要求。其逻辑图如图 3-49 所示。

表 3-28　［例 3-17］的真值表

A	B	C	D	F	A	B	C	D	F
0	0	0	0	0	1	0	0	0	0
0	0	0	1	0	1	0	0	1	0
0	0	1	0	0	1	0	1	0	0
0	0	1	1	0	1	0	1	1	1
0	1	0	0	0	1	1	0	0	0
0	1	0	1	0	1	1	0	1	1
0	1	1	0	0	1	1	1	0	1
0	1	1	1	0	1	1	1	1	1

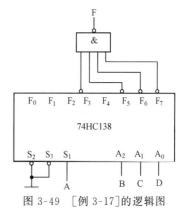

图 3-49　［例 3-17］的逻辑图

【例 3-18】 试用 4 位二进制加法器 74HC283 实现一个数值比较电路。当输入二进制数大于或等于 8 时输出为 1，否则输出为 0。

解：此题是在特定条件下用加法器实现数值比较的。当输入大于等于 8 时，输出为 1；而小于 8 时输出为 0，也就是说，该数值比较器只有一个输出端 F。4 位二进制加法器有 C_4，S_3，S_2，S_1，S_0 共 5 个输出端。其中，C_4 在两个二进制数相加之和大于等于 16 时为 1，小于 16 时为 0，而其他输出不具有这种特点。

选 C_4 端为数值比较器的输出端 F。要使输入大于或等于 8 时 C_4 为 1，必须加 8 才行。而

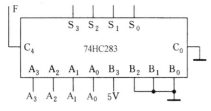

图 3-50 [例 3-18]的逻辑图

输入小于 8 的数加 8 时，C_4 必定为 0。例如，1000＋1000＝10000；1001＋1000＝10001；而 0111＋1000＝01111。选 $A_3A_2A_1A_0$ 为 4 位二进制数输入，$B_3B_2B_1B_0$ 则为 1000。其逻辑图如图 3-50 所示。

3.10 组合逻辑电路中的竞争-冒险

3.10.1 竞争-冒险的产生

若组合电路的输入是稳定的逻辑电平，则不会产生竞争-冒险现象。

竞争是指门电路的两个输入信号从不同电平同时向相反电平跳变的现象。例如，一个与非门有两个输入信号 A 和 B，当 A 由 0 变为 1，B 由 1 变为 0 时，就存在竞争现象。

由于竞争的存在，在门电路的输出端产生与逻辑电平相违背的尖脉冲现象，称为竞争-冒险。但并不是说有竞争的存在，就一定产生竞争-冒险现象。

如图 3-51 所示，输入信号 A 从 0 变 1，B 从 1 变 0，说明该电路存在竞争。由于波形边沿不陡，且 A 上升到阈值电压 V_T 时，B 还未下降到 V_T，因此使输出产生了尖脉冲。

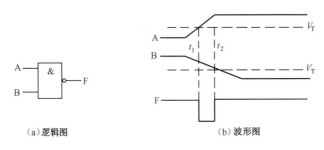

（a）逻辑图　　　　　　　　　（b）波形图

图 3-51　边沿不陡竞争产生尖脉冲

图 3-52 示出了 A 经两条路径传输到与门输入的情况。由于门电路的传输延时 t_{pd} 的影响，$\overline{A}$ 由 1 变 0 较 A 由 0 变 1 滞后 t_{pd} 时间，因此使得输出产生一个正尖脉冲。

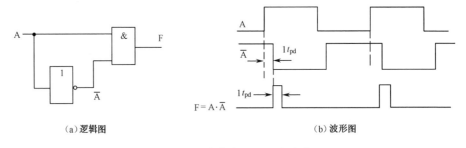

（a）逻辑图　　　　　　　　　（b）波形图

图 3-52　竞争产生的正尖脉冲

图 3-53 示出了 A 经两条路径传输到或门输入的情况。同理，它使得电路输出也产生了负尖脉冲。

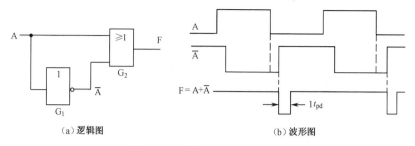

（a）逻辑图   （b）波形图

图 3-53 竞争产生的负尖脉冲

3.10.2 竞争-冒险的判断

由图 3-52 和图 3-53 可以看出,只要输出逻辑函数表达式在一定条件下变换成 $F = A \cdot \overline{A}$ 或 $F = A + \overline{A}$,就可能产生竞争-冒险。

图 3-51 示出的竞争-冒险,是由于两个输入信号从不同电平同时向相反电平跳变,且跳变沿不陡所致的,因此,如果一个门电路的输入有上述情况发生就有可能产生竞争-冒险。

3.10.3 竞争-冒险的消除

（1）修改逻辑设计

在产生竞争-冒险的逻辑函数表达式中添加冗余项可以消除竞争-冒险。例如,$F = A \cdot B + \overline{A} \cdot C$,在 $B = C = 1$ 时,$F = A + \overline{A}$,会产生竞争-冒险。根据 $F = A \cdot B + \overline{A} \cdot C + B \cdot C = A \cdot B + \overline{A} \cdot C$,可在 $F = A \cdot B + \overline{A} \cdot C$ 中加入 $B \cdot C$。加入 $B \cdot C$ 之后,$B = C = 1$ 时,$F = A + \overline{A} + 1 \cdot 1 = 1$,消除了竞争-冒险。

（2）引入封锁脉冲

在产生竞争-冒险的时间内引入封锁脉冲,使尖脉冲不能输出,竞争-冒险就被消除了。

（3）引入选通脉冲

在电路达到稳定状态之后,加入选通脉冲,这时输出就不会有尖脉冲,达到了消除竞争-冒险的目的。

（4）加滤波电容

由于竞争-冒险产生的尖脉冲宽度通常在几十 ns 以内,因此在电路的输出端加上一个几百 pF 的滤波电容,就可以将尖脉冲的幅度减小到门电路的阈值电压以下。这也达到了消除竞争-冒险的目的。

3.11 用硬件描述语言设计组合逻辑电路

随着集成电路工艺的发展,芯片的集成度越来越高,原来由通用中、小规模集成电路组成的复杂数字系统可以做成一片大规模集成电路,同时不仅电路体积小、重量轻、功耗低,而且可靠性也大为提高。但这需要做专门的设计,成本高,周期长。而可编程逻辑器件（Programmable Logic Device,PLD）可以解决这个矛盾。它是一种通用器件,逻辑功能可以由用户通过对器件编程来设定。

随着可编程逻辑器件的出现,数字电路的设计手段也发生了相应的变化,由手工设计的传统方式逐渐转变为计算机辅助设计的现代方式。可编程逻辑器件是电子设计自动化(EDA)得以实现的硬件基础,通过编程,可灵活方便地构建和修改数字系统。

可编程逻辑器件的编程可以用硬件描述语言(HDL)来实现。通过硬件描述语言并借助EDA 工具,可以完成数字系统的建模、仿真、验证和综合直到版图设计等工作。目前主要的硬件描述语言是 VHDL 和 Verilog HDL。利用 VHDL 或 Verilog HDL 进行分块单元电路和整个系统的设计,并结合一些先进的 EDA 工具(如 Quartus II),再通过计算机下载到硬件芯片上,即可实现电路的功能。

3.11.1 可编程逻辑器件的表示方法及组合模式

1. PLD 的表示方法

随着半导体制造技术的进步,可编程逻辑器件(PLD)的种类日益增多。为便于画图,本书在描述 PLD 内部结构时采用目前国际、国内通行的画法。

(1)阵列交叉点的逻辑表示

PLD 逻辑阵列中交叉点的连接方式采用图 3-54 所示的几种逻辑表示。图 3-54(a)表示实体连接,行线和列线在这个交叉点处有实在的连接,这个交叉点是不可编程点,在交叉点处用黑实点表示。图 3-54(b)表示可编程连接,表示行线和列线的交叉点是一个可编程点,用"×"表示。可编程点上的"×"消失,行线和列线处于断开状态,这种情况用图 3-54(c)表示。

(a)实体连接　　　　　(b)可编程连接　　　　　(c)编程后断开

图 3-54　阵列交叉点的逻辑表示

在采用熔丝工艺的 PLD 中,只能进行一次编程,因为熔丝烧断后不可恢复。在 CMOS 工艺的 PLD 中,利用 MOS 管的开关功能,可以对器件进行多次编程。

(2)与阵列和或阵列的逻辑表示

一个可编程的与阵列 PLD 表示如图 3-55(a)所示。图中有 1 根行线和 6 根列线,有 6 个交叉点,画有 6 个"×",输出可实现 6 根列线上的 6 个输入变量的与逻辑函数 $F(A,B,C)=0$。图 3-55(b)中也是 6 个输入变量全部编程输入,输出 $F=0$。这时的阵列交叉点上均未画"×",而在与门符号内画有"×",这是前一种情况的简化表示,即默认表示。图 3-55(c)是编程后的与阵列 PLD 表示,实现的是与逻辑函数 $F(A,B,C)=\overline{A}\cdot B\cdot\overline{C}$。

图 3-56 给出的是或阵列的 PLD 表示。或阵列的输入常常是与阵列的乘积项输出,或阵列的输出是编程后保留的各支路输入乘积项的或运算结果。图 3-56(a)和图 3-56(b)分别给出了实现 $F(P_1,P_2,P_3)=P_1+P_2+P_3$ 和 $F(P_1,P_2,P_3)=P_1+P_3$ 的或阵列 PLD 表示。

(3)输入缓冲器和反馈缓冲器的逻辑表示

在 PLD 中,有两种特殊的缓冲器,它们是输入缓冲器和反馈缓冲器,这两种缓冲器有相同的电路构成。图 3-57 给出了它们的 PLD 表示,它们是单输入、双输出的缓冲器单元,一个是同极性输出端,另一个是反极性输出端。

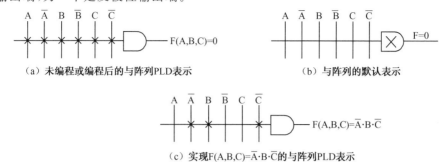

（a）未编程或编程后的与阵列PLD表示　　　　　（b）与阵列的默认表示

（c）实现F(A,B,C)=$\overline{A} \cdot B \cdot \overline{C}$的与阵列PLD表示

图 3-55　与阵列的 PLD 表示

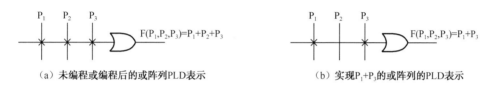

（a）未编程或编程后的或阵列PLD表示　　　　　（b）实现P_1+P_3的或阵列的PLD表示

图 3-56　或阵列的 PLD 表示

（4）三态输出缓冲器的逻辑表示

在 PLD 中,三态输出缓冲器的逻辑表示如图 3-58 所示。

图 3-57　输入缓冲器和反馈缓冲器的 PLD 表示　　　　图 3-58　三态输出缓冲器的 PLD 表示

2. PLD 的结构及分类

PLD 的结构框图如图 3-59 所示。输入缓冲器电路可以把互补的输入变量及输出的反馈变量送到与阵列。与阵列及或阵列是 PLD 的基本组成部分,可以通过编程实现所需要的逻辑功能。有些 PLD 的输出电路包含称为输出逻辑宏单元(Output Logic Macro Cell,OLMC)的电路。通过编程,输出逻辑宏单元可以构成组合模式或时序模式。

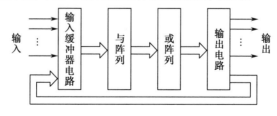

图 3-59　PLD 的结构框图

根据 PLD 的集成度和结构的复杂度对器件进行分类,可以分为 SPLD(简单可编程逻辑

器件)、CPLD(复杂可编程逻辑器件)和 FPGA(现场可编程门阵列)。

SPLD 属于低密度 PLD。PAL(Programmable Array Logic,可编程阵列逻辑)和 GAL (Generic Array Logic,通用阵列逻辑)都属于 SPLD。其特点是都具有可编程的与阵列、不可编程的或阵列、输出逻辑宏单元(OLMC)和输入、输出逻辑单元(IOC),适合较小规模的逻辑设计。

CPLD 属于高密度 PLD。其特点是具有更大的与阵列和或阵列,增加了大量的输出逻辑宏单元和布线资源,触发器的数量明显增加,适合较大规模的逻辑设计。

FPGA 是集成度和结构复杂度最高的 PLD。其集成度为百万个以上等效 PLD 门,适合具有复杂算法的数字系统和信号处理单元的逻辑设计。

这里以 GAL 为例介绍 PLD 的原理。CPLD 和 FPGA 参见附录 A。

3. GAL 的原理

(1)GAL 的结构

图 3-60 给出了 GAL 的基本阵列结构框图。由图 3-60 可以看出,GAL 由可编程与阵列、固定(不可编程)或阵列、输出逻辑宏单元(OLMC)三部分构成。下面以 GAL16V8 为例说明 GAL 的结构。

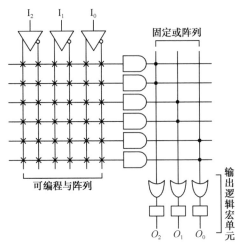

图 3-60　GAL 的基本阵列结构框图

图 3-61 给出了 GAL16V8 的逻辑图和引脚排列图。其电路构成如下。

① 有 8 个输入缓冲器。其输入端接外部输入信号,输出端接可编程与阵列。

② 有 8 个输出逻辑宏单元(OLMC),它们的内部电路结构完全相同,外部引线稍有不同。每个 OLMC 包含有固定或阵列,还有其他电路结构并且具有可编程特性。通过编程来控制 OLMC 各种模式及输出组态,可以满足用户对各种形式输出电路的需要。

③ 有 8 个三态输出缓冲器。其输入端连接各自的 OLMC 的输出。

④ 有 8 个反馈缓冲器。其输入信号为各自的 OLMC 的输出信号,其输出端接可编程与阵列。

⑤ 有 8 个阵列块的与阵列,一共有 64 根行线和 32 根列输入线,其行与列的交叉点是可编程的(图 3-61 中省略了所有交叉点上的"×")。每个阵列块有 8 根行线,每根行线各接一个

与门,与门的输出称为乘积项(与项),乘积项是由行线和列输入线交叉点处的可编程单元的编程情况决定的。每个阵列块中最上面一个与门的输出称为第一与项。32 根列输入线分别同 8 个输入缓冲器和 8 个反馈缓冲器的 32 个输出端相接,其中,偶数号列输入线分别同各缓冲器的原变量输出端相接,而奇数号列输入线分别同各缓冲器的反变量输出端相接。

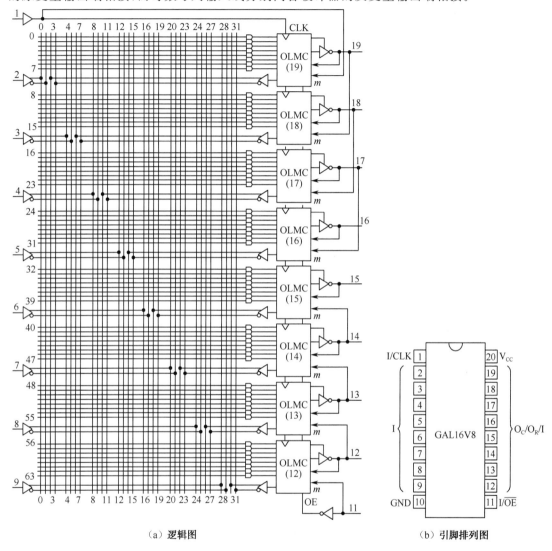

（a）逻辑图　　　　　　　　　　　　　　　　（b）引脚排列图

图 3-61　GAL16V8 的逻辑图和引脚排列图

(2)GAL16V8 的结构控制字

GAL 采用结构控制字方式,能灵活地对 OLMC 内部的有关电路进行控制,实现所希望的组态配置。GAL 的结构控制字有 5 种共 82 位,它们分别是:

① SYN——同步控制字,1 位,对 8 个 OLMC 是公共的。

② AC0——结构控制字,1 位,对 8 个 OLMC 是公共的。

③ AC1(n)——结构控制字,8 位,每个 OLMC 有 1 个。

④ XOR(n)——极性控制字,8 位,每个 OLMC 有 1 个。

⑤ PTD——乘积项禁止控制字,64 位,每个与门有 1 个。

上述 5 种结构控制字中，当 SYN＝1 时，所有的 OLMC 均配制成组合模式；当 SYN＝0 时，至少有 1 个 OLMC 可配置成寄存器输出模式（也就是时序模式）。AC0、AC1(n）和 XOR(n）参与组态控制，而 PTD 在一般情况下总为 1，控制 64 个与门处于使能状态。OLMC 的逻辑组态是由前 4 种结构控制字的组合决定的。82 位结构控制字的值存放在 GAL 的 82 位结构控制字阵列中。结构控制字的值是 1 还是 0，这不是人工直接置入的，而是由编译软件识别用户源程序后自动生成的。

（3）GAL 的组合模式

当结构控制字 SYN、AC0 和 AC1(n）分别是 1、1 和 1 时，图 3-61（a）中的 13～18 号 OLMC 是反馈组合输出模式，如图 3-62（a）所示；图 3-61（a）中的 12、19 号 OLMC 是无反馈组合输出模式，如图 3-62（b）所示。当 SYN、AC0 和 AC1(n）分别是 1、0 和 0 时，OLMC 是专用输出模式，如图 3-62（c）所示；当 SYN、AC0 和 AC1(n）分别是 1、0 和 1 时，OLMC 是专用输入模式，如图 3-62（d）所示。

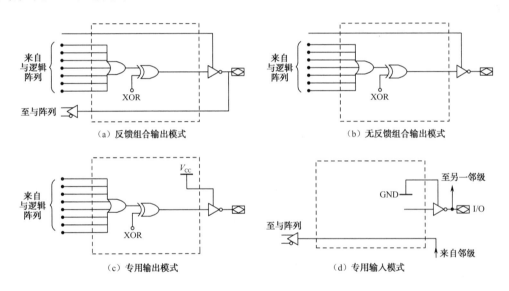

图 3-62　GAL 的组合模式

3.11.2　硬件描述语言 Verilog HDL 基础

硬件描述语言（HDL）是电子电路的描述语言。利用这种语言，数字电路的设计可以从顶层的系统到底层的版图逐层描述，用一系列分层次的模块来表示复杂的数字电路系统。常见的硬件描述语言包括 VHDL、Verilog HDL（简称 Verilog）等。Verilog 语言是在 C 语言基础上开发出的一种专用硬件描述语言，较 VHDL 易学易用。

对于一个复杂电路系统，其完整的 Verilog 模型通常是由若干 Verilog 模块构成的，每个模块又可以由若干子模块构成。其中有些模块需要综合成具体电路，而有些模块可以是现存电路或激励信号源。

1. 语言要素

（1）关键字

Verilog 语言内部已经使用的词称为关键字或保留字，是已经定义好的专用词，用来组织语言结构，用户不能随便使用。需要说明的是，Verilog 语言的关键字都是小写形式的。常用的关键字见表 3-29。

表 3-29　Verilog 语言常用关键字

关键字	含义	关键字	含义
module	模块开始定义	always	产生 reg 信号语句的关键字
input	输入端口定义	assign	产生 wire 信号语句的关键字
output	输出端口定义	begin	语句的起始标记
inout	双向端口定义	end	语句的结束标记
parameter	信号的参数定义	posedge	时序电路的上升沿触发标记
wire	wire 信号定义	negedge	时序电路的下降沿触发标记
reg	reg 信号定义	case	case 语句的起始标记
if	if/else 语句标记	default	case 语句的默认分支标记
else	if/else 语句标记	endcase	case 语句的结束标记
for	for 语句标记	endmodule	模块结束定义

（2）标识符

标识符主要由英文字母、数字、字符"＄"以及下画线组成，用来命名信号名、模块名、参数名等。标识符必须以字母或下画线开头，需要注意的是，标识符中的字母区别大小写，同时关键字不能作为一般的标识符使用。

（3）空白与注释

在语法上，Verilog 语言并不限制使用者留多少空白，编译和综合时会忽略它们。注释可以使用"//"作为注释的开始，Verilog 语言会忽略此处到行尾的内容；也可以使用从"/＊"到"＊/"结束的格式。注释可以在程序的任何地方存在。

（4）逻辑值

Verilog 语言有 4 种基本的逻辑值状态，见表 3-30。

2. 数据类型

这里只介绍 Verilog 语言中常用的几种基本数据类型：integer 型、parameter 型、reg 型和 wire 型。

Verilog 语言中也有常量和变量之分。

（1）常量

① integer 型常量

integer 型常量有 4 种进制表示形式，见表 3-31。其中，"?"是高阻态 z（或 Z）的另一种表示符号；"_"没有实际意义，用在数字之间以提高数字的可读性。

表 3-30　逻辑值状态表

状态	含义
0	低电平、逻辑 0 或"假"
1	高电平、逻辑 1 或"真"
x 或 X	不确定或未知的逻辑状态
z 或 Z	高阻态

表 3-31　integer 常量的 4 种进制表示形式

数制	基数符号	合法表示符
二进制	b 或 B	0，1，x，X，z，Z，?，_
八进制	o 或 O	0～7，x，X，z，Z，?，_
十进制	d 或 D	0～9，_
十六进制	h 或 H	0～9，a～f，A～F，x，X，z，Z，?，_

例如：

　　4'b1001　　　　//位宽为 4 位的二进制数 1001

　　5'h8c_2a　　　//位宽为 5 位的十六进制数 8c2a

② parameter 型常量

parameter 用来定义一个符号常量，也就是定义一个符号来代表一个常数，其格式如下：

　　parameter 参数名 1＝表达式，参数名 2＝表达式，…；

（2）变量

Verilog 语言中的变量分为两种类型，即 net（网络）型变量和 variable（原为 register，寄存器）型变量，其中的 wire 型变量和 reg 型变量最为常用。

① wire 型变量

net 型变量对应硬件电路中的各种物理连接，其输出始终随输入的变化而更新，其中，wire 型变量常用来表示以 assign 语句赋值的组合逻辑信号。

wire 型变量的格式如下：

　　wire 变量名 1，变量名 2，…，变量名 n；　　　　//定义位宽为 1 位的变量

或　　**wire**[n－1:0] 变量名 1，变量名 2，…，变量名 n；　//定义位宽为 n 位的向量

② reg 型变量

variable 型变量对应具有保持功能的硬件电路，使用时需要被明确赋值，并一直保持原值，直到被重新赋值。在过程块语句（如 initial、always）内被赋值的信号必须定义为 variable 型。

variable 型变量有 integer、real、time 和 reg 这 4 种类型。其中 integer 型变量为 32 位无符号整数型变量，real 型变量为 64 位带符号实数型变量，time 型变量为无符号时间型变量，它们均与硬件电路无关。而 reg 型变量是最常用的寄存器型变量，常用来代表触发器，其赋值不能用 assign 语句，而要用过程赋值语句。

reg 型变量格式如下：

　　reg 变量名 1，变量名 2，…，变量名 n；　　　　//定义位宽为 1 位的变量

或　　**reg**[n－1:0] 变量名 1，变量名 2，…，变量名 n；　//定义位宽为 n 位的向量

选择信号的数据类型时需要注意两点。第一，输入端口信号可以是 wire 型变量，但不可以是 reg 型变量；输出端口信号可以是 wire 型变量，也可以是 reg 型变量。输出端口信号若在过程块中赋值，则为 reg 型变量；若在过程块外赋值（包括实例化语句），则为 wire 型变量。第二，内部信号可以是 wire 型变量或 reg 型变量，具体与输出端口信号一致。

3. 基本程序结构

Verilog 语言描述电路的基本单元是模块(module),一个模块由端口说明和逻辑功能描述两部分组成。在用 Verilog 语言构建的数字系统中,通常包含一个或多个模块,不同模块之间需要通过端口进行连接。模块的基本结构书写格式如下:

> **module** 模块名(端口名 1,端口名 2,…);
> 端口模式(input,output,inout);
> 参数定义(可选);
> 端口信号类型定义(wire,reg 等);
> 逻辑功能描述语句;
> **endmodule**

模块的基本结构说明如下:

① 模块以关键字 module 开始,以关键字 endmodule 结束。模块内容是嵌在两者之间的部分。每个模块实现特定的功能,模块是可以进行层次嵌套的。

② 模块名是模块的唯一标识符,而端口名是该模块中输入、输出端口的名称,端口名之间用逗号分隔。各端口名在模块中必须是唯一的,不能重复。

③ 端口模式用来说明数据、信号通过该端口的传输方向。端口模式有 input、output 和 inout。

④ 参数定义是一个可选择的语句,用符号常量代替数值型常量可以增加程序的可读性和可修改性。

⑤ 端口信号类型定义用来说明逻辑描述中所用信号的数据类型是 reg 型还是 wire 型。reg 为寄存器类型,wire 为连线类型。端口信号的默认定义类型为 wire 型。

⑥ 逻辑功能描述语句是模块中最重要的部分,通常有三种不同的方法描述电路的逻辑功能。第一,使用连续赋值语句(assign 语句)对电路功能进行描述,这种方法又称为数据流描述方法,一般适用于对组合电路进行赋值。第二,使用模块实例化语句调用已定义过的低层次模块来进行电路功能的描述。这种方法又称为结构描述方法。第三,使用结构说明语句(如 always 语句结构)和高级程序语句来描述电路的逻辑功能,该方法又称为行为描述方法,它侧重于描述逻辑功能,常用于描述时序逻辑。

4. 常用语句

Verilog 语言常用语句主要有块语句、结构说明语句、赋值语句、条件语句、循环语句、模块实例化语句等。

(1)块语句

块语句通常用来将两条或多条语句组合在一起。块语句有两种:一种是 begin…end 语句,块内语句顺序执行,称为顺序块;另一种是 fork…join 块语句,块内语句是同时执行的,称为并行块。

顺序块的格式如下:

> **begin**
> 语句 1;

语句 2;
　　…
　　语句 n;
　end

并行块的格式如下:

　fork
　　语句 1;
　　语句 2;
　　…
　　语句 n;
　join

(2)结构说明语句

Verilog 语言中的结构说明语句也称为过程块语句。它可以进行行为描述,有两种语句:initial 语句和 always 语句。其中,一条 initial 语句只能执行一次,而 always 语句可循环执行。

① initial 语句

initial 语句的格式如下:

　initial
　begin
　　语句 1;
　　语句 2;
　　…
　end

用 initial 语句可以在仿真开始时对各变量进行初始化,也可以用来生成激励波形作为电路的测试仿真信号。一个模块中可以有多个 initial 块,它们都是并行运行的。

② always 语句

always 语句的格式如下:

　always @(<敏感信号表达式>)
　begin
　　语句 1;
　　语句 2;
　　…
　end

always 语句有两种触发方式。第一种是电平触发,例如"always @(a or b or c)",其中 a、b 和 c 均为变量,当其中一个发生变化时,下方的语句将被执行。第二种是边沿触发,例如"always @(posedge clk)",当时钟信号处于上升沿时,语句被执行。触发信号可以是单个信号也可以是多个信号,多个信号中间需要用关键字 or 连接。always@(*)表示以上两种触发方式都包含在内,任意一种发生变化都会触发该语句。

只有 reg 型的信号才可以在 always 和 initial 语句中进行赋值,类型定义通过 reg 语句实现;always 语句将一直重复执行,由敏感信号表达式(always 语句括号内的表达式)中的变量触发;always 语句从 0 时刻开始;在 begin 和 end 之间的语句是顺序执行的,属于顺序块。

（3）赋值语句

① 过程赋值语句

过程赋值语句针对的是寄存器、整数、实数或时间型变量等,只能在 initial 或 always 语句内赋值。这些类型的变量在被赋值后,其值将保持不变,直到被其他过程赋值语句赋予新值为止。过程赋值语句只有在执行到的时候才会起作用。

过程赋值语句包括两种方式:非阻塞赋值方式和阻塞赋值方式。

非阻塞赋值方式的赋值符号为"<=",其赋值结果并不是立刻改变的,而是在块结束后才完成赋值。

例如:

```
module test(clk,IN,A,B,C);
    input   clk,IN;                        //输入定义
    output reg A,B,C;                      //输出定义
    always @(posedge clk )                 //clk 上升沿有效
    begin
      A<= IN;                              //非阻塞赋值
      B<= A;
      C<= B;
    end
endmodule
```

执行 always 语句,当前 clk 上升沿敏感时,首先执行 A<=IN,产生一个更新事件,将 IN 的当前值赋给 A,但是这个赋值事件并没有立刻执行,而是处于等待状态;然后执行 B<=A,同样产生一个更新事件,将 A 的当前值赋给 B,这个赋值事件也处于等待状态;再执行 C<=B,产生一个更新事件,将 B 的当前值赋给 C,这个赋值事件也处于等待状态。当 always 语句执行完成,开始对下一个 clk 上升沿敏感时,之前的赋值同时有效。仿真结果如图 3-63 所示。

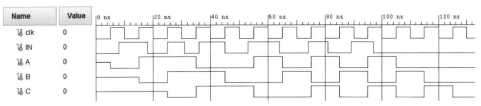

图 3-63　仿真结果

阻塞赋值方式的赋值符号为"=",赋值结果在赋值语句执行完后立刻改变。阻塞赋值方式是在本语句中"右式计算"和"左式更新"完全完成之后,才开始执行下一条语句的。

例如:

```
module test(clk,IN,A,B,C);
    input   clk,IN;                        //输入定义
```

```
    output reg A,B,C;                          //输出定义
    always @(posedge clk )                     //clk 上升沿有效
    begin
      A= IN;                                   //阻塞赋值
      B= A;
      C= B;
    end
endmodule
```

执行 always 语句,当前 clk 上升沿敏感时,首先执行 A＝IN,产生一个更新事件,将 IN 的当前值赋给 A,并立刻执行;然后执行 B＝A,将前一条语句 A 的更新结果赋给 B;再执行 C＝B,将 B 的更新结果赋给 C。仿真结果如图 3-64 所示。

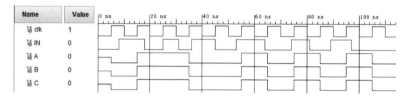

图 3-64　仿真结果

② 连续赋值语句

连续赋值语句是 Verilog 数据流建模的基本语句,用于对线网进行赋值,等价于门级描述,这是从更高的抽象角度来对电路进行描述。连续赋值语句必须以关键字 assign 开始。

连续赋值语句为 assign 语句,用于对 wire 型变量进行赋值。assign 用于描述组合逻辑,是并行执行的,赋值之后立即有效,属于阻塞赋值方式。assign 语句之后不能加语句块,要实现组合逻辑只能逐条使用 assign 语句。

assign 语句的格式如下:

    assign 表达式;

例如:

    wire   y;   //变量的数据类型说明
    assign y＝a&b;   //电路功能描述,表达式左边变量的数据类型必须是 wire 型

(4)条件语句

Verilog 语言中,条件语句有 if 语句和 case 语句等,与 C 语言类似。

① if 语句

格式如下:

    if(条件)语句 1;

当程序执行到该 if 语句时,要判断 if 语句所指定的条件是否成立。如果条件成立,则执行语句 1;如果不成立则跳过语句 1,执行 if 语句后面的语句。

② if …else 语句

格式如下：

> **if**（条件）语句 1；
> **else** 语句 2；

如果条件成立时，则执行语句 1；如果不成立则执行语句 2。

③ if…else if…else 语句

格式如下：

> **if**（条件 1)语句 1；
> **else if**(条件 2)语句 2；
> …
> **else if**(条件 n)语句 n；
> **else** 语句 n+1；

在多选择控制的 if 语句中，设置了多个条件。当某个条件满足时，执行该条件对应的语句；如果条件都不满足，则执行后续的 else if 语句。

④ case 语句

case 语句是另一种形式的条件控制语句。case 语句根据条件变量或表达式的取值来执行对应的分支语句。case 语句的格式如下：

> **case**（表达式）
> 　　值 1：语句 1；
> 　　值 2：语句 2；
> 　　…
> 　　值 n：语句 n；
> 　　**default**：语句 n+1；
> **endcase**

case 语句中，表达式的值如果已列举穷尽，则不需要 default 语句。但对于不能穷尽的表达式的值必须在最后用一个 default 分支。

（5）循环语句

循环语句用来控制语句的执行次数。Verilog 语言中的循环语句主要有 for 语句、forever 语句等。

① for 语句

for 语句的格式与 C 语言的相同，具体为

> **for**(initial_assignment；condition；step_assignment)
> **begin**
> 　　…
> **end**

其中，initial_assignment 为初始条件；condition 为终止条件，当 condition 为假时，立即跳出循环；step_assignment 为过程赋值语句，用于改变控制变量。

② forever 语句

forever 语句的使用格式如下：

> **forever** 语句；

或

> **forever** **begin**
>   **…**
>   **end**

forever 语句多用在 initial 语句中，用来连续不断地执行后面的语句或语句块，常用来产生周期性的波形，作为仿真激励型号。

（6）模块实例化语句

一个模块可以引用另外一个模块，从而建立描述的层次。模块实例化语句格式如下：

> module_name instance_name(port_associations);

信号端口可以通过位置或名称进行关联，但是关联方式不能够混合使用。

端口关联（port_associations）形式如下：

> port_expr   //通过位置关联
> . PortName（port_expr）   //通过名称关联

5. 运算操作符

在 Verilog 语言中，运算操作主要有逻辑运算、关系运算、算术运算、等式运算、移位运算、按位运算和条件运算等。需要注意的是，被运算操作符所操作的对象是操作数，且操作数的类型应该和操作符所要求的类型一致。表 3-32 为常用运算操作符及其优先级。

表 3-32　常用运算操作符及其优先级

运算操作符类型	运　算　符	功　　能	优　先　级
取反运算符	!、~	反逻辑、位反相	高 低
算术运算符	*、/、%	乘、除、取模	
	+、-	加、减	
移位运算符	<<、>>	左移、右移	
关系运算符	<、<=、>、>=	小于、小于或等于、大于、大于或等于	
等式运算符	==、! =、===、! ==	等、不等、全等、非全等	
按位运算符	&	按位与	
	^、~	按位异或和同或	
	|	按位或	
逻辑运算符	&&	与	
	||	或	
条件运算符	? :	等同于 if…else	
拼接运算符	{ }	某些位拼接	

在 Verilog 程序设计中，拼接运算符"{ }"可用于不同信号的位或位矢量的拼接，在拼接表达式中不允许存在没有指明位数的信号。

3.11.3 用 Verilog HDL 实现组合逻辑电路的设计

1. 典型中规模组合芯片的 Verilog 语言描述

传统的使用组合电路的中规模集成电路芯片,其功能可以借助可编程逻辑器件(PLD)用 Verilog 语言加以描述。

根据逻辑图,3-8 线译码器 74HC138 的 Verilog 语言描述如下:

```
module HC138(
    input   wire S3,          //使能低有效
    input   wire S2,          //使能低有效
    input   wire S1,          //使能高有效
    input   wire A0,          //代码输入低位
    input   wire A1,
    input   wire A2,          //代码输入高位
    output  wire F7,          //译码输出高位
    output  wire F6,
    output  wire F5,
    output  wire F4,
    output  wire F3,
    output  wire F2,
    output  wire F1,
    output  wire F0           //译码输出低位
    );
//线网类型
wire    An,Bn,Cn;
wire    Ann,Bnn,Cnn,Gen;
//功能定义
assign   An = ~A0;
assign   Bn = ~A1;
assign   Cn = ~A2;
assign   Cnn = ~Cn;
assign   Bnn = ~Bn;
assign   Ann = ~An;
assign   GEn = (S1 & ~S2 & ~S3);
assign   F0 = ~(An & Bn & Cn & GEn);
assign   F1 = ~(Ann & Bn & Cn & GEn);
assign   F2 = ~(An & Bnn & Cn & GEn);
assign   F3 = ~(Ann & Bnn & Cn & GEn);
assign   F4 = ~(An & Bn & Cnn & GEn);
assign   F5 = ~(Bn & Cnn & Ann & GEn);
assign   F6 = ~(An & Cnn & Bnn & GEn);
assign   F7 = ~(GEn & Bnn & Ann & Cnn);
```

```verilog
endmodule
```

八选一数据选择器 74HC151 的 Verilog 语言描述如下：

```verilog
module HC151(
  input  wire  OE,                                //使能输入定义
  input  wire  A2，A1，A0，                        //地址输入定义
  input  wire  D7，D6，D5，D4，D3，D2，D1，D0，      //数据输入定义
  output reg  F                                   //输出定义
  )；
  //功能描述,根据输入代码执行不同的译码输出
  always @( * )                                   //任何一个输入发生变化时都会触发该语句
  begin
    if(～OE )
      case({ A2,A1,A0 })
        3'b000：F = D0；
        3'b001： F = D1；
        3'b010： F = D2；
        3'b011： F = D3；
        3'b100： F = D4；
        3'b101： F = D5；
        3'b110： F = D6；
        3'b111： F = D7；
      endcase
    else  F = 0；                                 //使能无效,输出低电平
  end
endmodule
```

4 位数值比较器 MC14585 和 7485 的 Verilog 语言描述如下：

```verilog
module MC85(
  input wire B0，B1，B2，B3，
  input wire A0，A1，A2，A3，
  input wire ALBin，
  input wire AEBin，
  input wire AGBin，
  output reg ALBout，
  output reg AEBout，
  output reg AGBout
  )；
  wire [3:0] data_a,data_b；
  assign data_a = {A3,A2,A1,A0}；
  assign data_b = {B3,B2,B1,B0}；
  always @ ( * )
```

```
        begin
            if ( data_a > data_b )
            begin
                ALBout = 0；AEBout = 0；AGBout = 1；
            end
            else if ( data_a < data_b )
            begin
                ALBout = 1；AEBout = 0；AGBout = 0；
            end
            else if ( data_a == data_b )
            begin
                ALBout = ALBin；AEBout = AEBin；AGBout = AGBin；
            end
        end
    endmodule
```

2. 模块化、层次化的组合电路设计

所谓模块化、层次化电路设计,是指在电路设计中,将设计任务目标层层分解,在各个层次上分别设计一个或多个简单的模块,然后再将这些模块组合起来,从而完成整个电路的设计。而这种模块化、层次化的设计通常有两种方法,即自上而下(Top-down)的方法和自下而上(Bottom-up)的方法。

自上而下的方法要先定义顶层模块,然后再定义顶层模块中用到的子模块。

自下而上方法要先确定底层的各个子模块,然后将这些子模块组合起来构成顶层模块。例如,采用自下而上的方法,利用底层的 1 位全加器,可以构成顶层的 4 位串行进位并行输出加法器。

1 位全加器的 Verilog 程序如下:

```
    module full_adder(Cin,A,B,S,Cout);
        input    A;                              //输入端口
        input    B;                              //输入端口
        input    Cin;                            //低位进位,输入端口
        output   S;                              //本位和,输出端口
        output   Cout;                           //向高位进位,输出端口
        wire     h;
        assign   h = A^B;
        assign   S = Cin^h;
        assign   Cout = （A & B) | (h & Cin);
    endmodule
```

4 位串行进位并行输出加法器的 Verilog 程序如下:

```
    module full_adder4(
        input    wire   C0,                      //低位进位输入
```

```
    input   wire  [3:0] Ai,                          //输入加数
    input   wire  [3:0] Bi,                          //输入被加数
    output wire  [3:0] Si,                           //输出和
    output wire  C4                                  //向高位进位输出
);
wire C1,C2,C3;
//实例化 4 个 1 位全加器,通过名称关联
full_adder  u0(.Cin(C0),.A(Ai[0]),.B(Bi[0]),.S(Si[0]),.Cout(C1));
full_adder  u1(.Cin(C1),.A(Ai[1]),.B(Bi[1]),.S(Si[1]),.Cout(C2));
full_adder  u2(.Cin(C2),.A(Ai[2]),.B(Bi[2]),.S(Si[2]),.Cout(C3));
full_adder  u3(.Cin(C3),.A(Ai[3]),.B(Bi[3]),.S(Si[3]),.Cout(C4));
endmodule
```

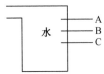

图 3-65 水箱示意图

【例 3-19】 基于模块化设计方法,用 Verilog 语言设计一个水箱水位监测预警电路。图 3-65 给出了水箱示意图,A、B、C 为三个电极。当电极被水浸没时,会输出高电平,否则输出低电平。水面在 A、B 之间时为正常状态,无危险,绿灯点亮,同时数码管显示为"0";水面在 B、C 之间或在 A 以上时为警示状态,黄灯点亮,同时数码管显示为"1";水面在 C 以下时为危险状态,红灯点亮,同时数码管显示为"U"。若电极状态异常,则红灯点亮,且数码管显示为"E"。数码管采用共阴极七段数码管。

解:整个设计分为两层,电路原理框图如图 3-66 所示。顶层模块下分为三个模块,分别是编码模块、显示模块和报警模块。

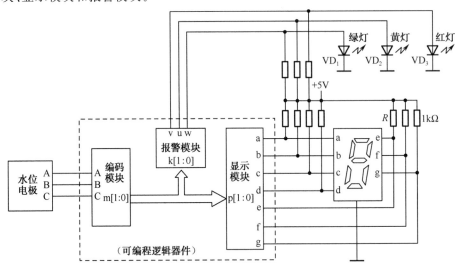

图 3-66 [例 3-19]电路原理框图

编码模块实现对水位电极输出的 2 位二进制编码;报警模块将编码值作为输入,其输出控制报警用的发光二极管的亮、灭;显示模块的输入也是编码值,输出为七段显示码 a~g。

模块一:编码模块

```verilog
module encoder(A,B,C,m);
    output reg[1:0] m;
    input A,B,C;
    wire[2:0] sel;
    assign sel = {A,B,C};
    always @(sel)
    begin
        case(sel)
            3'b000: m = 2'b10;                    //危险状态
            3'b001: m = 2'b01;                    //警示状态
            3'b011: m = 2'b00;                    //正常状态
            3'b111: m = 2'b01;
            default: m = 2'b11;                   //电极异常状态
        endcase
    end
endmodule
```

模块二:报警模块

```verilog
module alarm(k,w,u,v);
    output reg w,u,v;
    input[1:0] k;
    always @(k)
    begin
        case(k)
            2'b00: { w,u,v } = 3'b100;            //正常状态,绿灯亮
            2'b01: { w,u,v } = 3'b010;            //警示状态,黄灯亮
            default: { w,u,v } = 3'b001;          //电极异常状态或危险状态,红灯亮
        endcase
    end
endmodule
```

模块三:显示模块

```verilog
module disp(p,a,b,c,d,e,f,g);
    input[1:0] p;
    output reg a,b,c,d,e,f,g;
    always @(p)
    begin
        case(p)
            2'b11: {a,b,c,d,e,f,g} = 7'b1001111;      //显示字符"E"
            2'b00: {a,b,c,d,e,f,g} = 7'b1111110;      //显示字符"0"
            2'b01: {a,b,c,d,e,f,g} = 7'b0110000;      //显示字符"1"
```

```
        2'b10： {a,b,c,d,e,f,g} = 7'b0111110；                    //显示字符"U"
    endcase
  end
endmodule
```

顶层模块：

```
module top(
    input  wire   A，B，C，
    output wire a,b,c,d,e,f,g,w,u,v
    )；
    wire[1:0] m；
    //调用三个模块，通过名称关联
    encoder   u0(. A(A)，. B(B)，. C(C)，. m(m))；
    alarm    u1(. k(m)，. w(w)，. u(u)，. v(v))；
    disp     u2(. p(m)，. a(a)，. b(b)，. c(c)，. d(d)，. e(e)，. f(f)，. g(g))；
endmodule
```

完成设计描述后，借助 EDA 工具通过功能仿真和时序仿真等验证后再下载进行测试。
仿真结果如图 3-67 所示。

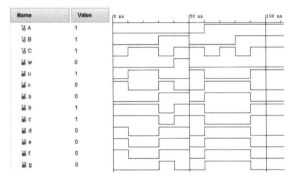

图 3-67　仿真结果

习题 3

3-1　试分析题图 3-1 所示电路，分别写出 M＝1 和 M＝0 时输出逻辑函数表达式。

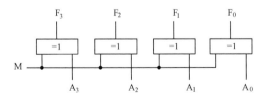

题图 3-1　习题 3-1 的图

3-2　试分析题图 3-2 所示补码电路，要求写出输出逻辑函数表达式，并列出其真值表。

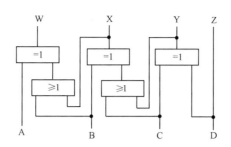

题图 3-2　习题 3-2 的图

3-3　试说明题图 3-3 所示两个逻辑图的功能是否一样。

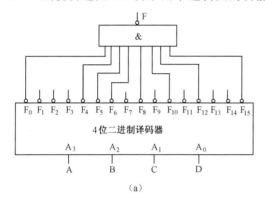

（a）

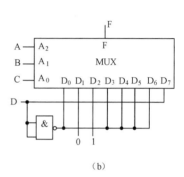

（b）

题图 3-3　习题 3-3 的图

3-4　试分析题图 3-4 所示电路的逻辑功能。其中，G_1 和 G_0 为控制端，A 和 B 为输入端。要求写出 G_1 和 G_0 在 4 种不同取值下的 F 表达式。

3-5　题图 3-5 所示电路为低电平有效的 8421 码二-十进制译码器，列出该电路的真值表。

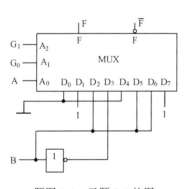

题图 3-4　习题 3-4 的图

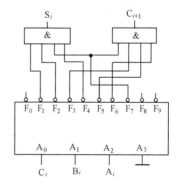

题图 3-5　习题 3-5 的图

3-6　题图 3-6 所示电路为数据传送电路。其中，D_3，D_2，D_1，D_0 为传送数据的数据总线，A_3，A_2，A_1，A_0；B_3，B_2，B_1，B_0；C_3，C_2，C_1，C_0；E_3，E_2，E_1，E_0 为待传送的 4 路数据。要求列出 X，Y 在 4 种不同取值下的传送数据。

3-7　题图 3-7 所示电路中的每个方框均为一个 2-4 线译码器。译码器输出低电平有效，$\overline{E}$ 工作时为低电平有效。要求：(1)写出电路工作时 $\overline{F_{10}}$，$\overline{F_{20}}$，$\overline{F_{30}}$，$\overline{F_{40}}$ 的逻辑函数表达式。(2)说明电路的逻辑功能。

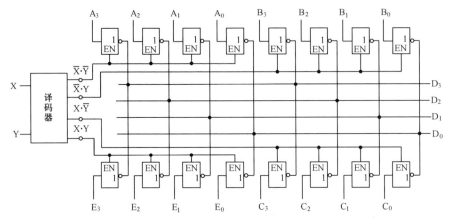

题图 3-6 习题 3-6 的图

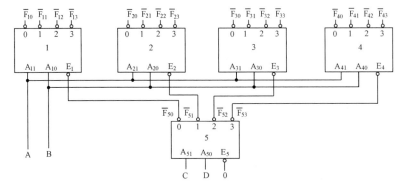

题图 3-7 习题 3-7 的图

3-8 由输出低电平有效的 3-8 线译码器和八选一数据选择器构成的电路如题图 3-8 所示,试问:(1)当 $X_2X_1X_0=Z_2Z_1Z_0$ 时,输出 F=? (2)当 $X_2X_1X_0 \neq Z_2Z_1Z_0$ 时,输出 F=?

3-9 8-3 线优先编码器 74HC148 和与非门构成的电路如题图 3-9 所示。试说明该电路的逻辑功能。

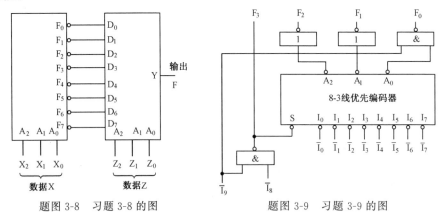

题图 3-8 习题 3-8 的图　　　　题图 3-9 习题 3-9 的图

3-10 试用与非门设计一个数据选择电路。S_1 和 S_0 为选择端,A 和 B 为数据输入端。选择电路的功能见题表 3-1。选择电路可以反变量输入。

3-11 某化工厂的化学液体罐示意图如题图 3-10 所示,罐体上安装了 7 个液位传感器,每间隔 1m 安装 1 个。液位传感器的工作原理是:当液面高于传感器时,传感器输出逻辑高电平 1;当液面低于传感器时,传感器输出逻辑低电平 0。用中规模集成电路及必要的门电路设计液面高度监测显示电路。假设用共阴极数码管显示高度数值。

题表 3-1

S_1 S_0	F
0 0	A·B
0 1	A+B
1 0	A⊙B
1 1	A⊕B

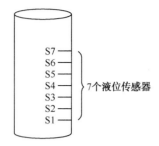

题图 3-10　习题 3-11 的图

3-12　试用输出低电平有效的 3-8 线译码器和逻辑门设计一个组合电路。该电路的输入 X,输出 F 均为 3 位二进制数。两者之间的关系如下:(1)当输入大于或等于 2,且小于或等于 5 时,输出等于输入加 2;(2)当输入小于 2 时,F＝1;(3)当输入大于 5 时,F＝0。

3-13　试用 74HC138 和 74HC151 构成两个 4 位二进制数相等比较器。其功能是:两个二进制数相等时输出为 1,否则输出为 0。

3-14　试用两片 74HC138 实现 8421 BCD 码的译码。

3-15　试只用一个四选一数据选择器设计一个判定电路。该电路输入为 8421 BCD 码,当输入的数大于 1、小于 6 时输出为 1,否则输出为 0(提示:可用无关项化简)。

3-16　用 74HC138 和与非门实现下列逻辑函数:

(1)$Y_1＝A·B·C+\overline{A}·(B+C)$　　　　(2)$Y_2＝A·\overline{B}+\overline{A}·B$

(3)$Y_3＝\overline{(A+B)·(\overline{A+C})}$　　　　(4)$Y_4＝A·B·C+\overline{A}·\overline{B}·\overline{C}$

3-17　用 74HC138 和与非门实现下列逻辑函数:

(1)$Y_1＝\sum(m_3,m_4,m_5,m_6)$　　　　(2)$Y_2＝\sum(m_0,m_2,m_6,m_8,m_{10})$

(3)$Y_3＝\sum(m_7,m_8,m_{13},m_{14})$　　　　(4)$Y_4＝\sum(m_1,m_3,m_4,m_9)$

3-18　试用与非门实现半加器,写出逻辑函数表达式,画出逻辑图。

3-19　试用两个半加器和适当类型的门电路实现全加器。

3-20　设计一个带控制端的半加/半减器,控制端 X＝0 时为半加器,X＝1 时为半减器。

3-21　试用两片 74HC283 实现二进制数11001010 和11100111的加法运算,要求画出逻辑图。

3-22　试用逻辑门设计一个满足题表 3-2 要求的监督码产生电路。

3-23　用与非门设计一个多功能运算电路,功能见题表 3-3。

3-24　试分析题图 3-11 电路中,当 A,B,C,D 中单独一个改变状态时,是否存在竞争-冒险现象? 如果存在竞争-冒险现象,那么在其他变量为何种取值时发生?

题表 3-2　真值表

数 据			监 督 码	传 输 码			
A	B	C	W_{OD}	W_{OD}	A	B	C
0	0	0	1	1	0	0	0
0	0	1	0	0	0	0	1
0	1	0	0	0	0	1	0
0	1	1	1	1	0	1	1
1	0	0	0	0	1	0	0
1	0	1	1	1	1	0	1
1	1	0	1	1	1	1	0
1	1	1	0	0	1	1	1

题表 3-3 真值表

S_2	S_1	S_0	Y
0	0	0	1
0	0	1	$A+B$
0	1	0	$\overline{A \cdot B}$
0	1	1	$A \oplus B$
1	0	0	$\overline{A \oplus B}$
1	0	1	$A \cdot B$
1	1	0	$\overline{A+B}$
1	1	1	0

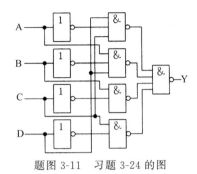

题图 3-11 习题 3-24 的图

3-25 用与非门实现下列函数,并检查有无竞争-冒险,若有,则设法消除。

(1) $Y_1 = \sum(m_2, m_6, m_8, m_9, m_{11}, m_{12}, m_{14})$

(2) $Y_2 = \sum(m_0, m_2, m_3, m_4, m_8, m_9, m_{14}, m_{15})$

(3) $Y_3 = \sum(m_1, m_5, m_6, m_7, m_{11}, m_{12}, m_{13}, m_{15})$

(4) $Y_4 = \sum(m_0, m_2, m_4, m_{10}, m_{12}, m_{14})$

3-26 用 Verilog HDL 描述 4 位超前进位加法器。

3-27 用 Verilog HDL 描述可控的 1 位全加/减器。

第4章 锁存器和触发器

锁存器(Latch)和触发器(Flip-Flop)是能够存储一位二进制数的逻辑电路,是时序逻辑电路的基本单元电路。锁存器和触发器都具有两个稳定状态,用来表示逻辑状态或二进制数的0和1,可以根据不同的输入信号将输出置成1或0状态。

4.1 锁存器

锁存器是对脉冲电平敏感的双稳态电路,它的特点是当锁存脉冲电平没有到来时,锁存器的输出状态随输入信号变化而变化(相当于输出直接接到输入端,即所谓"透明");当锁存脉冲电平到达时,锁存器输出状态保持锁存信号跳变时的状态。

4.1.1 闩锁电路及基本SR锁存器

1. 闩锁电路

将两个非门连接成图 4-1 的形式,就是闩锁电路。Q 和 $\overline{Q}$ 两端电压的高低相对应,当 Q(或 $\overline{Q}$)端为高电平时,$\overline{Q}$(或 Q)端必然是低电平。究竟电路稳定在哪一种状态下,尚无法确定,往往由偶然因素决定。两个门输入、输出连接成正反馈环。两个门的电气参数有一些差异,正反馈的结果必导致一个门处于导通状态,另一个门处于截止状态。Q 与 $\overline{Q}$ 的状态相反,如果没有外来信号驱动,闩锁电路随机地处于两个可能状态中的一个,规定 Q=1,$\overline{Q}$=0 为 1 状态;Q=0,$\overline{Q}$=1 为 0 状态。1 状态相当于二进制数码 1 被锁存;0 状态相当于数码 0 被锁存。该电路是构成锁存器的基础,只有引入外来信号时,方能控制它的状态。

2. 基本SR锁存器

在闩锁电路中,加入两个输入端:一个是 $\overline{S}$ 端,称为置位(Set)端;另一个是 $\overline{R}$ 端,称为复位(Reset)端,如图 4-2 所示。

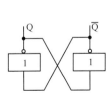

图 4-1 闩锁电路

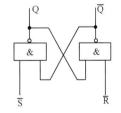

图 4-2 基本 SR 锁存器

(1)逻辑功能

由与非门的逻辑功能决定,要建立 1 状态,可使 $\overline{S}$=0,$\overline{R}$=1,则 Q=1,$\overline{Q}$=0,锁存器置位。$\overline{S}$ 的非号"‾"表示低电平有效。同样,要建立 0 状态,须令 $\overline{R}$=0,$\overline{S}$=1。一旦建立起 1 状态(或

0 状态),$\overline{S}$(或 $\overline{R}$)端从 0 变成 1,锁存器将保持 1(或 0)状态不变。若 $\overline{S}$ 和 $\overline{R}$ 同时为 0,则有 Q＝$\overline{Q}$＝1,锁存器输出端失掉互补特性,锁存器处于不正常状态。若 $\overline{S}$ 和 $\overline{R}$ 端同时从 0 变成 1,则锁存器状态不定。因此,若要锁存器正常工作,需使 $\overline{S}$ 和 $\overline{R}$ 端不能同时为 0。$\overline{S}$ 和 $\overline{R}$ 端信号状态有 4 种可能,锁存器输出与输入的逻辑关系如功能表 4-1 所示。

表 4-1　SR 锁存器功能表

$\overline{S}$	$\overline{R}$	Q	$\overline{Q}$	说　明
0	1	1	0	置 1
1	0	0	1	置 0
1	1	1 或 0	0 或 1	保持原来状态
0	0	1	1	不正常状态,0 信号消失后,状态不定

这种锁存器属于异步型,$\overline{S}$ 和 $\overline{R}$ 的状态直接对锁存器起作用。这样的锁存器也可以用或非门组成。

（2）应用电路

基本 SR 锁存器电路很简单,是构成各种性能完善的集成锁存器、触发器的基础。单独应用也很广泛。只要注意它的工作限制（置位、复位端不能同时为有效电平）,它可以用于任何场合。下面举例说明。

① 无震颤开关电路

机械开关的共同特性是当开关从一个位置扳到另一个位置时,在静止到新的位置之前,它的机械触头将要震颤几次。为了避免震颤影响,可以采用基本 SR 锁存器和机械开关组成如图 4-3 所示的无震颤开关电路。当开关 K 的刀扳向 $\overline{S}$ 端时,$\overline{S}$＝0,$\overline{R}$＝1,锁存器置 1。$\overline{S}$ 端由于开关 K 的震颤而断续接地几次时,也没有什么影响,锁存器置 1 后将保持 1 状态不变。因为开关 K 震颤只是使 $\overline{S}$ 端离开地,而不至于使 $\overline{R}$ 端接地,锁存器可靠置 1。

当开关 K 从 $\overline{S}$ 端扳向 $\overline{R}$ 端时,有同样效果,锁存器可靠置 0。Q 端或 $\overline{Q}$ 端反映了开关的动作,输出电平是稳定的,波形图如图 4-4 所示（忽略开关转换延时）。该电路又可作为手动单脉冲发生器用,例如,可应用在逻辑实验仪中。

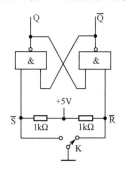

图 4-3　无震颤开关电路

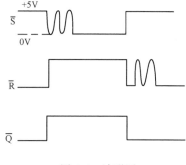

图 4-4　波形图

② 故障声报警控制电路

故障声报警电路的核心由基本 SR 锁存器及 5 个控制门组成,如图 4-5 所示。有故障时,控制音响电路发声。其利用基本 SR 锁存器 Q 端状态控制门电路及音响电路。

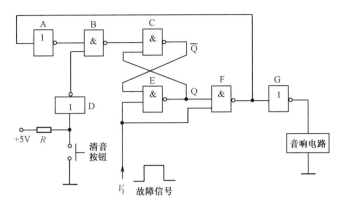

图 4-5　故障声报警控制电路

a）正常状态

无故障发生时，V_1为低电平，清音按钮未按下，门 D 输入为高电平，输出为低电平，促使门 B 输出高电平，V_1端的低电平使基本 SR 锁存器置 1，同时作用于门 F，控制音响电路不发声。

b）故障状态

当有故障发生时，V_1由低电平变成高电平，作用于门 E、门 F，对基本 SR 锁存器没有影响，但当 F＝0，G＝1 时，音响器发出报警声。如果不去按清音按钮，报警声持续到 V_1 从高电平变成低电平为止。当人们听到报警声后，按下清音按钮，基本 SR 锁存器变成 0 状态，报警声消失，待故障信号变成低电平时，基本 SR 锁存器方返回到 1 状态。

4.1.2　门控 SR 锁存器

基本 SR 锁存器的输入端信号 $\overline{S}$ 和 $\overline{R}$ 直接控制锁存器的输出状态。但在实际应用中，还希望用一个使能信号控制锁存器的输出。引入使能信号后，可以实现多个锁存器同步数据锁存。

由 4 个与非门组成的门控 SR 锁存器的逻辑图和逻辑符号如图 4-6 所示。

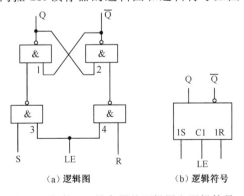

（a）逻辑图　　　　（b）逻辑符号

图 4-6　门控 SR 锁存器的逻辑图和逻辑符号

（1）当使能信号 LE＝0 时，门 3 和 4 的输出恒等于 1，与 S 和 R 的值无关，门 3 和 4 被封锁，锁存器保持原状态不变。

（2）当 LE＝1 时，门 3 和 4 的输出取决于 S 和 R 的状态。S 和 R 信号反相后，作用于基本 SR 锁存器输入端，因此该锁存器的逻辑功能与基本 SR 锁存器功能相似，区别在于，S 和 R 信号电平由低有效变成高有效。

假设门控 SR 锁存器的初始状态为 Q＝0，$\overline{Q}$＝1，则根据 LE 及 S 和 R 的输入波形，画出的 Q 和 $\overline{Q}$ 波形如图 4-7 所示。

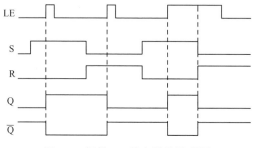

图 4-7 门控 SR 锁存器的波形图

4.1.3 D 锁存器

1. 门控 D 锁存器

在门控 SR 锁存器的 S 端与 R 端之间加入一个非门，只在 S 端加入输入信号，并且将 S 端改称为 D 端，这样，门控 SR 锁存器就转换成了门控 D 锁存器，其逻辑图和逻辑符号如图 4-8 所示。

与门控 SR 锁存器不同，门控 D 锁存器不存在不正常状态，因此得到广泛使用。门控 D 锁存器只有一个输入端 D，消除了对门控 SR 锁存器的输入端不能同时为 1 的约束。当 LE＝1 时，锁存器的输出信号 Q 与输入信号 D 一致，锁存器打开，从输入端 D 到输出端 Q 是"透明的"。当 LE＝0 时，锁存器关闭，输出信号 Q 保持不变，不再对输入信号 D 做出反应。表 4-2 概括了门控 D 锁存器的功能。

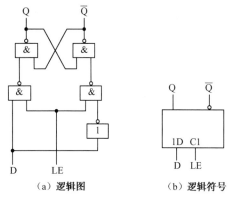

（a）逻辑图   （b）逻辑符号

图 4-8 门控 D 锁存器的逻辑图和逻辑符号

表 4-2 门控 D 锁存器的功能

LE	D	Q	$\overline{Q}$	功　能
0	×	不变	不变	保持
1	0	0	1	置 0
1	1	1	0	置 1

2. 集成 D 锁存器

74HC373 为中规模集成的 CMOS 型 8 位 D 锁存器，其逻辑图和引脚排列图如图 4-9 所示。从图中可以看出，74HC373 内部核心电路是 8 个门控 D 锁存器，由一个使能信号 LE 通过同相驱动器控制 8 位门控 D 锁存器。当 LE＝1 时，锁存器的输出信号和输入信号一致。当 LE 由 1 变为 0 时，Q 的状态（即 D 的状态）保持下来，实现锁存功能。74HC373 的输出级为三态门。只有使能输出信号$\overline{\text{OE}}=0$时,才有信号输出;而当$\overline{\text{OE}}=1$时,输出为高阻态。

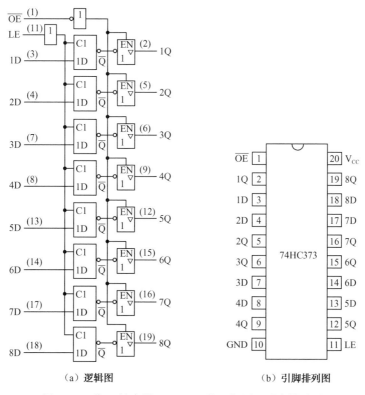

（a）逻辑图　　　　　　（b）引脚排列图

图 4-9　8 位 D 锁存器 74HC373 的逻辑图和引脚排列图

4.2　触发器

触发器与锁存器一样,也是双稳态电路,但触发器的输入信号不直接改变输出状态,只有在时钟脉冲(Clock Pulse)信号所确定的时刻,电路才被"触发"而动作,并由此刻的输入信号确定输出状态。

国内外集成触发器系列产品很多。其作为一种能存储信息的基本单元,应用相当广泛,尤其是在包含有时序关系而暂且又没有相适应的中规模集成电路可采用时,作为基本存储单元的触发器就显得必不可少了。触发器按触发方式的不同,分为时钟控制主从触发、维持阻塞、边沿触发等类型。

4.2.1　主从 D 触发器

在各类集成触发器中,CMOS 型主从结构的 D 触发器芯片占用面积小,所以在大规模CMOS 集成电路中被普遍使用。

主从工作方式的 D 触发器有 74HC74 型号。它是 CMOS 型双主从 D 触发器,其在时钟脉冲上升沿(正边沿)触发,置位和复位有效电平为低电平。主从 D 触发器的逻辑图和逻辑符号如图 4-10所示。图(a)中虚线左侧为主锁存器,右侧为从锁存器。74HC74 引脚排列图如图 4-11 所示。

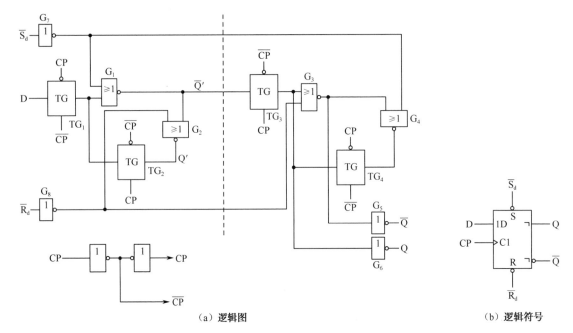

（a）逻辑图　　　　　　　　　　　　　（b）逻辑符号

图 4-10　主从 D 触发器的逻辑图和逻辑符号

1. 工作原理

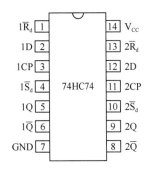

图 4-11　74HC74 引脚排列图

先讨论无直接置 1、置 0 信号 $\overline{S}_d = \overline{R}_d = 1$ 时的情况。

当时钟信号 CP＝0 时，传输门 TG_3 断开，从锁存器保持原状态不变。同时 TG_1 导通，TG_2 断开，由输入信号 D 决定主锁存器的状态。

当 CP 从 0 变成 1 时，TG_3 导通，TG_4 断开，主锁存器的状态决定了从锁存器的 Q 和 $\overline{Q}$ 的状态。同时 TG_1 断开，TG_2 导通，输入信号 D 无效。即在 CP＝1 期间，主锁存器不动作，抑制了干扰信号。

可见，如图 4-10 所示主从 D 触发器是利用 CP＝0 和 CP 上升沿分别控制数据的存入和输出的。这种触发方式称为主从方式。当将该触发器接成计数型时，不会造成空翻状态，这是因为 Q 和 $\overline{Q}$ 端变化时，CP＝1 封锁了主锁存器。

图 4-10 中的 $\overline{S}_d$ 和 $\overline{R}_d$ 端分别是触发器异步置位、复位端。如果令 $\overline{S}_d = 0$，$\overline{R}_d = 1$，则不管 D 和 CP 的状态如何，触发器置 1；反之，令 $\overline{S}_d = 1$，$\overline{R}_d = 0$，触发器直接置 0，不受 CP 同步控制。可以用 $\overline{S}_d$ 和 $\overline{R}_d$ 端预置触发器的初始状态，预置完成后，$\overline{S}_d$ 和 $\overline{R}_d$ 端应保持为 1 状态。

根据上述分析可以列出主从 D 触发器的特性表，见表 4-3。为了便于讨论，设触发器原状态为 Q^n，转换后的状态为 Q^{n+1}，Q^n 称为现态，Q^{n+1} 称为次态。表中，符号"×"表示任意值（0或 1），符号"↑"表示触发器在 CP 的上升沿时触发，从锁存器的状态翻转与否取决于主锁存器的状态。

表 4-3　主从 D 触发器的特性表

功能名称	输入				输出	
	$\overline{R_d}$	$\overline{S_d}$	CP	D	Q^{n+1}	$\overline{Q}^{n+1}$
置位	1	0	$\times$	$\times$	1	0
复位	0	1	$\times$	$\times$	0	1
不允许	0	0	$\times$	$\times$	1	1
置 1	1	1	$\uparrow$	1	1	0
置 0	1	1	$\uparrow$	0	0	1

2. 触发器逻辑功能描述方法

描述触发器的逻辑功能不只限于特性表一种方法,在不同场合下合理使用以下 4 种方法更为方便。

(1)特性方程

特性方程就是 Q^{n+1} 的逻辑函数表达式。使用它便于对逻辑电路进行分析和设计。由特性表可以求出 Q^{n+1} 的逻辑函数表达式,即特性方程。D 触发器的特性方程可以表示为

$$Q^{n+1}=D \tag{4-1}$$

(2)驱动表

驱动表又称激励表,它表明触发器在由现态 Q^n 转换到次态 Q^{n+1} 的 4 种情况下,对 D 端输入状态的要求,见表 4-4。

(3)状态转换图

驱动表也可以变换成图 4-12 所示的状态转换图的形式。它形象地表示出触发器状态转换的 4 种可能对输入端 D 状态的要求。圆圈内的 0 或 1 分别代表触发器的两种状态,箭头表示转换方向从现态指向次态,箭头线旁 D 的状态代表了转换条件。

表 4-4　主从 D 触发器的驱动表

$Q^n \rightarrow Q^{n+1}$		D
0	0	0
0	1	1
1	0	0
1	1	1

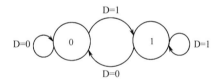

图 4-12　主从 D 触发器的状态转换图

(4)时序波形图

时序波形图不是直接用来表示触发器功能的。但是,为了进一步理解电路的工作过程,还可以按照时间的变化画出反映时钟脉冲 CP、输入信号 D 和输出信号(触发器状态)Q 之间对应关系的波形图。主从 D 触发器的时序波形图如图 4-13 所示。为了简便,假定 $\overline{S_d}=\overline{R_d}=1$,信号的上升、下降时间均为 0,每级门的平均延时相等且为 t_{pd}。设触发器初始状态为 0,以横轴为时间顺序,自左向右画出 Q 和 $\overline{Q}$ 的波形。图 4-13 表明,Q 和 $\overline{Q}$ 相对于 CP 上升边沿,其转换状态所需的时间是不同的。

3. 动态特性

动态特性是指触发器在开关状态下的脉冲工作特性,描述这一特性的性能参数有时钟最

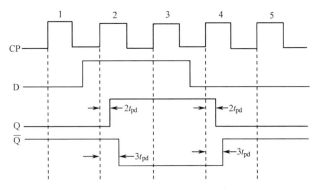

图 4-13　主从 D 触发器的时序波形图

高频率、传输延时。主从 D 触发器工作波形的时间关系如图 4-14 所示，这些参数与电路结构有关，其值在产品手册的主要性能参数表中提供。

建立时间 t_{set}，即输入信号 D 应提前于 CP 上升沿的时间，$t_{set} \geq 0$ 即可。保持时间 t_h 是指 D 在 CP 上升沿到来之后还应保持的时间。传输延时 t_{PLH} 称为输出信号 Q 从低电平变成高电平相对 CP 上升沿延迟的时间。传输延时 t_{PHL} 称为 Q 从高电平变成低电平相对 CP 上升沿的延时。平均传输延时 $t_{pd} = (t_{PLH} + t_{PHL})/2$。CP 最高工作频率对应的最小周期 T_{min} 为 $t_{WH(CP)}$ 和 $t_{WL(CP)}$ 之和。对于 74HC74 而言，测试条件为电源 $V_{CC} = 4.5V$，逻辑电路 Q 端负载电容 $C_L = 50pF$，其 t_{pd} 的最大值为 58ns，t_{set} 的最小值为 25ns，t_h 的最小值为 0ns，最高工作频率为 25MHz。

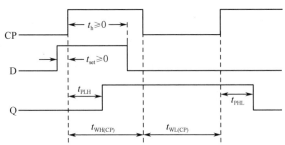

图 4-14　主从 D 触发器工作波形的时间关系

4.2.2　边沿触发 JK 触发器

图 4-15 示出了负边沿（下降沿）触发 JK 触发器的逻辑图和逻辑符号，这是一种利用传输延迟实现的 JK 触发器。它的特点是只有在负边沿瞬间，触发器才对输入信号进行采样，而输入信号的其他时刻对触发器不起作用。因此，这样的触发器抗干扰能力很强。

1. 工作原理

图 4-15 中，两个与或非门连接成基本 SR 锁存器，G_3 和 G_4 是信号输入门，起触发导引作用。下面按时钟 CP 的 4 个阶段来分析它的工作原理。

（1）CP＝0 时，G_3、G_4、G_5 和 G_6 均被封锁，其结果是，A＝B＝1，G_5 和 G_6 的输出为 0，电路结构变成图 4-16 的形式，触发器保持现态不变。这说明 CP＝0 时，无论 J 和 K 怎样变化，对触发器都不起作用。

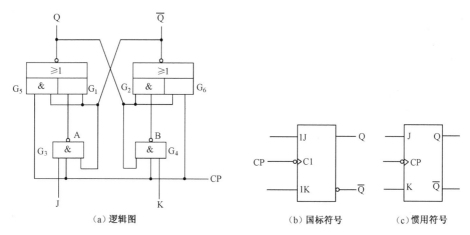

（a）逻辑图　　　　　　（b）国标符号　　（c）惯用符号

图 4-15　负边沿触发 JK 触发器的逻辑图和逻辑符号

（2）CP 从 0 变成 1，即正边沿瞬间，触发器保持状态不变。因为一旦 CP=1，则 G_5、G_6 较 G_1、G_2 先被打开，设 Q=1，$\overline{Q}$=0，G_5 输出为 1，G_6 输出为 0，闩锁作用的结果是，触发器状态保持不变。而 J、K 的状态作用到 G_3、G_4 上，再传送到 G_1、G_2 上起作用时已经晚了，触发器已自锁，状态不会再改变。

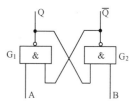

图 4-16　等效电路

（3）CP=1 时，只要 CP 恒为 1，无论触发器处于什么状态，自锁作用的结果是，触发器状态不会改变，J、K 信号也不起作用。

（4）CP 从 1 变成 0，即负边沿瞬间，G_5、G_6 先封锁输出 0，而由于 G_3、G_4 的传输延迟，在 A、B 的状态还未变成全 1 的时间内，触发器已按 CP 负边沿作用前的 J、K 的状态翻转完毕，并进入自锁保持状态。CP 恒为 0 后，封锁了 J、K 变化对触发器的影响。可见这种触发器在 CP=1 及 CP=0 期间，均能抑制干扰信号。

这种触发器利用 G_3、G_4 的延迟，使 CP 作用到 G_5、G_6 和 G_1、G_2 的输入端存在时间差，来保证负边沿触发。

负边沿触发 JK 触发器特性表见表 4-5。

图 4-17 给出了负边沿触发 JK 触发器的时序波形图，忽略了传输延时。工作过程由读者自行分析。

表 4-5　负边沿触发 JK 触发器的特性表

CP	J	K	Q^{n+1}	说　　明
0	×	×	Q^n	状态不变
1	×	×	Q^n	状态不变
↑	×	×	Q^n	状态不变
↓	0	0	Q^n	J、K 全为 0 状态不变
↓	1	1	$\overline{Q^n}$	J、K 全为 1 状态翻转
↓	1	0	1	置 1
↓	0	1	0	置 0

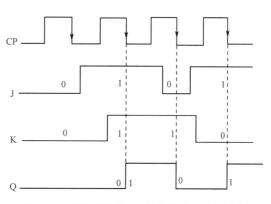

图 4-17　负边沿触发 JK 触发器的时序波形图

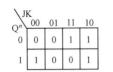

图 4-18 在 CP 下降沿条件下
Q^{n+1} 的卡诺图

2. 特性方程

在表 4-5 所示的特性表中,若把 Q^n 也作为逻辑变量,可以用卡诺图化简法求出特性方程 Q^{n+1} 的逻辑函数表达式。图 4-18 给出了在 CP 下降沿条件下 Q^{n+1} 的卡诺图。化简后得出 JK 触发器的特性方程为

$$Q^{n+1} = J \cdot \overline{Q^n} + \overline{K} \cdot Q^n \tag{4-2}$$

3. 动态特性

JK 触发器动态特性中,触发器输出信号在 CP 下降沿有效后也存在一定传输延时 t_{pd},输入信号 J 和 K 同样需要有一定的建立时间 t_{set},并保持一段时间 t_h。电路对最高工作频率也有一定的要求。这些参数均与前述的 D 触发器类似,不再赘述。

4.2.3 维持阻塞 D 触发器

集成 D 触发器中也有一些采用维持阻塞结构,如图 4-19 所示。图中,G_1、G_2 构成基本 SR 锁存器,G_3、G_4、G_5 和 G_6 构成导引电路。

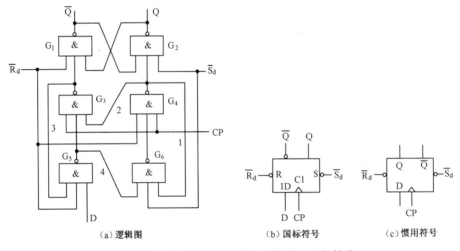

(a) 逻辑图　　　　　　(b) 国际符号　　　　　　(c) 惯用符号

图 4-19　维持阻塞 D 触发器的逻辑图和逻辑符号

实现异步置位、复位时,CP 的状态任意。例如,CP=0 时,G_3 和 G_4 输出均为 1,对 $\overline{S_d}$ 和 $\overline{R_d}$ 信号是开门条件,故能正常置位、复位。又如,CP=1 时,设 $\overline{S_d}=1$,$\overline{R_d}=0$,$\overline{R_d}$ 的低电平使 $\overline{Q}=1$,$G_4=1$ 阻止置 1 信号的产生;$\overline{R_d}$ 的低电平使 $G_5=1$,同时因为 CP=1,$G_4=1$,则 $G_3=0$ 保证可靠置 0。置 1 情况类同,不同之处是,$\overline{S_d}$ 信号没有直接送给 G_3,而是用 G_4 到 G_3 的连线代替了。

D 信号是在 CP 控制下输入的,是对应 CP 的上升沿起作用的,所以是正边沿触发方式,CP 的负边沿和 0、1 状态均没有触发作用。这个优点是由于在门之间增加了维持、阻塞线而获得的。当 $G_4=0$,即产生置位信号时,这个信号经置 1 维持线 1 送给 G_6,维持置 1 信号,同时又经过阻塞线 2 送给 G_3,保证 $G_3=1$,阻塞了置 0 信号的产生。同理,$G_3=0$ 时的置 0 信号经过置 0 维持线 3 及置 1 阻塞线 4,维持置 0,阻塞置 1,均能保证触发器在 CP 的上升沿可靠动作

而在其他时刻抑制干扰的影响。

这种 D 触发器的逻辑功能见表 4-6。

表 4-6　维持阻塞 D 触发器的特性表

$\overline{R}_d$	$\overline{S}_d$	CP	D	Q^{n+1}
0	1	$\times$	$\times$	0
1	0	$\times$	$\times$	1
1	1	$\uparrow$	0	0
1	1	$\uparrow$	1	1

4.3　其他功能的触发器

按逻辑功能分类,触发器除了 D 触发器、JK 触发器,还有 SR 触发器、T 触发器和 T′触发器。

1. SR 触发器

在时钟脉冲作用下逻辑功能符合表 4-7 中所规定的仅具有置位、复位逻辑功能的触发器,称为 SR 触发器。由表 4-7 中可见,当 S＝R＝1 时,触发器的次态是不能确定的,应避免出现这种情况。图 4-20 给出了 SR 触发器 Q^{n+1} 的卡诺图,在 SR＝0 条件下,化简后得出 SR 触发器的特性方程为

表 4-7　SR 触发器特性表

S	R	Q^{n+1}	说　　明
0	1	0	置0
1	0	1	置1
0	0	Q^n	不变
1	1	$\times$	不确定

$$Q^{n+1}=S+\overline{R}\cdot Q^n \tag{4-3}$$

SR＝0 称为约束条件。

SR 触发器的逻辑符号如图 4-21 所示。

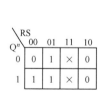

图 4-20　SR 触发器 Q^{n+1} 的卡诺图

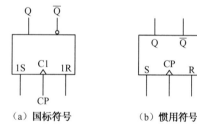

（a）国标符号　　　　（b）惯用符号

图 4-21　SR 触发器的逻辑符号

2. T 触发器

将 JK 触发器的 J 和 K 两端连在一起作为 T 输入端,便得到了 T 触发器。其特性表见表 4-8,逻辑符号如图 4-22 所示。T 触发器特性方程为

$$Q^{n+1}=T\cdot\overline{Q^n}+\overline{T}\cdot Q^n \tag{4-4}$$

3. T′触发器

当 T 触发器的 T 端恒为 1 时,即为 T′触发器。其特性方程为

表 4-8　T 触发器特性表

T	Q^n	Q^{n+1}
0	0	0
0	1	1
1	0	1
1	1	0

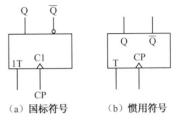

（a）国标符号　　（b）惯用符号

图 4-22　T 触发器的逻辑符号

$$Q^{n+1}=\overline{Q^n} \tag{4-5}$$

它表示每输入一个时钟脉冲,触发器的次态与现态变为相反,该触发器在 CP 作用下处于计数状态,所以称它为计数型触发器。由于 Q 的状态随 CP 以计数规律变化,例如,设 Q＝0,来一个 CP 则 Q 由 0 变 1,再来一个 CP 则 Q 又由 1 变 0,即两个 CP 周期对应一个 Q 变化周期,所以 Q 波形的频率为时钟频率的一半,故这种触发器可作为二分频器使用。

4.4　触发器逻辑功能的转换

前面提到,按逻辑功能分类有 JK、D、SR、T 和 T′触发器。目前市场上出售的集成触发器大多数是 JK 触发器和 D 触发器,这就需要掌握逻辑功能的转换方法。

1. JK 触发器和 D 触发器间互相转换

（1）D 触发器转换成 JK 触发器。已知 D 触发器的特性方程为 $Q^{n+1}=D$,转换后的 JK 触发器特性方程为 $Q^{n+1}=J\cdot\overline{Q^n}+\overline{K}\cdot Q^n$。可见,需要用门电路组成一个转换电路,其输出端的逻辑函数表达式应为 $D=J\cdot\overline{Q^n}+\overline{K}\cdot Q^n$。如果用与非门实现,则 $D=\overline{\overline{J\cdot\overline{Q^n}}\cdot\overline{\overline{K}\cdot Q^n}}$,根据该式可画出如图 4-23 所示的 JK 触发器。

（2）JK 触发器转换成 D 触发器。其关键是找 J、K 端对应于 D、Q 端的逻辑函数表达式。已知 JK 触发器的特性方程为 $Q^{n+1}=J\cdot\overline{Q^n}+\overline{K}\cdot Q^n$,而 D 触发器的特性方程为 $Q^{n+1}=D=D\cdot(\overline{Q^n}+Q^n)$,对比两个特性方程得 $J=D,K=\overline{D}$,于是可画出转换后的 D 触发器,如图 4-24 所示。

2. JK 或 D 触发器转换成其他类型触发器

在实际应用电路中,经常需要将 JK 或 D 触发器转换成 T 或 T′触发器。例如,JK 触发器转换成 T 触发器,只要将 J、K 端连接起来,令 J＝K＝T 即可。转换后的 T 触发器如图 4-25所示。令 J＝K＝1,即为 T′触发器。D 触发器转换成 T 触发器由读者自行分析。

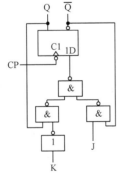　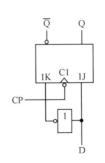　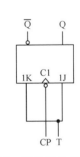

图 4-23　转换后的 JK 触发器　　图 4-24　转换后的 D 触发器　　图 4-25　转换后的 T 触发器

由上述分析可知：

① 实现各类触发器之间的相互转换的关键是求出转换电路输出信号的逻辑函数表达式。转换电路输入信号为转换后触发器的输入信号和 Q、$\overline{Q}$ 信号,而输出信号为原来触发器的输入信号。对比转换前、后触发器的特性方程,可求得转换电路输出的逻辑函数表达式。

② 转换前后的触发方式不变。

习题 4

4-1 试用两个或非门组成基本 SR 锁存器,画出逻辑图,并标明输入端、输出端的文字符号。

4-2 由与门和或非门组成的电路图如题图 4-1 所示,试分析其工作原理并列出功能表。

4-3 在题图 4-1 所示的电路中,其输入端的信号波形如题图 4-2 所示,试画出 Q 和 $\overline{Q}$ 端的波形图。假设初始状态为 $Q=0$。

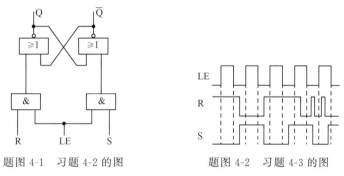

题图 4-1 习题 4-2 的图   题图 4-2 习题 4-3 的图

4-4 试用基本 SR 锁存器组成单脉冲发生器,说明其工作原理。

4-5 现有一个 CMOS 与非门和或非门,能否组成一个锁存器? 画出逻辑图并列出功能表。

4-6 已知电路及输入信号波形如题图 4-3 所示。试画出主从 D 触发器的 $\overline{Q}$、Q 端的波形,触发器初始状态为 0 状态。

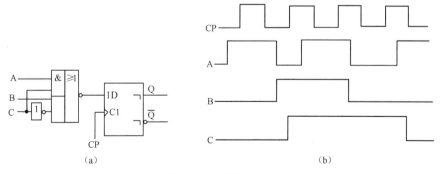

题图 4-3 习题 4-6 的图

4-7 试画出维持阻塞 D 触发器在题图 4-4 所示波形作用下的 Q 端的波形。触发器初始状态为 0 状态。

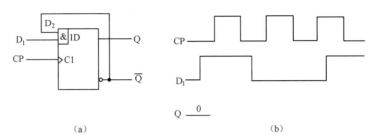

(a)   (b)

题图 4-4　习题 4-7 的图

4-8　试画出题图 4-5 中各触发器 Q 端的波形。触发器初始状态均为 0 状态。

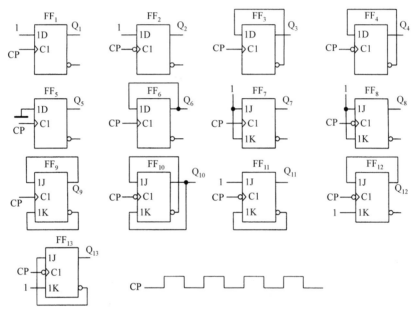

题图 4-5　习题 4-8 的图

4-9　试将 D 触发器转换成 T 触发器。

4-10　一个触发器的特性方程为 $Q^{n+1}=X\oplus Y\oplus Q^n$，试用 JK 触发器和 D 触发器来分别实现这个触发器。

4-11　电路如题图 4-6 所示，试对应 CP 的波形画出 A、B、Q_1、C、D、Q_2 各点的波形（设初始状态为 $Q_1=Q_2=0$）。

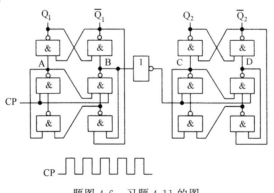

题图 4-6　习题 4-11 的图

4-12 电路如题图 4-7(a)所示,试对应题图 4-7(b)中 CP 的波形画出 Q_1 和 Q_2 的波形(设初始状态为 $Q_1 = 0$,$Q_2 = 0$)。

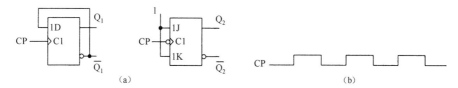

题图 4-7 习题 4-12 的图

4-13 电路如题图 4-8(a)所示,试对应题图 4-8(b)中 A、B 及 CP 的波形画出 Q_1 和 Q_2 的波形(设初始状态为 $Q_1 = 0$,$Q_2 = 0$)。

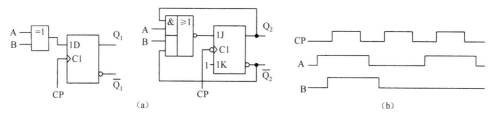

题图 4-8 习题 4-13 的图

4-14 由两个 JK 触发器组成的电路如题图 4-9 所示,触发器初始状态为 0 状态,试画出在 A、CP 作用下 Q_1、Q_2 的波形。

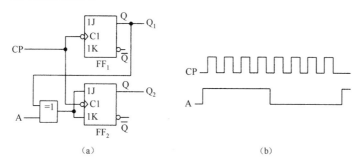

题图 4-9 习题 4-14 的图

4-15 题图 4-10(a)、(b)分别示出了由触发器和逻辑门构成的脉冲分频器电路,CP 的波形如题图 4-10(c)所示,各触发器的初始状态皆为 0 状态。(1)试画出题图 4-10(a)中 Q_1、Q_2 和 F 的波形。(2)试画出题图 4-10(b)中 Q_1、Q_2 和 Y 的波形。

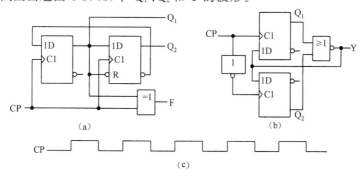

题图 4-10 习题 4-15 的图

4-16　试分别画出题图 4-11(a)输出端 Y、Z 和题图 4-11(b)输出端 Q_2 的波形。输入信号 A 和脉冲信号 CP 的波形如题图 4-11(c)所示,各触发器的初始状态为 0 状态。

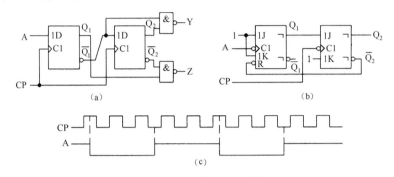

题图 4-11　习题 4-16 的图

4-17　在题图 4-12(a)所示各电路中,CP、A、B 的波形如题图 4-12(b)所示。(1)写出触发器次态 Q^{n+1} 的逻辑函数表达式。(2)画出 Q_1、Q_2、Q_3、Q_4 的波形。假设各触发器初始状态均为 0 状态。

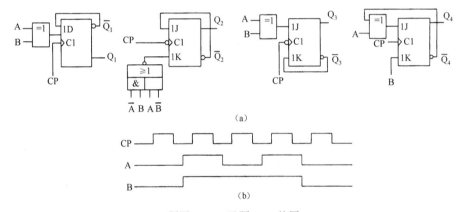

题图 4-12　习题 4-17 的图

4-18　题图 4-13(a)和(b)所示电路中,$\overline{R_d}$ 和 CP 的波形如题图 4-13(c)所示,各触发器的初始状态均为 0 状态。(1)试分别画出题图 4-13(a)和题图 4-13(b)中 Q_1、Q_2、Q_3 的波形。(2)说明输出信号 Q_1、Q_2、Q_3 的频率与脉冲信号 CP 的频率之间的关系。

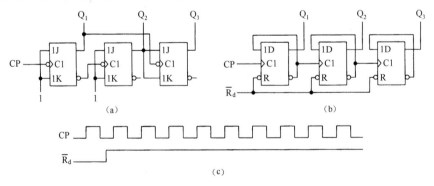

题图 4-13　习题 4-18 的图

第 5 章　时序逻辑电路

时序逻辑电路简称时序电路。构成时序电路的基本单元电路是触发器。按触发方式不同,将时序电路分成两类,一类是同步时序电路,另一类是异步时序电路。同步时序电路中的所有触发器公用一个时钟信号,即所有触发器的状态转换发生在同一时刻。而异步时序电路则不同,它不再公用一个时钟信号,有的触发器的时钟信号是另一个触发器的输出,也就是说,所有触发器的状态转换不一定发生在同一时刻。时序电路分为米里型和莫尔型两类。时序电路的输出状态与输入状态和现态有关的电路称为米里型,而输出状态只与现态有关的电路称为莫尔型。

5.1　时序逻辑电路的特点和表示方法

5.1.1　时序逻辑电路的特点

时序电路的特点是,电路任一时刻的输出状态不仅取决于当时的输入信号,而且还取决于电路原来的状态,或者说与以前的输入信号有关。

时序电路的输出状态既然与电路的原来状态有关,那么要构成时序电路必须有存储电路,而且存储电路的输出信号还必须与输入信号一起共同决定时序电路的输出状态。图 5-1 示出了由组合电路和存储电路构成的普遍形式的时序电路框图。应当指出的是,时序电路的状态,就是依靠存储电路来记忆表示的,时序电路中可以没有组合电路,但不能没有存储电路。

5.1.2　时序逻辑电路的表示方法

在第 4 章中介绍了触发器的逻辑功能及其表示方法。实际上,触发器就是一种简单的时序电路,只是因其功能十分简单,一般情况下仅当作基本单元电路处理罢了,但表示触发器逻辑功能的几种方法,对于时序电路都是适用的。

1. 逻辑函数表达式

如图 5-1 所示框图中,X 为组合电路的输入信号,F 为组合电路的输出信号,Z 为存储电路的输入信号,Q 为存储电路的输出信号。它们之间的逻辑关系可以用以下三个向量函数表示:

$$F(t_n) = W[X(t_n), Q(t_n)] \qquad (5-1)$$

$$Q(t_{n+1}) = G[Z(t_n), Q(t_n)] \qquad (5-2)$$

$$Z(t_n) = H[X(t_n), Q(t_n)] \qquad (5-3)$$

式中,t_n 和 t_{n+1} 表示两个相邻的离散时间。由于 F_1,F_2,$\cdots$,F_j 是电路的输出信号,故把式(5-1)称为输出方程;而 Q_1,Q_2,$\cdots$,Q_l 表示的是存储电路的状态,称为状态变量,所以把式(5-2)称为状态方程;而 Z_1,Z_2,$\cdots$,Z_k

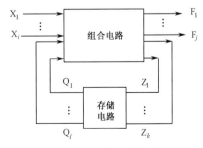

图 5-1　时序电路框图

是存储电路的驱动或激励信号,因而式(5-3)称为驱动方程,或激励方程。

2. 状态表、卡诺图、状态转换图和时序图

在时序电路中,由于时序电路的现态和次态是由构成该时序电路的存储电路(一般由触发器组成)的现态和次态分别表示的,因此可以用分析触发器的有关方法列出时序电路的状态表,画出时序电路的卡诺图、状态转换图和时序图。具体的分析方法将在后面结合具体电路进行说明。

5.2 时序逻辑电路的分析方法

分析的目的就是要找出给定的时序电路的逻辑功能。时序电路分为同步时序电路和异步时序电路两类,相应地,时序电路分析方法也分为同步时序电路分析法和异步时序电路分析法。它们的基本分析方法是一致的,不同之处在于,分析异步时序电路时,必须分析各触发器的时钟脉冲 CP 是否到来,只有时钟脉冲 CP 到来之后,方可求出次态。

分析时序电路可按下述步骤进行:

(1)写出给定逻辑电路中每个触发器的驱动方程,即写出触发器输入信号的逻辑函数表达式。

(2)将各触发器的驱动方程代入各自的特性方程,求得状态方程。

(3)写出给定逻辑电路的输出方程。

(4)求出在 CP 作用下的给定逻辑电路的状态转换(状态转换表或波形图)。将输入变量和电路的初始状态的取值代入状态方程和输出方程,便可求出电路的次态和输出值;然后以求得的次态作为新的现态,与这时的输入变量取值一起,代入状态方程和输出方程,计算出新的次态和输出值。如此继续下去,把计算结果列成表的形式,就得到状态转换表。进而还可以画出状态转换图或波形图。

【例 5-1】 试分析图 5-2 所示时序电路的逻辑功能。

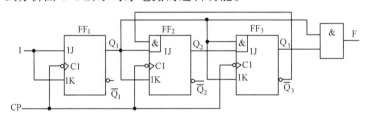

图 5-2 [例 5-1]的时序电路

解:(1)由图 5-2 写出的驱动方程为

$$J_1 = 1, \quad J_2 = Q_1^n \cdot \overline{Q_3^n}, \quad J_3 = Q_1^n \cdot Q_2^n \tag{5-4}$$
$$K_1 = 1, \quad K_2 = Q_1^n, \quad K_3 = Q_1^n$$

(2)将式(5-4)代入 JK 触发器的特性方程 $Q^{n+1} = J \cdot \overline{Q^n} + \overline{K} \cdot Q^n$ 中,求得状态方程

$$Q_1^{n+1} = \overline{Q_1^n}, \quad Q_2^{n+1} = Q_1^n \cdot \overline{Q_3^n} \cdot \overline{Q_2^n} + \overline{Q_1^n} \cdot Q_2^n, \quad Q_3^{n+1} = Q_1^n \cdot Q_2^n \cdot \overline{Q_3^n} + \overline{Q_1^n} \cdot Q_3^n \tag{5-5}$$

(3)由图 5-2 写出的输出方程为

$$F = Q_1^n \cdot Q_3^n \tag{5-6}$$

(4)求状态转换表和状态转换图,画波形图。设电路的初始状态为 $Q_3^n Q_2^n Q_1^n = 000$,代入式(5-5)和式(5-6)得

$$Q_1^{n+1} = 1, \quad Q_2^{n+1} = 0, \quad Q_3^{n+1} = 0, \quad F = 0$$

将这一结果作为新的初始状态,再代入式(5-5)和式(5-6),又求得一组新的次态和输出值。如此继续下去,到 $Q_3^n Q_2^n Q_1^n = 101$,求得的次态 $Q_3^{n+1} Q_2^{n+1} Q_1^{n+1} = 000$,返回到最初设定的初始状态。另外,$Q_3^n Q_2^n Q_1^n = 110$ 和 $Q_3^n Q_2^n Q_1^n = 111$ 没有在前面的计算中出现过。只有求出它们的次态,并列入表中,才能得到完整的状态转换表,见表 5-1。

表 5-1 [例 5-1]的状态转换表

CP 顺序	Q_3^n	Q_2^n	Q_1^n	Q_3^{n+1}	Q_2^{n+1}	Q_1^{n+1}	F
1	0	0	0	0	0	1	0
2	0	0	1	0	1	0	0
3	0	1	0	0	1	1	0
4	0	1	1	1	0	0	0
5	1	0	0	1	0	1	0
6	1	0	1	0	0	0	1
	1	1	0	0	1	1	0
	1	1	1	0	0	0	1

由状态转换表很容易画出状态转换图,如图 5-3 所示。当然也可以不通过状态转换表,根据计算结果,直接画出状态转换图。

上述分析方法是理论上的分析方法。对于一个时序电路,也可以通过实验的方法找出其逻辑功能。例如,可以用示波器观察 Q_3、Q_2、Q_1 和 F 与 CP 对应的波形来确定电路功能。当然也可以将状态转换表的内容画成时间形式的波形,如图 5-4 所示。因为这种波形是在时钟脉冲 CP 作用下电路状态和输出状态随时间变化的波形图,所以又称为时序图。

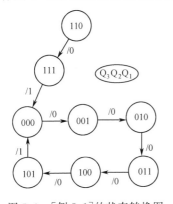

图 5-3 [例 5-1]的状态转换图

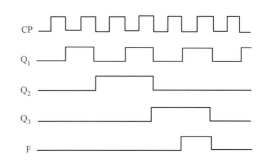

图 5-4 [例 5-1]的波形图

从上述分析看出,每加入 6 个时钟脉冲 CP 以后,电路的状态循环变化一次。可见,这个电路具有对时钟脉冲 CP 计数的功能,因此,图 5-2 所示电路是一个六进制计数器。000~101 这 6 种状态为有效状态。有效状态构成的循环为有效循环。而 110 和 111 不在有效循环中,它们是无效状态。无效状态在 CP 作用下能够进入有效循环,说明该电路能够自启动。若无效状态在 CP 作用下不能进入有效循环,则表明电路不能自启动。图 5-2 所示电路能够自启动。

【例5-2】 试分析图5-5所示时序电路的逻辑功能。

解：根据图5-5写出的驱动方程、状态方程、输出方程分别如下：

$$J_1 = X, \qquad J_2 = X \cdot Q_1^n, \qquad K_1 = \overline{X \cdot Q_2^n}, \qquad K_2 = \overline{X}$$

$$Q_1^{n+1} = X \cdot \overline{Q_1^n} + X \cdot Q_2^n \cdot Q_1^n, \qquad Q_2^{n+1} = X \cdot Q_1^n \cdot \overline{Q_2^n} + X \cdot Q_2^n, \qquad F = X \cdot Q_1^n \cdot Q_2^n$$

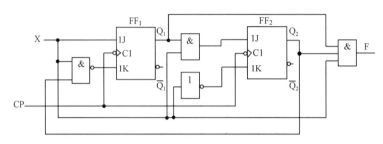

图5-5　[例5-2]的时序电路

按例5-1的计算方法进行计算，并将计算结果列入状态转换表中，如表5-2所示。再根据计算结果画出状态转换图，如图5-6所示。

表5-2　[例5-2]的状态转换表

X	Q_2^n	Q_1^n	Q_2^{n+1}	Q_1^{n+1}	F
0	0	0	0	0	0
0	0	1	0	0	0
0	1	0	0	0	0
0	1	1	0	0	0
1	0	0	0	1	0
1	0	1	1	0	0
1	1	0	1	1	0
1	1	1	1	1	1

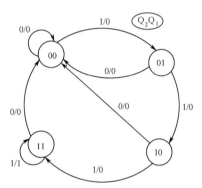

图5-6　[例5-2]的状态转换图

由状态转换表和状态转换图可以看出，只要 X=0，无论电路原来处于何种状态，都将回到 00 状态，且 F=0；只有连续输入 4 个或 4 个以上的 1 时，才使 F=1。该电路的逻辑功能是对输入 X 进行检测，当连续输入 4 个或 4 个以上的 1 时，输出 F=1，否则 F=0。故该电路称为 1111 序列检测器。

【例5-3】 试分析图5-7所示时序电路的逻辑功能。

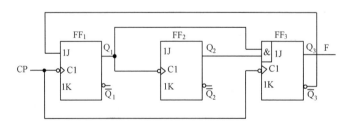

图5-7　[例5-3]的时序电路

解：图5-7所示电路为异步时序电路。由电路可以看出

$$CP_1 = CP, CP_2 = Q_1, CP_3 = CP$$

根据图 5-7 写出的驱动方程、状态方程、输出方程分别如下：

$$J_1 = \overline{Q_3^n}, \qquad J_2 = 1, \qquad J_3 = Q_1^n \cdot Q_2^n$$
$$K_1 = 1, \qquad K_2 = 1, \qquad K_3 = 1$$

$$Q_1^{n+1} = \overline{Q_3^n} \cdot \overline{Q_1^n} \qquad CP_1 \text{ 下降沿到来时方程有效}$$

$$Q_2^{n+1} = \overline{Q_2^n} \qquad CP_2 \text{ 下降沿到来时方程有效}$$

$$Q_3^{n+1} = Q_1^n \cdot Q_2^n \cdot \overline{Q_3^n} \qquad CP_3 \text{ 下降沿到来时方程有效}$$

$$F = Q_3^n$$

由于三个触发器不再公用一个 CP，也就是说，三个状态方程不再同时有效，因此不能像分析同步时序电路那样将电路的初始状态和输入变量取值一起代入三个状态方程。只有确定状态方程有效后，才可以将电路的初始状态和输入变量取值代入状态方程。例如，当第一个 CP 下降沿到来时，触发器 F_1 和 F_3 的状态方程有效，将 $Q_3^n Q_2^n Q_1^n = 000$ 代入状态方程，算得 $Q_1^{n+1} = 1, Q_3^{n+1} = 0$。这时 Q_1 从 0 变 1，即 CP_2 为上升沿，状态方程 $Q_2^{n+1} = \overline{Q_2^n}$ 无效，Q_2 仍为 0。当第二个 CP 下降沿到来时，将 $Q_3^n Q_2^n Q_1^n = 001$ 代入状态方程，算得 $Q_1^{n+1} = 0, Q_3^{n+1} = 0$。此时 Q_1 由 1 变 0，即 CP_2 为下降沿，状态方程 $Q_2^{n+1} = \overline{Q_2^n}$ 有效，使 $Q_2^{n+1} = 1$。按上述办法继续算下去，列出状态转换表，见表 5-3；画出状态转换图，如图 5-8 所示；得到的波形图如图 5-9 所示。

表 5-3 ［例 5-3］的状态转换表

CP 顺序	Q_3^n	Q_2^n	Q_1^n	Q_3^{n+1}	Q_2^{n+1}	Q_1^{n+1}	F	CP_3	CP_2	CP_1
1	0	0	0	0	0	1	0	↓		↓
2	0	0	1	0	1	0	0	↓	↓	↓
3	0	1	0	0	1	1	0	↓		↓
4	0	1	1	1	0	0	0	↓	↓	↓
5	1	0	0	0	0	0	1	↓		↓
	1	0	1	0	1	0	1	↓	↓	↓
	1	1	0	0	1	0	1	↓		↓
	1	1	1	0	0	0	1	↓	↓	↓

由图 5-8 和图 5-9 可以看出，图 5-7 所示时序电路是一个异步五进制计数器。

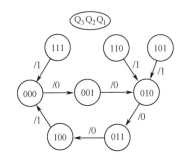

图 5-8 ［例 5-3］的状态转换图

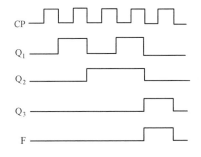

图 5-9 ［例 5-3］的波形图

5.3 寄存器

常用的时序电路主要有寄存器、计数器等。它们可以由单个触发器构成，但目前寄存器、计数器都有集成电路产品。集成寄存器、计数器同样是由触发器构成的,只不过将它们集成在一块芯片上。前面已经讨论了时序电路的分析方法,在此对寄存器和计数器等时序电路的逻辑功能不再做详细分析,重点介绍其逻辑功能表示及应用。

寄存器按其功能特点不同分成数码寄存器和移位寄存器两类。数码寄存器用来存放一组二值代码。而移位寄存器除了存储二值代码,还具有移位功能,就是在移位脉冲作用下,将二值代码左移或右移,左移和右移的方向是相对逻辑图而言的。

5.3.1 数码寄存器

数码寄存器有双拍和单拍两种工作方式。双拍工作方式是指接收数码的过程分两步进行,第一步清零,第二步接收数码。单拍工作方式是指只需一个接收脉冲就可完成接收数码的工作方式。

由于双拍工作方式每次接收数码都必须依次给出清零、接收两个脉冲,不仅操作不便,而且限制了工作速度。因此,集成数码寄存器几乎都采用了单拍工作方式。

一个触发器只能存储一位二值代码,N 个触发器构成的数码寄存器可以存储一组 N 位二值代码。由于数码寄存器将输入代码存在数码寄存器中,所以要求数码寄存器所存的代码一定要和输入代码相同。因此,构成数码寄存器的触发器必定是 D 触发器。

由于数码寄存器由 D 触发器构成,所以常称集成数码寄存器为 N 位 D 触发器。图 5-10 示出了 4 位上升沿触发 D 触发器 74HC175 的逻辑图。74HC175 内部有 4 个 D 触发器。74HC175 的引脚排列图如图 5-11 所示,其中,$\overline{CR}$ 是异步清零端,低电平有效。在时钟脉冲 CP 上升沿到来时,实现数据的并行输入-并行输出。

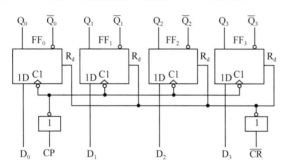

图 5-10 74HC175 的逻辑图

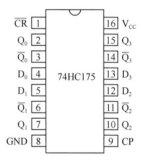

图 5-11 74HC175 的引脚排列图

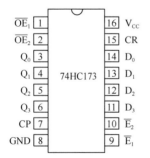

图 5-12 74HC173 的引脚排列图

74HC173 是具有三态输出的 4 位数码寄存器,内部也有 4 个上升沿触发的 D 触发器。74HC173 的引脚排列图如图 5-12 所示,其中,CR 是异步清零端,高电平有效。

当使能信号 $\overline{E}_1 = \overline{E}_2 = 0$ 时,电路处于存入数据的工作状态,在时钟脉冲 CP 的上升沿到达后,将输入数据 D_0、D_1、D_2 和 D_3 存入对应的触发器中,$Q_0 = D_0$,$Q_1 = D_1$,$Q_2 = D_2$,$Q_3 = D_3$。当 $\overline{E}_1 + \overline{E}_2 = 1$ 时,电路保持原来的状态不变。

当输出三态使能信号 $\overline{OE}_1 = \overline{OE}_2 = 0$ 时,寄存器正常工作;当 $\overline{OE}_1 + \overline{OE}_2 = 1$ 时,输出端 $Q_0 \sim Q_3$ 处于高阻态。

5.3.2 移位寄存器

由于移位寄存器不仅可以存储代码,还可以将代码移位,所以移位寄存器除了存储代码,还可用于数据的串行-并行转换、数据运算和数据处理等。

图 5-13、图 5-14 分别示出了 4 位右移移位寄存器的逻辑图和波形图。由图 5-13 可直接写出

$$Q_3^{n+1} = Q_2^n, \quad Q_2^{n+1} = Q_1^n, \quad Q_1^{n+1} = Q_0^n, \quad Q_0^{n+1} = D_I$$

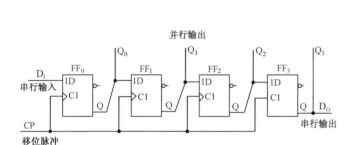

图 5-13　4 位右移移位寄存器的逻辑图

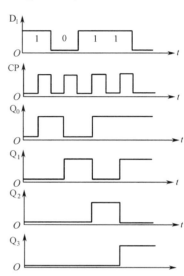

图 5-14　4 位右移移位寄存器的波形图

当 CP 上升沿同时作用于所有触发器时,触发器输入端的状态都为现态。CP 上升沿到达之后,各触发器按状态方程进行状态转换。输入代码 D_I 存入触发器 F_0,Q_1 按 Q_0 原来状态翻转,Q_2 按 Q_1 原来状态翻转,Q_3 按 Q_2 原来状态翻转。总的来看,移位寄存器中的代码依次右移了一位。

由图 5-14 可以看出,经过 4 个 CP 周期之后,串行输入的 4 位代码全部移入 4 位移位寄存器中,此时可以在 4 个触发器的 4 个输出端并行输出 4 位代码。这种输入、输出方式称为串行输入-并行输出方式,用于代码的串行-并行转换。如果继续加入 4 个时钟脉冲,移位寄存器中的 4 位代码就依次从串行输出端送出。数据从串行输入端送入,从串行输出端送出的工作方式称为串行输入-串行输出方式。若把移位寄存器中的 4 位数据看成并行数据,则从串行输出端输出数据,便实现了数据的并行-串行转换。这种工作方式称为并行输入-串行输出方式。

通常,集成移位寄存器除了具有移位功能,还附加有数据并行输入、保持、异步清零功能。图 5-15 和图 5-16 分别示出了 4 位双向移位寄存器 74HC194 的逻辑图和逻辑符号。74HC194 有以下功能。

① 清零。当 $\overline{R}_d = 0$ 时,触发器 FF_A,FF_B,FF_C,FF_D 同时被清零。移位寄存器工作时 $\overline{R}_d$ 应为高电平。

② 送数。送数是指移位寄存器处于数据并行输入状态。当 $S_1 = S_0 = 1$ 时,在每组的 4 个与门中,只有与输入数据相连的与门被选中,其他三个与门被屏蔽,$S_A = a$,$R_A = \overline{a}$;$S_B = b$,$R_B = \overline{b}$;$S_C = c$,$R_C = \overline{c}$;$S_D = d$,$R_D = \overline{d}$;CP 上升沿到达后,$Q_A Q_B Q_C Q_D = abcd$,实现了数据并行输入。

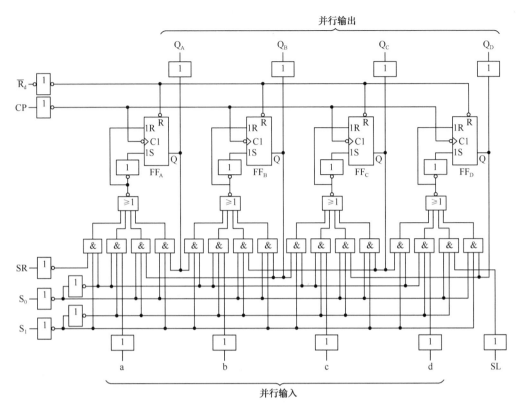

图 5-15　74HC194 的逻辑图

③ 右移。当 $S_1S_0 = 01$ 时，最左边与门的输入信号 SR 被选中，$S_B = Q_A^n$，$R_B = \overline{Q_A^n}$，CP 上升沿到达后，$Q_B^{n+1} = Q_A^n$，实现了数据右移，即 $SR \rightarrow Q_A \rightarrow Q_B \rightarrow Q_C \rightarrow Q_D$。

④ 左移。当 $S_1S_0 = 10$ 时，最右边一组 4 个与门中，与左移数据输入信号 SL 相连的与门被选中，其他被屏蔽。$S_B = Q_C^n$，$R_B = \overline{Q_C^n}$，CP 上升沿到达后，$Q_B^{n+1} = Q_C^n$，实现了数据左移，即 $SL \rightarrow Q_D \rightarrow Q_C \rightarrow Q_B \rightarrow Q_A$。

⑤ 保持。当 $S_1 = S_0 = 0$ 时，每组 4 个与门中最右边的与门被选中，触发器的输出信号反馈到触发器的输入端，触发器状态不变，实现了数据保持。

图 5-15 所示电路中，a，b，c，d 为数据并行输入端，SR 为右移串行输入端，SL 为左移串行输入端，Q_A，Q_B，Q_C，Q_D 为并行输出端。

综合上述分析，列出 74HC194 的工作状态表见表 5-4。

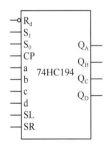

图 5-16　74HC194 的逻辑符号

表 5-4　74HC194 的工作状态表

$\overline{R_d}$	S_1	S_0	工作状态
0	×	×	清零
1	0	0	保持
1	0	1	右移
1	1	0	左移
1	1	1	送数

【例 5-4】 试分析图 5-17 所示电路的逻辑功能。

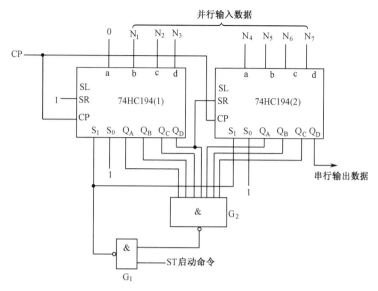

图 5-17　[例 5-4]的图

解：两个 74HC194 组成 8 位右移移位寄存器。并行输入数据为 $0N_1N_2N_3N_4N_5N_6N_7$，右移串行输入数据为 1。启动命令 $ST=0$ 使 $S_1S_0=11$，并行输入数据送入移位寄存器。由于 1 号片的 $Q_A=a=0$，故门 G_2 输出为 1。当 ST 由 0 变 1 之后，$S_1S_0=01$，移位寄存器中的数据右移，从串行输出数据端输出数据。7 个 CP 之后，除 2 号片 Q_D 之外，两个 74HC194 的输出均为 1，使门 G_2 输出为 0，代替了启动命令（无须再加启动命令）。这时，$S_1S_0=11$，自动地为下一次送入并行数据做好准备。上述分析表明，图 5-17 所示电路实现了并行-串行数据转换。

5.4　计数器

计数器是一种累计时钟脉冲数的逻辑部件。计数器不仅用于时钟脉冲计数，还用于定时、分频、产生节拍脉冲以及数字运算等。计数器是应用最广泛的逻辑部件之一。

5.4.1　计数器分类

1. 按触发方式分类

按触发方式分类，可以把计数器分成同步计数器和异步计数器两种。对于同步计数器，输入时钟脉冲时，触发器的翻转是同时进行的，而异步计数器中触发器的翻转则不是同时进行的。前述例 5-1 为同步计数器，而例 5-3 则为异步计数器。

2. 按计数容量分类

按计数容量（模数、基数、计数长度）分类，可以把计数器分成二进制计数器、十进制计数器、任意进制（如十二进制、六十进制等）计数器。

二进制计数器是按二进制规则计数的。图 5-18 示出了 1 位二进制计数器状态转换图。

图 5-19 则示出了 3 位二进制计数器状态转换图。

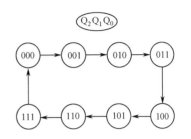

图 5-18　1 位二进制计数器状态转换图　　　图 5-19　3 位二进制计数器状态转换图

八进制计数器是按八进制规则计数的。图 5-20 示出了八进制计数器的状态转换图。图 5-21 则示出了二进制编码的八进制计数器状态转换图。

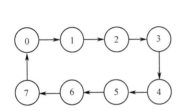

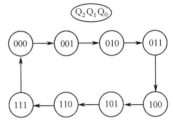

图 5-20　八进制计数器状态转换图　　　图 5-21　二进制编码的八进制计数器状态转换图

图 5-22 示出了十进制计数器的状态转换图,而图 5-23 则示出了 8421 编码的十进制计数器状态转换图。

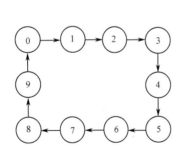

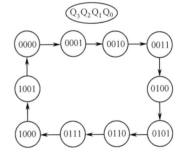

图 5-22　十进制计数器状态转换图　　图 5-23　8421 编码的十进制计数器状态转换图

例 5-1 和例 5-3 分别为六进制和五进制计数器。

对于二进制计数器,1 位二进制计数器应有两个状态,3 位二进制计数器应有 8 个状态。这里的位指的是二进制计数器中包含的触发器的个数。

对于八进制计数器,一个八进制计数器应有 8 个状态,一个八进制计数器中含有三个触发器。这个八进制计数器又可称为 3 位二进制计数器。如果八进制计数器所包含的触发器个数多于三个,则八进制指的是有效循环状态有 8 个。

对于十进制计数器电路,一个十进制计数器应有 10 个状态,一个十进制计数器应至少包含 4 个触发器。

3. 按计数的增减规律分类

按计数的增减规律分类,可以把计数器分成加法计数器、减法计数器和可逆计数器三种。随着计数脉冲不断输入计数器,进行递增计数的计数器称为加法计数器,进行递减计数的计数器称为减法计数器,而既可进行递增又可进行递减计数的计数器,则称为可逆计数器。

加法计数器每输入一个计数脉冲,就在原来计数状态的基础上加 1,计到最大数(例如,十进制数 9)时产生进位输出,再输入一个计数脉冲,该计数器由最大数变为 0,同时比它高一位的计数器加 1。例如,8421 编码的十进制计数器计到 1001 时进位输出为 1,再输入一个计数脉冲,变为 0000,进位输出 1 使高位计数器加 1。十进制加法计数器状态转换图如图 5-24 所示。

减法计数器每输入一个计数脉冲,就在原来计数状态的基础上减 1,减到 0 之后,产生借位输出,再输入一个计数脉冲,本位由 0 变为最大数,同时比它高一位的计数器减 1。图 5-25 示出了十进制减法计数器状态转换图。

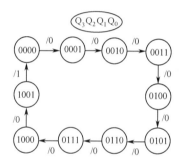

图 5-24　十进制加法计数器状态转换图

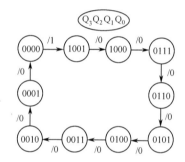

图 5-25　十进制减法计数器状态转换图

可逆计数器又分为双时钟加/减法计数器和单时钟加/减法计数器。双时钟加/减法计数器适用于加法计数脉冲和减法计数脉冲分别来自两个不同脉冲源的情况。单时钟加/减法计数器只有一个时钟输入端,电路进行加法计数还是进行减法计数,将由加/减控制端的状态来决定:加/减控制信号 $X=0$ 时进行加法计数,$X=1$ 时进行减法计数。2 位二进制可逆计数器状态转换图,如图 5-26 所示。

目前,TTL 型和 CMOS 型集成计数器的种类很多,无须用户自己用触发器组成计数器。因此,下面主要介绍集成计数器。

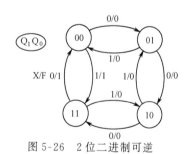

图 5-26　2 位二进制可逆计数器状态转换图

5.4.2　二进制计数器

4 位同步二进制加法计数器 74HC161 是典型常用的中规模集成计数器。图 5-27 示出了 74HC161 的逻辑图和逻辑符号。

74HC161 除了有二进制加法计数功能,还有预置数、清零和保持功能。

表5-5列出了 74HC161 的功能。图 5-28 是 74HC161 的工作波形图。

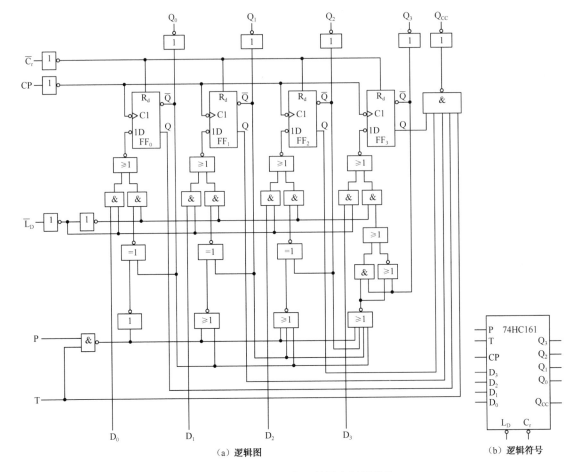

（a）逻辑图

（b）逻辑符号

图 5-27 74HC161 的逻辑图和逻辑符号

表 5-5 74HC161 功能表

$\overline{C_r}$	$\overline{L_D}$	P	T	CP	D_0	D_1	D_2	D_3	Q_0	Q_1	Q_2	Q_3
L	×	×	×	×	×	×	×	×	L	L	L	L
H	L	×	×	↑	D_0	D_1	D_2	D_3	D_0	D_1	D_2	D_3
H	H	H	H	↑	×	×	×	×	计数			
H	H	L	×	×	×	×	×	×	保持			
H	H	×	L	×	×	×	×	×	保持			

注:L 为低电平即逻辑 0,H 为高电平即逻辑 1。

74HC161 有如下功能。

(1)清零。$\overline{C_r}$ 端为清零端。只要 $\overline{C_r}=0$,各触发器均被清零,计数器输出 $Q_3Q_2Q_1Q_0=$ 0000。不清零时应使 $\overline{C_r}=1$。

(2)预置数(送数)。$\overline{L_D}$ 为预置数端。在 $\overline{L_D}=0$ 的前提下,加入 CP 脉冲上升沿,计数器将被预置数,即计数器输出 Q_3,Q_2,Q_1,Q_0 等于 D_3,D_2,D_1,D_0 输入的二进制数。这就可以使计数器从预置数开始进行加法计数。不预置数时应使 $\overline{L_D}=1$。

(3)计数。P=T=1($\overline{C_r}=1$,$\overline{L_D}=1$)时,计数器处于计数工作状态。当计数到 $Q_3Q_2Q_1Q_0=$

1111 时,进位输出 $Q_{CC}=1$。再输入一个计数脉冲,计数器输出从 1111 返回到 0000 状态,Q_{CC} 由 1 变 0,作为进位输出信号。

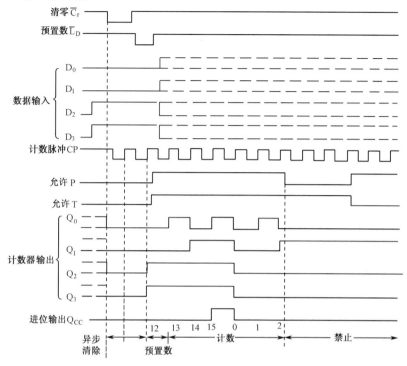

图 5-28 74HC161 工作波形图

(4)保持。$P=0$，$T=1(\overline{C_r}=1,\overline{L_D}=1)$时,计数器处于保持状态。不仅计数器输出状态不变,而且进位输出状态也不变。$P=1$，$T=0(\overline{C_r}=1,\overline{L_D}=1)$时,计数器输出状态保持不变,进位输出 $Q_{CC}=0$。

【例 5-5】 试用 4 位同步二进制加法计数器 74HC161 构成 8 位二进制加法计数器。

解：由于 74HC161 只有 4 位,因此要构成 8 位计数器,需两片 74HC161。两片之间可以是同步连接方式,也可以是异步连接方式。

为保证两片中的所有触发器同步工作,计数脉冲 CP 必须同时接到两片上。但是,两片不能同时计数。只有低位 1 号片的输出从 1111 变为 0000 时,高位 2 号片才能计数(加 1)。而低位 1 号片应始终处于计数工作状态。

令 1 号片的 $\overline{C_r}=1,\overline{L_D}=1,P=T=1$,使 1 号片处于计数工作状态。

1 号片从 1111 变为 0000 时,2 号片加 1。这就要求 1 号片计数到 1111 时,2 号片应具备计数条件,即 $P=T=1$,在其他情况下,2 号片应处于保持工作状态。为达到此要求,可将 1 号片的 Q_{CC} 接到 2 号片的 P 端(T=1)。

两片 74HC161 接成同步连接方式的逻辑图,如图 5-29 所示。

两片 74HC161 接成异步连接方式也必须满足 1 号片的输出从 1111 变为 0000 时,2 号片才能加 1 的要求。为满足这一要求,1 号片的 Q_{CC} 经非门取反之后接至 2 号片 CP 端,2 号片接成计数工作状态即可。逻辑图如图 5-30 所示。

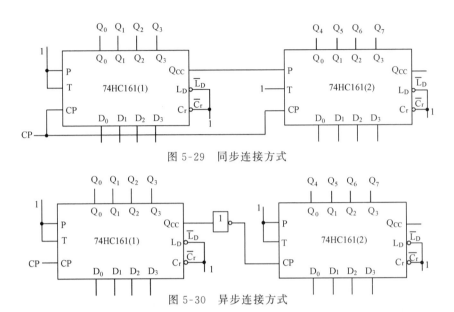

图 5-29　同步连接方式

图 5-30　异步连接方式

5.4.3　十进制计数器

1. 8421 编码的十进制计数器

8421 编码的十进制计数器 74160 是 TTL 型常用十进制加法计数器。图 5-31 示出了 74160 的逻辑图。图 5-32 示出了 74160 工作波形图。它的功能列于表 5-6 中。

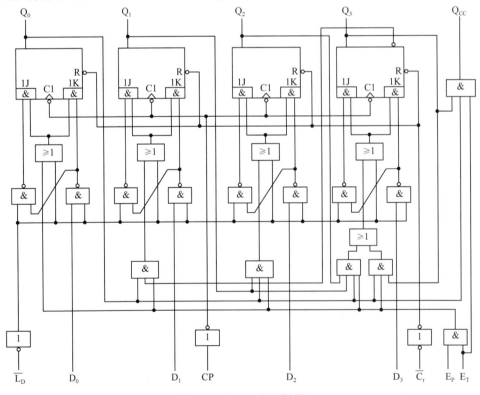

图 5-31　74160 的逻辑图

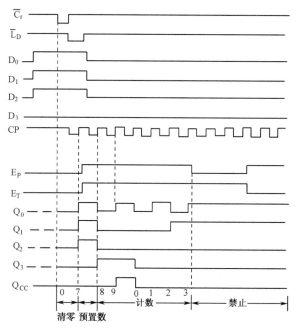

图 5-32 74160 工作波形图

表 5-6 74160 功能表

输　入									输　出			
$\overline{C_r}$	$\overline{L_D}$	E_P	E_T	CP	D_0	D_1	D_2	D_3	Q_0	Q_1	Q_2	Q_3
L	×	×	×	×	×	×	×	×	L	L	L	L
H	L	×	×	↑	D_0	D_1	D_2	D_3	D_0	D_1	D_2	D_3
H	H	H	H	↑	×	×	×	×	计数			
H	H	L	×	×	×	×	×	×	保持			
H	H	×	L	×	×	×	×	×	保持			

　　74160 和 74HC160 的功能完全一样。它们和 74HC161 的区别只是计数容量不同, 其余功能和引脚完全一样, 多片间的级联也一样。

2. 二-五-十进制异步计数器

二-五-十进制异步加法计数器 74290 的逻辑图和逻辑符号如图 5-33 所示, 功能列在表 5-7 中。

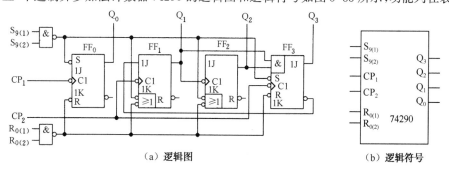

（a）逻辑图　　　　　　　　　（b）逻辑符号

图 5-33 74290 逻辑图和逻辑符号

表 5-7　74290 功能表

输入						输出			
$R_{0(1)}$	$R_{0(2)}$	$S_{9(1)}$	$S_{9(2)}$	CP_1	CP_2	Q_3	Q_2	Q_1	Q_0
1	1	0	×	×	×	0	0	0	0
1	1	×	0	×	×	0	0	0	0
0	×	1	1	×	×	1	0	0	1
×	0	1	1	×	×	1	0	0	1
有 0		有 0		CP	0	二进制计数			
				0	CP	五进制计数			
				CP	Q_0	8421 编码十进制计数			
				Q_3	CP	5421 编码十进制计数			

74290 由两个计数器组成，一个是 FF_0 构成的 1 位二进制计数器，另一个是 FF_1、FF_2 和 FF_3 构成的五进制计数器。它们独立使用时，分别是二进制计数器和五进制计数器。当计数脉冲 CP 从 CP_1 端输入，Q_0 接 CP_2 端，Q_3，Q_2，Q_1，Q_0 为计数器输出时，构成 8421 编码的十进制加法计数器。而当计数脉冲 CP 从 CP_2 端输入，Q_3 接 CP_1 端，Q_3，Q_2，Q_1，Q_0 为计数器输出时，则构成 5421 编码的十进制加法计数器。

图 5-33 中的 $R_{0(1)}$ 和 $R_{0(2)}$ 为两个置 0 输入端，当 $R_{0(1)}$ 和 $R_{0(2)}$ 全为 1 时，将计数器置成 0000。$S_{9(1)}$ 和 $S_{9(2)}$ 为置 9 输入端，当 $S_{9(1)}$ 和 $S_{9(2)}$ 全为 1 时，将计数器置成 1001。

5.4.4　可逆计数器

可逆计数器也称加/减法计数器。4 位同步二进制加/减法计数器中的 74HC191、74HC169 和 CD4516 采用单时钟结构，而 74HC193 和 CD40193 则采用双时钟结构。

同步十进制加/减法计数器中的 74HC190 和 CD4510 采用单时钟结构，而 74HC192 和 CD40192 则采用双时钟结构。

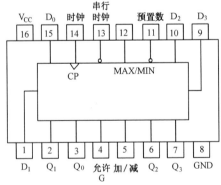

图 5-34　74HC190 的引脚排列图

一个加/减法计数器有两个计数脉冲输入端的是双时钟结构，其中一个为加法计数脉冲输入端，另一个为减法计数脉冲输入端。

一个加/减法计数器只有一个计数脉冲输入端的是单时钟结构，它是靠加/减控制端的状态来实现加法计数和减法计数的。

图 5-34 示出了 74HC190 的引脚排列图。图 5-35 示出了 74HC190 的工作波形图。由工作波形图可以看出 74HC190 有以下功能。

(1) 预置数。只要在预置数端加入负脉冲，就可以对计数器预置数，使 $Q_3 Q_2 Q_1 Q_0 = D_3 D_2 D_1 D_0$。图 5-35 示出的预置数是 7。

(2) 加法计数和减法计数。加/减控制端为低电平时，进行加法计数。计到最大数 $Q_3 Q_2 Q_1 Q_0 = 1001$ 时，最大/最小（MAX/MIN）端输出为高电平。另外，在这个计数脉冲从 1 变到 0 时，串行时钟也随着从 1 变到 0，下一个计数脉冲上升沿到达时，串行时钟由 0 变到 1，产生上升沿，它可以作为多片级联中高位片的计数脉冲。加/减控制端为高电平时，进行减法计数。减到 0 时,最大/最小端输出为高电平。同样,在 $Q_3Q_2Q_1Q_0$ 由 0000 变为 1001 时,串行时钟产生上升沿。它作为高位片的计数脉冲,使高位片计数器减 1。

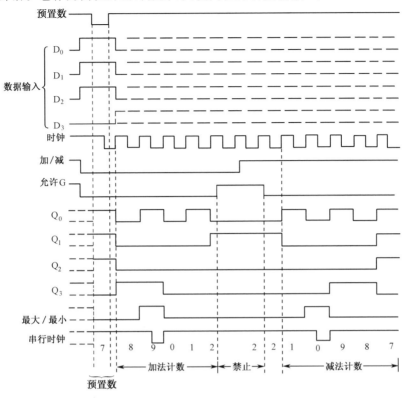

图 5-35　74HC190 工作波形图

(3)保持。允许端为低电平时进行加/减法计数,为高电平时加/减法计数器处于保持工作状态。利用允许端可以使多片级联为同步工作方式。将低位片计数器的最大/最小端取反后接到高位片计数器的允许输入端,这样只有计数到最大/最小值时,才允许高位片计数器计数,否则不允许其计数。

5.4.5　中规模集成计数器构成的任意进制计数器

利用中规模集成计数器构成任意进制计数器的方法归纳起来有乘数法、复位法和置数法三种。

1. 乘数法

计数脉冲接到 N 进制计数器的时钟输入端,N 进制计数器的输出接到 M 进制计数器的时钟输入端,两个计数器一起构成了 $N \times M$ 进制计数器。74290 就是典型示例,一个二进制计数器和一个五进制计数器($2 \times 5 = 10$)构成了十进制计数器。

2. 复位法

用复位法构成 N 进制计数器所选用的中规模集成计数器的计数容量必须大于 N。当输入 N 个计数脉冲之后,计数器应回到全 0 状态;利用 $\overline{C_r} = 0$ 时 $Q_3Q_2Q_1Q_0 = 0000$,可以达到计数器回到全 0 状态的要求;也可以利用计数器数据输入全 0,让第 $N-1$ 个计数脉冲到达后使 $\overline{L}_D=0$,则第 N 个计数脉冲到来时 $Q_3Q_2Q_1Q_0=0000$,达到计数器回到全 0 状态的要求。

【例 5-6】 试用 74HC161 采用复位法构成十二进制计数器。

解:对于 4 位二进制加法计数器,输入 12 个计数脉冲后,$Q_3Q_2Q_1Q_0=1100$,而十二进制加法计数器输入 12 个计数脉冲后,$Q_3Q_2Q_1Q_0=0000$。用 74HC161 构成十二进制计数器,令 $\overline{C}_r=\overline{Q_3Q_2}$,当计数到 $Q_3Q_2Q_1Q_0=1100$ 时,$\overline{C}_r=0$。$\overline{C}_r=0$ 对计数器清零,使 $Q_3Q_2Q_1Q_0=0000$,实现了十二进制计数。使用这种置零复位方法,随着计数器被置 0,复位信号也就随之消失,所以复位信号持续时间极短,电路的可靠性不高。

利用 $\overline{L}_D$ 送 0 是另一种复位法。计数器计数到 $Q_3Q_2Q_1Q_0=1011$ 后,应具备送数条件。令 $\overline{L}_D=\overline{Q_3Q_1Q_0}$,当计数器计数到 $Q_3Q_2Q_1Q_0=1011$ 时 $\overline{L}_D=0$。当第 12 个计数脉冲到达时,将 $D_3D_2D_1D_0=0000$ 置入计数器,从而使计数器复位。

上述两种方法构成的十二进制计数器逻辑图,如图 5-36 所示。

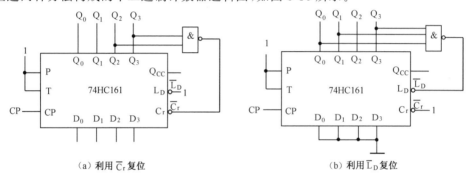

（a）利用 $\overline{C}_r$ 复位　　　　　　　　　　　（b）利用 $\overline{L}_D$ 复位

图 5-36　十二进制计数器逻辑图

3. 置数法

采用置数法,必须对计数器进行预置数。可以在计数器计数到最大数时,置入计数器状态转换图中的最小数作为计数循环的起点,也可以在计数到某个数之后置入最大数,然后从 0 开始接着计数。如果用 N 进制计数器构成 M 进制计数器,上述两种方法都得跳过 $(N-M)$ 个状态。除了上述两种方法,还可以在 N 进制计数器计数长度中间跳过 $(N-M)$ 个状态。

【例 5-7】 试用 74HC161 采用置数法构成十二进制计数器。

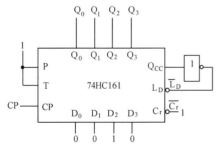

图 5-37　[例 5-7]置最小数的逻辑图

解:74HC161 的计数长度等于 16。十二进制计数器的计数长度等于 12,这决定了预置数应是 $(16-12)=4$,即 $D_3D_2D_1D_0=0100$。也就是说,计数器计数到最大数 1111 之后,应使计数器处于预置数工作状态。为此,需将 Q_{CC} 经非门取反后接到 $\overline{L}_D$ 端。计数器计数到最大数时 $\overline{L}_D=0$,再输入一个计数脉冲,计数器被置数,$Q_3Q_2Q_1Q_0=0100$。用 74HC161 接成十二进制计数器的逻辑图如图 5-37 所示。

如果采用置最大数的方法,应跳过 1110,1101,1100,1011 这 4 个状态。为此,需在 $Q_3Q_2Q_1Q_0=1010$ 时,使 $\overline{L}_D=0$,预置数 $D_3D_2D_1D_0=1111$。只要令 $\overline{L}_D=\overline{Q_3\overline{Q}_2Q_1\overline{Q}_0}$ 就可以满

足 $Q_3Q_2Q_1Q_0 = 1010$ 时，$\overline{L_D} = 0$ 的要求。其逻辑图如图5-38所示。

如果采用置中间数的方法，假定跳过的 4 个状态取 0110，0111，1000，1001，就要在 $Q_3Q_2Q_1Q_0 = 0101$ 时，使 $\overline{L_D} = 0$，$D_3D_2D_1D_0 = 1010$。其逻辑图如图 5-39 所示。

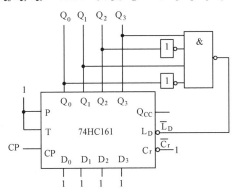
图 5-38　[例 5-7]置最大数的逻辑图

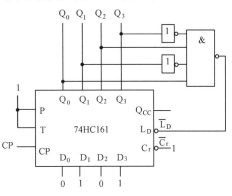
图 5-39　[例 5-7]置中间数的逻辑图

5.4.6　移位寄存器型计数器

1. 环形计数器

图 5-40 示出了 4 位环形计数器的逻辑图。通过 $\overline{R_d}$，$\overline{S_d}$（未画出）置入，使 $Q_3Q_2Q_1Q_0 = 0001$，那么在时钟信号作用下，电路的状态将按图 5-41 所示的有效循环状态进行循环。由于有效循环状态数可以表示输入时钟的个数，因此把这种环形移位寄存器称为环形计数器。

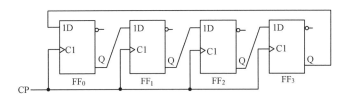
图 5-40　4 位环形计数器的逻辑图

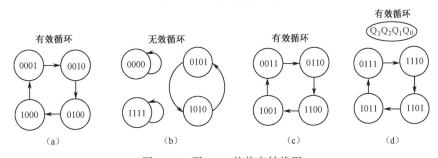
图 5-41　图 5-40 的状态转换图

2. 扭环形计数器

扭环形计数器也称约翰逊计数器。将环形计数器的反馈函数 $D_0 = Q_3^n$ 改成 $D_0 = \overline{Q_3^n}$，便得到扭环形计数器。如图 5-42 所示为 4 位扭环形计数器逻辑图。

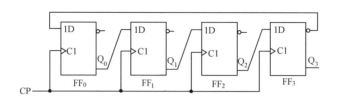

图 5-42　4 位扭环形计数器的逻辑图

4 位环形计数器的有效循环中只有 4 个状态,其余 12 个状态均为无效状态,可见电路状态的利用率很低。而 4 位扭环形计数器的有效循环中却有 8 个状态,显然电路状态的利用率提高了。4 位扭环形计数器的状态转换图如图 5-43 所示。

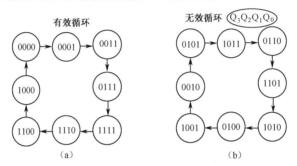

图 5-43　图 5-42 的状态转换图

图 5-43 中有两个循环。之所以选择左边的循环为有效循环,是因为它的两个相邻状态中只有一个变量不同,不会产生竞争-冒险现象。

5.5　顺序脉冲发生器

顺序脉冲发生器也称节拍脉冲发生器。顺序脉冲发生器能够产生一组在时间上有先后顺序的脉冲。用这组脉冲可以使控制器形成所需的各种控制信号,以便控制机器按照事先规定的顺序进行一系列操作。

通常,顺序脉冲发生器由计数器和译码器构成,也有不带译码器的顺序脉冲发生器。

图 5-44 示出了由 3 位二进制计数器和输出高电平有效的译码器构成的顺序脉冲发生器逻辑图。图 5-45 给出了它的工作波形图。图 5-45 中的尖脉冲是竞争-冒险现象在译码器输出端产生的干扰脉冲。消除干扰脉冲的一个简单方法就是用时钟脉冲去封锁译码门,其逻辑图如图 5-46(a)所示,图 5-46(b)示出了其输出波形。此时的顺序脉冲不再是一个接着一个的。

如果选用中规模集成译码器,将选通脉冲或封锁脉冲加在控制输入端,也可以消除干扰脉冲。

消除干扰脉冲的另一种方法是选用扭环形计数器作为顺序脉冲发生器中的计数器。因为扭环形计数器的循环状态中任何两个相邻状态之间只有一个触发器的状态不同,所以在状态转换过程中任何一个译码门都不会有两个输入端同时改变状态,这就从根本上消除了竞争-冒险现象。用扭环形计数器构成的顺序脉冲发生器逻辑图,如图 5-47 所示。4 位扭环形计数器的有效循环状态和译码函数值列在表 5-8 中。

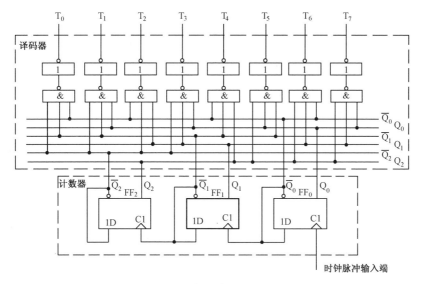

图 5-44　顺序脉冲发生器逻辑图

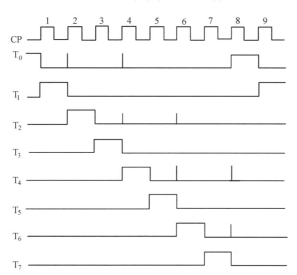

图 5-45　顺序脉冲发生器工作波形图

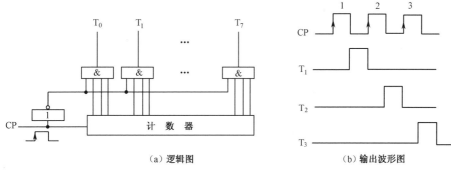

（a）逻辑图　　　　　　　　（b）输出波形图

图 5-46　用时钟脉冲封锁译码门

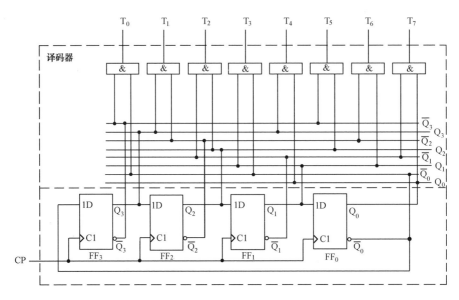

图 5-47　用扭环形计数器构成的顺序脉冲发生器逻辑图

表 5-8　4 位扭环形计数器的有效循环状态及译码函数值

时钟脉冲 CP	触发器状态				译码函数值
	Q_3	Q_2	Q_1	Q_0	
0	0	0	0	0	$\overline{Q_3} \cdot \overline{Q_0}$（0 线）
1	1	0	0	0	$Q_3 \cdot \overline{Q_2}$（1 线）
2	1	1	0	0	$Q_2 \cdot \overline{Q_1}$（2 线）
3	1	1	1	0	$Q_1 \cdot \overline{Q_0}$（3 线）
4	1	1	1	1	$Q_3 \cdot Q_0$（4 线）
5	0	1	1	1	$\overline{Q_3} \cdot Q_2$（5 线）
6	0	0	1	1	$\overline{Q_2} \cdot Q_1$（6 线）
7	0	0	0	1	$\overline{Q_1} \cdot Q_0$（7 线）

　　环形计数器的有效循环中的每个状态都只有一个 1。这说明环形计数器本身就是一个顺序脉冲发生器。图 5-48 示出了 8 位环形计数器构成的顺序脉冲发生器逻辑图,它的工作波形图如图 5-49 所示。

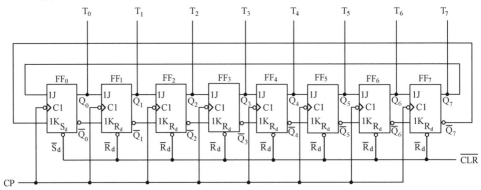

图 5-48　8 位环形计数器构成的顺序脉冲发生器逻辑图

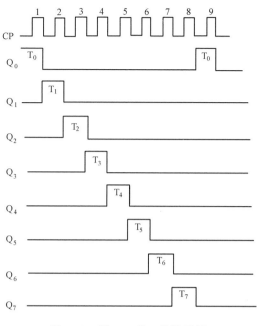

图 5-49　图 5-48 的工作波形图

5.6　时序逻辑电路的设计方法

设计时序电路就是根据给定的逻辑问题求出实现这一逻辑功能的时序电路。

时序电路的设计通常按下述步骤进行。

(1)画出状态转换图或状态转换表。

要画出状态转换图,首先得确定输入变量、输出变量和状态数。通常,取原因或条件作为输入变量,取结果作为输出变量。其次对输入、输出和电路状态进行定义,并对电路状态顺序进行编号。最后按照命题要求画出状态转换图或状态转换表。

(2)状态化简。

在第(1)步得到的状态转换图中可能包含有等价状态,因此需进行状态化简。两个或多个等价状态可以合并成一个状态。若两个状态在输入相同的条件下转换到同一个次态,而且得到相同的输出,则这两个状态为等价状态。等价状态的合并可以使电路的状态数减少,当然时序电路就变简单了。

(3)状态分配。

时序电路的状态通常用触发器的状态组合来表示,因此要先确定触发器的数目。因为 n 个触发器共有 2^n 个状态组合,所以要得到 M 个状态组合,即电路的状态数,必须取

$$2^{n-1} < M \leqslant 2^n$$

然后,要给电路的每个状态规定与之对应的触发器状态组合。由于每组触发器的状态组合都是一组二值代码,所以状态分配也称为状态编码。如果状态分配得当,设计的电路可能很简单,否则电路会很复杂。

(4)确定触发器类型并求出驱动方程和输出方程。

因为不同逻辑功能的触发器的特性方程不同,所以只有在选定触发器之后,才能求出状态方程,进而求出驱动方程和输出方程。

(5)按照驱动方程和输出方程画出逻辑图。

(6)检查所设计的电路能否自启动。

无效状态能够在时钟脉冲作用下进入有效循环,说明该电路能够自启动,否则电路不能自启动。如果检查的结果是电路不能自启动,就要修改设计,使它能够自启动。另外,还可以在电路开始工作时,将电路的状态置成有效循环中的某一状态。

用中规模集成电路设计时序电路时,第(4)步以后的几步就不完全适用了。由于中规模集成电路已经具有了一定的逻辑功能,因此希望设计结果与命题要求的逻辑功能之间有明显的对应关系,以便于修改设计。选定合适的中规模集成电路之后,可根据命题要求确定控制端的驱动方程和电路的输出方程。

【例 5-8】 试设计一个五进制加法计数器。

解:计数器能够在时钟脉冲作用下,自动地依次从一个状态转换到下一个状态。假设计数器没有外界控制逻辑信号输入,只有进位输出信号。令进位输出 $C=1$ 表示有进位输出,而 $C=0$ 则表示无进位输出。

五进制加法计数器应有 5 个有效状态。它的原始状态转换图如图 5-50 所示。

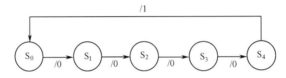

图 5-50　五进制加法计数器原始状态转换图

由于五进制加法计数器必须用 5 个不同的电路状态来表示输入的时钟脉冲数,所以不会存在等价状态,当然就无须进行状态化简。

由于五进制计数器的状态数是 5,所以应选三个触发器。选 000～100 这 5 个自然二进制数作为 $S_0 \sim S_4$ 的编码。编码之后的状态转换图如图 5-51 所示。

根据图 5-51 可以画出表示次态逻辑函数和进位输出函数的卡诺图,如图 5-52 所示。这种卡诺图常称为次态卡诺图。将次态和输出状态填在相应现态所对应的方格内,不出现的状态可按约束项处理,在相应方格内画×,便可得到次态卡诺图。

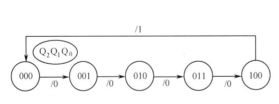

图 5-51　二进制编码后的状态转换图

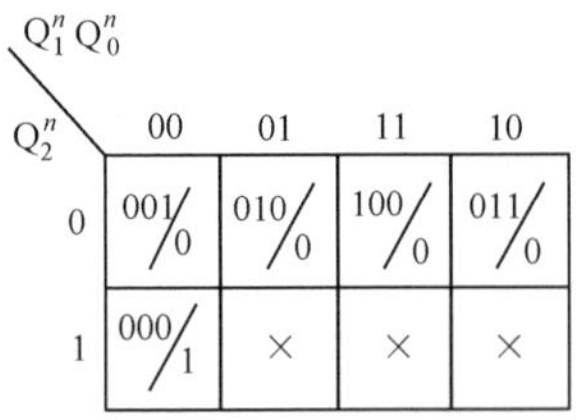

图 5-52　［例 5-8］的次态卡诺图

由次态卡诺图很容易写出电路的状态方程。为了看起来方便,将图 5-52 分解为图 5-53 所示的 4 个卡诺图。

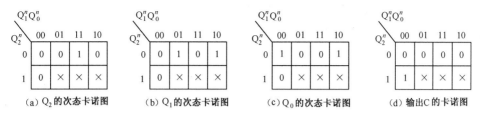

Q_2^n \ $Q_1^n Q_0^n$	00	01	11	10
0	0	0	1	0
1	0	×	×	×

(a) Q_2 的次态卡诺图

Q_2^n \ $Q_1^n Q_0^n$	00	01	11	10
0	0	1	0	1
1	0	×	×	×

(b) Q_1 的次态卡诺图

Q_2^n \ $Q_1^n Q_0^n$	00	01	11	10
0	1	0	0	1
1	0	×	×	×

(c) Q_0 的次态卡诺图

Q_2^n \ $Q_1^n Q_0^n$	00	01	11	10
0	0	0	0	0
1	1	×	×	×

(d) 输出C的卡诺图

图 5-53　分解的次态卡诺图

由次态卡诺图写出的触发器状态方程的形式应与选用的触发器特性方程的形式相似,以便于状态方程和特性方程进行对比,求出驱动方程。对于 D 触发器,由于 $Q^{n+1}=D$,所以要求状态方程尽量简单。对于 JK 触发器,状态方程的形式应和 $Q^{n+1}=J \cdot \overline{Q^n}+\overline{K} \cdot Q^n$ 的形式相似,方便比较。常用的形式有:

$$Q^{n+1}=X \cdot \overline{Q^n}+Y \cdot Q^n \qquad 对比得 J=X,K=\overline{Y}$$
$$Q^{n+1}=X \cdot \overline{Q^n} \qquad 对比得 J=X,K=1$$
$$Q^{n+1}=\overline{Q^n} \qquad 对比得 J=1,K=1$$

本例选用 JK 触发器,通过次态卡诺图进行化简,求得状态方程如下:

$$Q_2^{n+1}=Q_0^n \cdot Q_1^n \cdot \overline{Q_2^n}, \qquad Q_1^{n+1}=Q_0^n \cdot \overline{Q_1^n}+\overline{Q_0^n} \cdot Q_1^n, \qquad Q_0^{n+1}=\overline{Q_2^n} \cdot \overline{Q_0^n}$$

输出方程如下: $\qquad\qquad\qquad\qquad C=Q_2^n$

将状态方程和 JK 触发器的特性方程进行对比,求得驱动方程如下:

$$J_2=Q_0^n \cdot Q_1^n, \qquad K_2=1$$
$$J_1=Q_0^n, \qquad K_1=Q_0^n$$
$$J_0=\overline{Q_2^n}, \qquad K_0=1$$

根据驱动方程和输出方程画出的逻辑图如图 5-54 所示。

检查的结果是,该电路能够自启动,其状态转换图如图 5-55 所示。

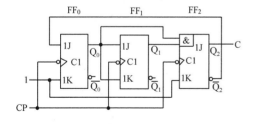

图 5-54　JK 触发器构成的五进制加法计数器

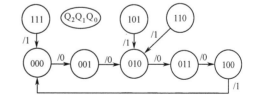

图 5-55　[例 5-8]的状态转换图 1

如果选用 D 触发器,则状态方程应为

$$Q_2^{n+1}=Q_0^n \cdot Q_1^n$$
$$Q_1^{n+1}=Q_0^n \cdot \overline{Q_1^n}+\overline{Q_0^n} \cdot Q_1^n=Q_0^n \oplus Q_1^n$$
$$Q_0^{n+1}=\overline{Q_0^n} \cdot \overline{Q_2^n}$$

进而求得驱动方程为

$$D_2=Q_0^n \cdot Q_1^n, \qquad D_1=Q_0^n \oplus Q_1^n, \qquad D_0=\overline{Q_0^n} \cdot \overline{Q_2^n}$$

根据驱动方程和输出方程画出由 D 触发器构成的计数器,如图 5-56 所示。

检查结果是,图 5-56 电路能够自启动,其状态转换图如图 5-57 所示。

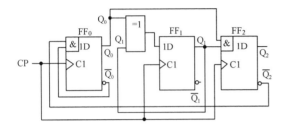

图 5-56 D 触发器构成的五进制加法计数器

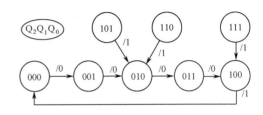

图 5-57 〔例 5-8〕的状态转换图 2

【例 5-9】 试设计一个串行数据 1111 序列检测器。当连续输入 4 个或 4 个以上的 1 时,检测器输出为 1,否则输出为 0。

解:既然要求设计串行数据序列检测器,那么它只能有一个输入端 X,检测结果或者为 1,或者为 0,故也只有一个输出端 F。令

- S_0 状态为没有输入 1 以前的状态;
- S_1 状态为输入一个 1 以后的状态;
- S_2 状态为连续输入两个 1 以后的状态;
- S_3 状态为连续输入三个 1 以后的状态;
- S_4 状态为连续输入 4 个或 4 个以上的 1 以后的状态。

确定状态数和状态含义之后,根据命题要求列出的状态转换表见表 5-9,画出的状态转换图如图 5-58 所示。

表 5-9 〔例 5-9〕的状态转换表

S^n	S^{n+1}/F	
	X=0	X=1
S_0	$S_0/0$	$S_1/0$
S_1	$S_0/0$	$S_2/0$
S_2	$S_0/0$	$S_3/0$
S_3	$S_0/0$	$S_4/1$
S_4	$S_0/0$	$S_4/1$

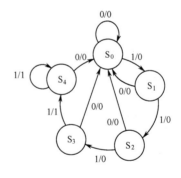

图 5-58 〔例 5-9〕的状态转换图

比较 S_3 和 S_4 两个状态可以发现,输入 X=0 时,它们的次态全为 S_0,输出全为 0;输入 X=1 时,它们的次态全为 S_4,输出全为 1。可见 S_3 和 S_4 两个状态为等价状态,可以合并为一个状态。化简后的最简状态转换图如图 5-59 所示。

状态化简之后的最简状态转换图中只有 4 个状态,为此需要两个触发器。令两个触发器 Q_1Q_2 的状态 00,01,11,10 分别代表 S_0,S_1,S_2,S_3。

选用 D 触发器构成检测器。根据最简状态转换图画出电路的次态卡诺图,如图 5-60 所示。

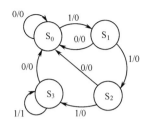

图 5-59 ［例 5-9］的最简状态转换图

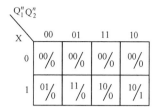

图 5-60 ［例 5-9］的次态卡诺图

经化简后求得状态方程为

$$Q_1^{n+1} = X \cdot Q_1^n + X \cdot Q_2^n = X \cdot \overline{\overline{Q_1^n} \cdot \overline{Q_2^n}}$$

$$Q_2^{n+1} = X \cdot \overline{Q_1^n}$$

输出方程为 $\quad F = X \cdot Q_1^n \cdot \overline{Q_2^n}$

由状态方程求得驱动方程为

$$D_1 = X \cdot \overline{\overline{Q_1^n} \cdot \overline{Q_2^n}}, \qquad D_2 = X \cdot \overline{Q_1^n}$$

根据驱动方程和输出方程画出的逻辑图,如图 5-61 所示。

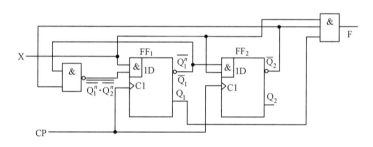

图 5-61 ［例 5-9］的逻辑图

由于两个触发器 Q_1 和 Q_2 的 4 个状态组合均为有效状态,即没有无效状态,因此电路不存在不能自启动的问题。

【例 5-10】 试设计一个能够控制光点右移、左移、停止的控制电路。光点右移表示电动机正转,光点左移表示电动机反转,光点停止移动表示电动机停止转动。电动机运转规律如下:正转 20s→停 10s→反转 20s→停 10s→正转 20s→……

解:用发光二极管的亮、灭变化可以实现光点移动。如果用 4 个发光二极管,那么只有一个发光二极管亮,光点移动效果才会明显。4 位双向移位寄存器 74HC194 具有送数、右移、左移、保持功能,与光点的运行(电动机运行)规律相对应,故可以选 74HC194 驱动发光二极管。

由电动机运行规律可以看出,电路工作一个循环需 60s。通过对 74HC194 的控制端 S_1 和 S_0 的控制,可以反映电动机运行规律,具体见表 5-10。M 为启动信号,M＝0 时送数,M＝1 时工作。

为了满足电路工作一个循环需 60s 的要求,取计数器时钟脉冲周期为 10s。为使光点移动明显,取移位寄存器时钟脉冲周期为 1s。

表 5-10 [例 5-10]的真值表

控 制	计数器状态			寄存器控制		说 明
M	Q_2	Q_1	Q_0	S_1	S_0	
0	×	×	×	1	1	送数
1	0	0	0	0	1	右移
1	0	0	1	0	1	右移
1	0	1	0	0	0	保持
1	0	1	1	1	0	左移
1	1	0	0	1	0	左移
1	1	0	1	0	0	保持

用 74HC161 接成的六进制计数器、74HC138 译码器及与非门可以得到移位寄存器控制端的输入 S_1 和 S_0,其逻辑图如图 5-62 所示。

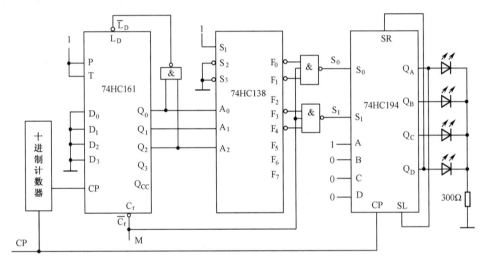

图 5-62 [例 5-10]的逻辑图

5.7 用硬件描述语言设计时序逻辑电路

5.7.1 可编程逻辑器件时序模式

在 3.11 节中介绍了可编程逻辑器件(GAL)的基本结构和 GAL16V8 芯片的逻辑图。GAL 提供了实现组合电路所需要的或运算和与运算资源。用户借助编程工具和软件再对其进行配置,可以生成所需要的组合电路。实际上,GAL 中也包含触发器,只是触发器存在于 GAL 的输出逻辑宏单元(OLMC)内。GAL16V8 内部有 8 个电路结构完全相同的 OLMC。每个 OLMC 都包含一个触发器及其他电路结构并且具有可编程性。通过编程可以控制 GAL 实现时序工作模式。可编程逻辑器件 CPLD 和 FPGA 参见附录 A。

1. GAL16V8 中 OLMC 的内部电路结构

OLMC 的内部电路结构如图 5-63 所示。可以看出,OLMC 内部含有 1 个或门、1 个异或门、1 个 D 触发器、2 个控制门、4 个多路开关。其中 PTMUX 和 OMUX 是二选一数据选择器,TSMUX 和 FMUX 是四选一数据选择器。FMUX 在形式上有三个控制端,分别受 AC0、AC1(n) 和 AC1(m)控制。当 AC0=0 时,AC1(n)不起作用,仅 AC0 和 AC1(m)起作用。当 AC0=1 时,AC1(m)不起作用。FMUX 的数据输入端标记中的"—"表示相对应的结构控制字不起作用。实际上,起作用的控制信号只有两个,因此,FMUX 实质上是四选一数据选择器。

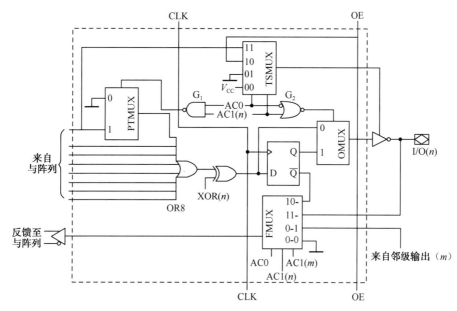

图 5-63　OLMC 的内部电路结构

2. GAL16V8 中 OLMC 的工作原理

① D 触发器。用来存储异或门的输出信号,进而满足构成各种时序电路的要求。8 个 OLMC 中的 D 触发器受来自其 1 号引脚的时钟信号 CLK 的同步控制,这就决定了 8 个 OLMC 中只要有一个 D 触发器工作,就一定要用到 1 号引脚的 CLK 信号,只有 8 个 OLMC 全都为组合电路时,1 号引脚方可用来作为组合电路的一个输入。

② PTMUX,称为乘积项多路开关。PTMUX 数据端信号分别来自地电平和本组与阵列的第一与项(第一乘积项),这两个信号中哪个能成为或门的输入要由与非门 G_1 的输出决定。当 AC0 AC1(n)=11 时,地电平被选中成为或门的输入。AC0 和 AC1(n)中只要有一个为 0 时,第一与项就会被选中成为或门的输入。不难看出,PTMUX 的主要功能是在 AC0 和 AC1(n) 控制下,决定第一与项是否成为或门的输入。

③ OMUX,称为输出多路开关。OMUX 的数据输入信号分别来自 D 触发器的 Q 端和异或门的输出。当 AC0 AC1(n)=10 时,混合逻辑门 G_2 的输出为 1,OMUX 将 D 触发器的输出与三态输出缓冲器输入接通,这时该 OLMC 成为时序电路。在 AC0 和 AC1(n)为其他值时,G_2 输出为 0,OMUX 将异或门输出和三态输出缓冲器的输入接通,这时宏单元成为组合电路。可

见 OMUX 的功能是在 AC0 和 AC1(n)控制下,决定输出逻辑宏单元是时序电路还是组合电路。

④ TSMUX,称为三态多路开关。它用于从 V_{CC}、地电平、OE、第一与项这 4 路信号中选出一路作为三态输出缓冲器使能端的控制信号。例如,TSMUX 的地址控制信号 AC0 AC1(n)=11 时,TSMUX 将标记 11 的一路输入信号(第一与项信号)送到它的输出端。此时,第一与项成为三态输出缓冲器使能端的控制信号。可见,在这一条件下,对第一与项进行编程写入后,若第一与项输出为 1,则三态输出缓冲器导通。编程写入后,若第一与项输出为 0,则三态输出缓冲器禁止。

⑤ FMUX,称为反馈多路开关。FMUX 用于从寄存器 Q 端、本级输出、邻级输出、地电平这 4 路信号中选出一路反馈到与阵列。当 AC0 AC1(n) AC1(m)=0-0 时,FMUX 上标为 0-0 的输入端(地电平)被选通,反馈信号取自地电平。这里需强调指出,GAL16V8 的 OLMC 12 和 OLMC 19 的 AC0 由 $\overline{\text{SYN}}$ 代替,AC1(m)由 SYN 代替。对其他 6 个 OLMC 来说,AC1(m)等于邻级的 AC1(n)的值。例如,OLMC 13 的 AC1(n)中 n=13,它的 AC1(m)中 m=12,即 OLMC 13 的反馈缓冲器的输入信号取自何处还与 OLMC 12 中的 AC1(12)有关。

3. GAL16V8 的时序模式

GAL16V8 系列器件的 OLMC 可以构成组合模式,也可以构成时序模式。编译软件根据用户源文件自动设置 SYN 和 AC0 结构控制字的值,从而设定 OLMC 工作于哪一种模式。若编译软件将 SYN 和 AC0 自动设置为 SYN AC0=01,则 OLMC 配置为时序电路,如图 5-64 所示。GAL16V8 可以实现时序电路。

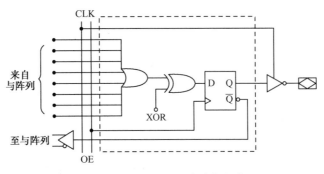

图 5-64　OLMC 配置为时序电路

5.7.2　用 Verilog HDL 实现时序逻辑电路的设计

1. 锁存器和触发器的 Verilog 语言描述

(1)门控 D 锁存器的 Verilog 语言描述

```
module D_latch(
    input  wire D,LE,          //输入端口声明,LE 为锁存输入信号
    output wire Q,QN           //互补输出端口声明
    );
    reg QF;
    assign Q = QF;
```

```
    assign QN = ~QF；
    always @（ LE or D)
      if( LE )
        QF<= D；
  endmodule；
```

（2）下降沿触发的 JK 触发器 Verilog 语言描述

时序电路以时钟信号为驱动信号。通常，时序电路只是在时钟信号的边沿到来时，其状态才发生改变。在 Verilog 语言中，时钟信号 CP 的上升沿代表的是由初值 0 转变为终值 1。CP 上升沿的到来用关键字 posedge 表示，而下降沿的到来用关键字 negedge 描述。

下降沿触发的 JK 触发器 Verilog 语言描述如下：

```
module jkfft(
    input   wire CLR，SET，  //使能输入端口声明
    input   wire CP，       //时钟输入信号端口声明
    input   wire J，K，      //输入端口声明
    output wire Q，QN        //互补输出端口声明
    )；
    reg QF；
    assign Q = QF；
    assign QN = ~QF；
    always @（negedge CP or negedge CLR or negedge SET）  //下降沿有效,使能低电平有效
    begin
      if( ! CLR )
        QF<= 0；
      else if（ ! SET ）
        QF<= 1；
      else
        QF<= ~ QF & J | QF &（~K）；  //JK 触发器状态方程
    end
  endmodule
```

2. 典型中规模时序芯片的 Verilog 语言描述

（1）移位寄存器 74HC194 的 Verilog 语言描述

```
module HC194(
    input   wire   CP，Rd，
    input   wire   SR ，SL，
    input   wire   S0，S1，
    input   wire   a，b，c ,d，
    output wire    QA, QB, QC, QD)；
    reg QF0，QF1，QF2，QF3；
    assign {QA,QB,QC,QD} = {QF3,QF2,QF1,QF0}；
```

```verilog
always @ ( posedge CP or negedge Rd )
begin
  if (~Rd)
  begin
    {QF3,QF2,QF1,QF0} <= 4'b0000;                              //复位
  end
  else case ( {S1,S0} )
    2'b00：{QF3,QF2,QF1,QF0} <= {QF3,QF2,QF1,QF0};  //保持
    2'b01：{QF3,QF2,QF1,QF0} <= {SR,QF3,QF2,QF1};；  //右移
    2'b10：{QF3,QF2,QF1,QF0} <= {QF2,QF1,QF0,SL};；  //左移
    2'b11：{QF3,QF2,QF1,QF0} <= {a,b,c,d};//送数
    default {QF3,QF2,QF1,QF0} <= 4'b0000;
  endcase
end
endmodule
```

(2)计数器 74HC161 的 Verilog 语言描述

```verilog
module HC161(
  input   wire CP, CRn, LDn,
  input   wire ENP, ENT,
  input   wire [3:0] D,
  output reg [3:0] Q,
  output wire Qcc);
  assign Qcc = CRn & LDn & ( Q == 4'b1111 );
  always @( posedge CP or negedge CRn )   //时钟上升沿触发,CRn 异步使能
  begin
    if ( ~CRn ) begin                      //CRn 低电平复位
      Q <= 4'b0000; end
    else if ( ~LDn )                       //LDn 低电平置初值
      Q <= D;
    else begin
      case ( {ENT, ENP})
        2'b11：if ( Q < 4'b1111 ) begin
              Q <= Q + 1;  end //ENT 和 ENP 同时为高电平时计数
            else if ( Q == 4'b1111 ) begin
              Q <= 4'b0000;  end
        default：begin
              Q <= Q;  end      //ENT 和 ENP 不同时为高电平时保持
      endcase
    end
  end
endmodule
```

3. 用 GAL 实现组合-时序混合的逻辑电路

GAL16V8 构成的组合-时序混合的逻辑电路如图 5-65 所示。由图 5-65 可以看出，组合电路部分包括两个电路：一个是实现 $X = A \cdot S + B \cdot \overline{S}$ 的复合逻辑门，另一个是三态门。时序电路部分包括一个 D 触发器和一个由两个 D 触发器构成的四进制计数器。若用 GAL 实现该组合-时序混合的逻辑电路，则有的 OLMC 工作于时序模式，有的工作于组合模式。在设计时，有两点必须注意：其一，所实现的电路包括 D 触发器和四进制计数器，11 号引脚只能作为这个时序电路的使能控制端。只要将 11 号引脚接地就可保证时序电路使能。其二，所实现的电路还包括三态门，其使能端 E 要用独立的乘积项进行控制。

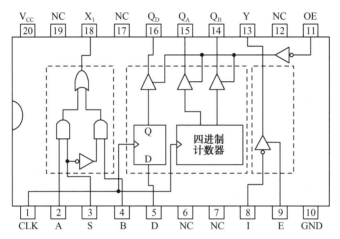

图 5-65　GAL16V8 构成的组合-时序混合的逻辑电路

建立的用户源文件如下：

```
module G16v8(
    input  wire   A,S,B,I,D,E,
    input  wire   CLK，OE,
    output wire   X1，Y,
    output wire   QA，QB，QD
    );
    reg QF,Yn；
    reg[1:0] Q；
    assign {QA,QB,QD} = {Q[0],Q[1],QF}；
    assign X1＝A&S｜～S&B；
    assign Y＝Yn；
    always @（ I or E）
    begin
        if（！E）
            Yn＜＝1'bz；
        else
            Yn＝～I；
    end
```

```
always @ ( posedge CLK or posedge OE )
begin
    if（OE）begin
        {Q[0],Q[1],QF} <= 3'bzzz；  end
    else if（ Q < 2'b11 ）begin
        Q <= Q + 1；  QF=D；  end
    else if（ Q == 2'b11 ）begin
        Q <= 2'b00；  QF=D；  end
end
endmodule
```

将上面的用户源文件编译后下载。这个组合-时序混合的逻辑电路在 GAL16V8 中的等效电路如图 5-66 所示。

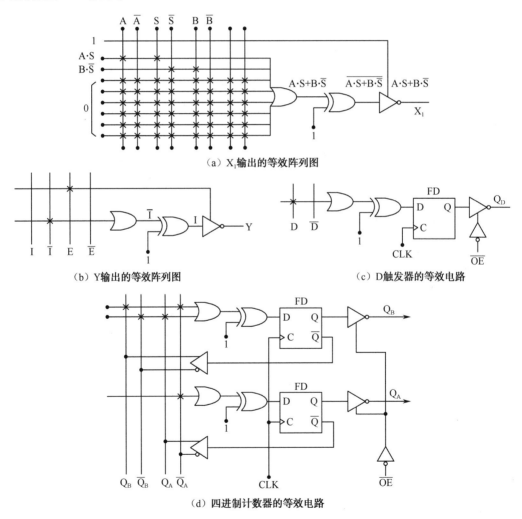

（a）X₁输出的等效阵列图

（b）Y输出的等效阵列图　　　　（c）D触发器的等效电路

（d）四进制计数器的等效电路

图 5-66　GAL16V8 中的等效电路

4. 时序电路的 Verilog 语言设计举例

【例 5-11】 试用 Verilog 语言设计一个串行数据 0101 序列检测器。当检测到 0101 时输出为 1,否则输出为 0。

解:对输入的串行数据做检测的关键是数据位数一致,并且数据各位也相同,因此需要将数据 0101 存储起来,与输入的 4 位串行数据进行对比。

```
module test0101(
    input wire   clk, clr, x_in,   //输入端口声明,x_in 为数据输入端,clr 为复位端
    output wire   f                //输出端口声明
    );
    reg[3:0] QF=4'b0101;           //存储要检测的目标值
    reg[3:0] x_temp;
    assign f = ~ ((x_temp[3] ^ QF[3]) | (x_temp[2] ^ QF[2]) | (x_temp[1] ^ QF[1]) |
                 (x_temp[0] ^ QF[0]));//输入数据与目标值进行比较
    always @ (posedge clk or negedge clr)
    begin
      if (! clr) begin
        x_temp<=4'b0000;           //复位,设置初值
      end
      else begin
        x_temp <= { x_temp[2],x_temp[1],x_temp[0], x_in};   //存储 4 位串行数据
      end
    end
endmodule
```

仿真结果如图 5-67 所示。

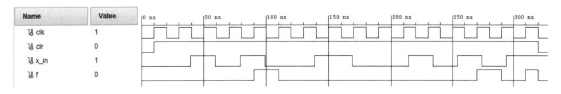

Name	Value
clk	1
clr	0
x_in	1
f	0

图 5-67　仿真结果

【例 5-12】 试用 Verilog 语言设计一个能够控制光点右移、左移、停止的控制电路。光点右移表示电动机正转,光点左移表示电动机反转,光点停止移动表示电动机停止转动。电动机运转规律如下:正转 20s—停 10s—反转 20s—停 10s—正转 20s……假设 PLD 的时钟频率为 50MHz。

解:(1)逻辑设计

设计采用模块化、层次化的设计方法。

用发光二极管的亮、灭变化可以实现光点的移动,即 4 个发光二极管中只一个亮,随着输出电平的变化来控制光点的移动。而电动机运转的时间及状况决定了输出电平的变化情况。用 PLD 实现电动机运转时间的定时及输出电平的变化等。整个 Verilog 程序分为两个层次 4 个模

块,其层次结构图如图 5-68 所示。底层由三个模块组成:时钟分频模块(clk_1s.v)、定时模块(timer.v)和移动控制模块(HC194.v),顶层有 1 个模块(top_con.v)。时钟分频模块用于实现秒脉冲信号,定时模块用于实现 20 秒、10 秒的定时及光点的控制编码,而移动控制模块则用于控制光点的移动。各模块的 Verilog 程序如下,其中移动控制模块(HC194.v)见 74HC194 的 Verilog 语言描述。

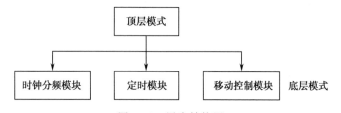

图 5-68　层次结构图

顶层模块(top_con.v)的 Verilog 程序如下:

```
module top_con (
    input   wire   clk_in,reset,
    output[1:0] sele,
    output[3:0]   Q,
    output clk_1s
    );
//调用 3 个模块
clk_1s   u0(.clk_in(clk_in),. reset(reset),. clk_out(clk_1s));   //通过名称关联
timer   u1(.CLK(clk_1s),. RESET(reset),. sel(sele));         //通过名称关联
HC194 u2(clk_1s,1'b1,1'b1,1'b0,1'b0,1'b0,Q[0],Q[3], sele[1],sele[0],Q[3],Q[2],Q[1],Q[0]);
//通过位置关联
endmodule
```

时钟分频模块(clk_1s.v)的 Verilog 程序如下:

```
module clk_1s(input clk_in,reset,output reg clk_out);
    parameter Num = 50000000;              //设置分频参数,产生 1 Hz 时钟
    integer count;
    always @ (negedge reset or posedge clk_in) //外部时钟上升沿有效,复位信号低电平有效
    begin
      if(~reset)
        count <= 0;
      else  if(count == (Num-1))
        count <= 0;
      else
        count <= count + 1;
    end
    always @ (negedge reset or posedge clk_in)
    begin
      if(~reset)
        clk_out <= 0;
```

```verilog
    else begin
        if(count <= (Num/2 − 1))
            clk_out <= 0;
        else
            clk_out <= 1;
        end
    end
endmodule
```

定时模块(timer. v)的 Verilog 程序如下：

```verilog
module timer(
    input   wire   CLK,RESET,
    output[1:0]    sel
    );
    reg[1:0] sele;
    integer iq;
    assign sel[1]=~(RESET & ~sele[1]);
    assign sel[0]=~(RESET & ~sele[0]);
    always @ ( posedge CLK or negedge RESET )
    begin
        if(~RESET) begin
            iq<=0;    sele<=2'b11;   end        //复位时送电平初值
        else if( (iq>=0) && (iq<20) ) begin
            iq<=iq+1; sele<=2'b01;   end        //20 秒正转(右移)控制值
        else if(iq<30 && iq>=20) begin
            iq<=iq+1;   sele<=2'b00;   end      //10 秒停止控制值
        else if (iq<50 && iq>=30) begin
            iq<=iq+1;   sele<=2'b10;   end      //20 秒反转(左移)控制值
        else if (iq<60 && iq>=50) begin
            iq<=iq+1;   sele<=2'b00;   end      //10 秒停止控制值
        else if (iq>59) begin
            iq<=1;    sele<=2'b01;   end
    end
endmodule
```

(2)仿真结果

利用 ModelSim 软件进行波形仿真,得到如图 5-69 所示的部分仿真波形图。

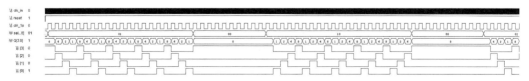

图 5-69　部分仿真波形图

由图 5-69 可见,正转(光点右移)20s 对应的控制值 sele 为 01,4 个输出端由高位到低位循环输出 1 位高电平,实现高电平的右移;同理,光点左移 20s 对应的控制值 sele 为 10,4 个输出端由低位到高位循环输出 1 位高电平,实现高电平的左移。停止 10s 对应的控制值 sele 为 00,输出端状态保持不变,即最高位 Q[3]输出为高电平,其他各位为低电平。

习题 5

5-1 说明时序电路和组合电路在逻辑功能和电路结构上有何不同。

5-2 为什么组合电路用逻辑函数就可以表示其逻辑功能,而时序电路则要用驱动方程、状态方程、输出方程才能表示其逻辑功能?

5-3 试分析题图 5-1 所示的两个电路,哪一个为时序电路? 为什么?

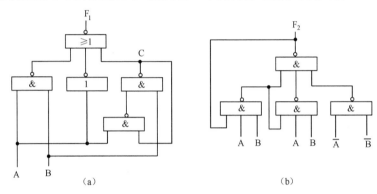

题图 5-1 习题 5-3 的图

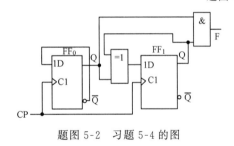

题图 5-2 习题 5-4 的图

5-4 试分析题图 5-2 所示电路的功能。要求写出驱动方程、状态方程、输出方程,画出状态转换图,并对逻辑功能做出说明。

5-5 试分析题图 5-3 所示电路的功能。要求写出驱动方程、状态方程,画出状态转换图,并对逻辑功能做出说明。

5-6 试分析题图 5-4 所示电路的功能。要求写出驱动方程、状态方程,画出状态转换图,并对逻辑功能做出说明。

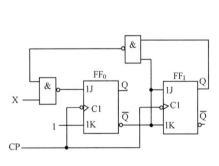

题图 5-3 习题 5-5 的图

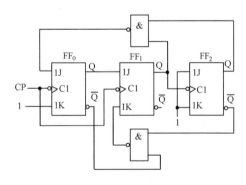

题图 5-4 习题 5-6 的图

5-7　已知逻辑图和时钟脉冲 CP 的波形图如题图 5-5 所示,移位寄存器 A 和 B 均由维持阻塞 D 触发器组成。A 寄存器初始状态为 $Q_{4A}Q_{3A}Q_{2A}Q_{1A}=1010$,B 寄存器初始状态为 $Q_{4B}Q_{3B}Q_{2B}Q_{1B}=1011$,主从 JK 触发器初始状态为 0。试画出 CP 作用下的 Q_{4A}、Q_{4B}、C 和 Q_D 的波形图。

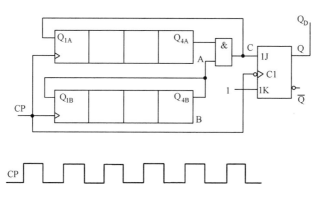

题图 5-5　习题 5-7 的图

5-8　用维持阻塞 D 触发器和与非门设计一个 4 位右移移位寄存器。要求:控制端 $X=0$ 时能串行输入数据 D_1,$X=1$ 时电路具有自循环功能。

5-9　试对应题图 5-6(b)所示的 CP 波形图,画出 Q_0,Q_1,Q_2 的波形,并说明题图 5-6(a)所示电路的功能。

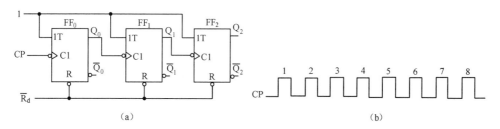

（a）　　　　　　　　　　　　　　　　　（b）

题图 5-6　习题 5-9 的图

5-10　试对应题图 5-7(b)所示的 CP 波形图,画出 Q_0,Q_1,Q_2 的波形图,并说明题图 5-7(a)所示电路的功能。

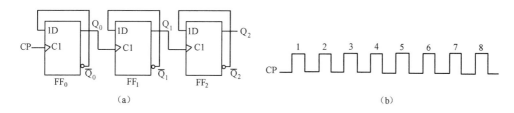

（a）　　　　　　　　　　　　　　　　　（b）

题图 5-7　习题 5-10 的图

5-11　已知一个计数器的电路如题图 5-8 所示。试回答该图是何种计数器。$C=1$ 时电路进行何种计数？$C=0$ 时电路又进行何种计数？

5-12　试用 74HC161 构成 24 进制计数器。

5-13　试用 CD40160 构成 24 进制计数器。

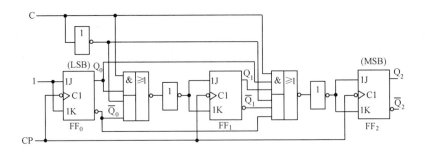

题图 5-8　习题 5-11 的图

5-14　试用 74HC190 构成 24 进制加法计数器。

5-15　试用 74HC190 构成 24 进制减法计数器。

5-16　用 74HC161 构成的电路如题图 5-9 所示。试分别说明电路控制端 $\overline{L}/C$ 为 1 或为 0 时该电路的功能。

5-17　试画出题图 5-10 所示电路的完整状态转换图。

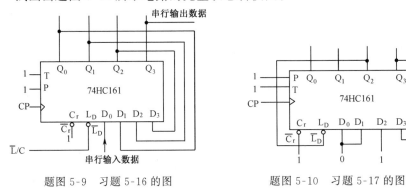

题图 5-9　习题 5-16 的图　　　　题图 5-10　习题 5-17 的图

5-18　题图 5-11 所示电路为一个可变进制计数器。试回答:(1)4 个 JK 触发器构成的是什么功能的电路? (2)MN 分别为 00,01,10,11 时,可组成哪几种进制的计数器?

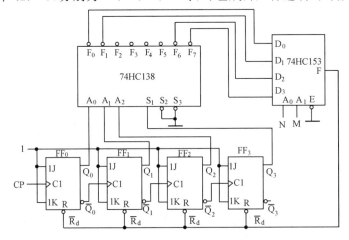

题图 5-11　习题 5-18 的图

5-19　试用 JK 触发器和逻辑门设计一个同步七进制加法计数器。

5-20 试设计一个同步四进制可逆计数器。

5-21 试设计一个能产生 011100111001110 序列的脉冲发生器。

5-22 试用一片 74HC161 和一片 74HC138 及逻辑门设计一个能够产生如题图 5-12 所示脉冲序列的电路。

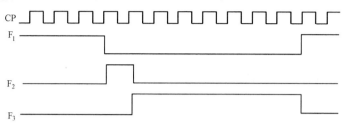

题图 5-12 习题 5-22 的图

5-23 试用 JK 触发器设计一个三相六拍脉冲分配器。分配器的输出波形图如题图 5-13 所示。

5-24 设计一个数字时钟电路,输入脉冲周期为 1 秒。要求能用七段数码管显示从 00 时 00 分 00 秒到 23 时 59 分 59 秒之间的任一时刻。

5-25 试用同步十进制计数器 74160 和 8-3 线优先编码器 74HC148 设计一个可控分频器。要求在控制信号 A,B,C,D,E 分别为 1 时,分频比对应为 $1/2,1/3,1/4,1/5,1/6$。

5-26 设计一个灯光控制逻辑电路。要求红、黄、绿三种颜色的灯在时钟信号作用下的状态转换顺序见题表 5-1。表中的 1 表示"亮",0 表示"灭"。要求电路能自启动。

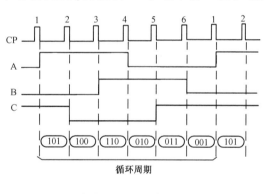

题图 5-13 习题 5-23 的图

题表 5-1 状态转换表

CP 顺序	红	黄	绿
0	0	0	0
1	1	0	0
2	0	1	0
3	0	0	1
4	1	1	1
5	0	0	1
6	0	1	0
7	1	0	0
8	0	0	0

5-27 设计一个流水灯控制电路。要求红、黄、绿三种颜色的灯在秒脉冲作用下顺序、循环点亮。红、黄、绿灯每次亮的时间分别为 5 秒、1 秒、10 秒。要求列出真值表,画出逻辑图,并检查电路能否自启动。

5-28 用 Verilog 语言设计一个带进位的同步 64 进制计数器,要求该计数器具有复位(清零)和使能功能。写出符合 Verilog 语言规范的用户源文件。

5-29 用 Verilog 语言设计一个流水灯控制电路。要求红、黄、绿三种颜色的灯在秒脉冲的作用下顺序、循环点亮。红、黄、绿灯每次亮的时间分别为 15 秒、5 秒、20 秒。写出符合 Verilog 语言规范的用户源文件。

第6章 半导体存储器

半导体存储器属于大规模集成电路,目前主要用于计算机的内存储器。本章首先简单介绍它的特点、分类、技术指标,然后介绍基本存储单元的组成原理、集成半导体存储器的工作原理及功能。

6.1 概述

6.1.1 半导体存储器的特点及分类

半导体存储器又称半导体集成存储器,它是以半导体器件为基本存储单元,用集成工艺制成的。它具有体积小、集成度高、成本低、可靠性高、外围电路简单、与其他电路配合容易、易于批量生产等优点。作为计算机的内存储器,它已完全取代了磁芯存储器。

半导体存储器按制造工艺分类,可分为双极型存储器和 MOS 型存储器。双极型以双极型触发器为存储单元,MOS 型以 MOS 电路为存储单元,而存储单元可以是触发器型的,也可以是电荷存储型的。双极型速度快,常用作计算机的高速缓冲存储器。MOS 型常用作计算机的大容量内存储器。

半导体存储器按存储原理分类,分为静态、动态两种。静态型存储器是触发器,在不失电的情况下,触发器的状态不会改变。动态型存储器用电容存储信息,电容的漏电会导致信息丢失,因此要求定时刷新,也就是要定时对电容进行充电或放电。动态存储器都是 MOS 型的。

6.1.2 半导体存储器的技术指标

半导体存储器有两个主要技术指标:存储容量及存取周期。

1. 存储容量

存储容量表示存储器可以存放的二进制信息的多少。一般来说,存储容量就是存储单元的总数。例如,一个存储器有 4096 个存储单元,称它的存储容量为 4KB(1KB = 2^{10} B = 1024B)。如果说这个存储器保存了 1024 个 4 位的二进制信息,那么它的存储容量为 1K×4 位,表示存储容量的公式为 N(字)×M(位)。

这里提到的存储单元是基本存储单元,是指能够存放一位 0 或 1 的物理器件。通常,计算机存储信息的最小单位也称为存储单元,它由 8 个基本存储单元组成。这样的存储单元其存储容量为 1 字节(Byte)。

2. 存取周期

存储器的性能基本上取决于从存储器读出信息或把信息写入存储器的速度。

存储器的存取速度用存取周期或读写周期来表征。把连续两次读(写)操作的最短间隔时间称为存取周期。对存储器进行读(写)操作后,其内部电路还需要有一段恢复时间才能进行下一次读(写)操作。存取周期取决于存储介质的物理特性,也取决于所使用的读出机构的类型。

6.2　只读存储器

半导体只读存储器,简称 ROM(Read-Only Memory),它是存储固定信息的存储器,预先把信息写入到存储器中,在操作过程中,只能读出信息,不能写入。其优点是结构简单,电路形式和规格也比较统一。经常用它存放固定的数据和程序,如计算机系统的引导程序、监控程序、函数表、字符等。只读存储器是非易失性存储器,去掉电源,所存信息不会丢失。

ROM 按存储内容的写入方式,可分为固定只读存储器(ROM)、可编程只读存储器(Programmable Read-Only Memory,PROM)和可擦可编程只读存储器(Erasable Programmable Read-Only Memory,EPROM)。固定 ROM 在制造时根据特定的要求做成固定的存储内容,出厂后使用者无法更改,只能读出。PROM 的存储内容可由使用者编程写入,但只能写入一次,一经写入就不能再更改。EPROM 的存储内容可以改变,但 EPROM 所存内容的擦去或改写,需要擦除器和编程器实现。它在工作时,也只能读出。近些年来电擦电写的 EEPROM 和快闪存储器的应用也越来越广泛。

6.2.1　固定只读存储器

ROM 的结构如图 6-1 所示,它由地址译码器、存储矩阵和输出及控制电路三部分组成,有双极型 ROM 和 MOS 型 ROM 两类。图 6-2 是一个 4×4 位的 NMOS 型固定 ROM。地址译码器有两根地址输入线 A_1 和 A_0,产生 4 个地址号,每个地址存放一个称为字的 4 位二进制信息。译码器输出线 $W_0\sim W_3$ 称为字线,由输入的地址 A_1A_0 确定选中哪根字线。被选中的数据经过输出缓冲器输出。存储矩阵是 NMOS 管的或门阵列。一个字有 4 位信息,故存储矩阵有 4 根数据线 $\overline{D}_0\sim\overline{D}_3$,数据线又称为位线,它是字×位结构。存储矩阵实际上是一个编码器,其工作时,编码内容是不变的。位线经过反相后输出,即为 ROM 的输出端 $D_0\sim D_3$。每根字线和位线的交叉点是一个存储单元,共有 16 个单元,交叉点有 NMOS 管的存储单元存储 1,无 NMOS 管的存储单元存储 0。例如,当地址 $A_1A_0=00$ 时,$W_0=1$($W_1\sim W_3$ 均为 0),此时选中 0 号地址使第一行的两个 NMOS 管导通,$\overline{D}_2=0$,$\overline{D}_0=0$,而 $\overline{D}_3=\overline{D}_1=1$,经输出电路反相后,输出 $D_3D_2D_1D_0=0101$。因此,选中一个地址(一行),该行的存储内容将被输出。4 个地址存储的内容见表 6-1。

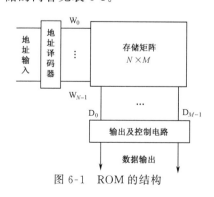

图 6-1　ROM 的结构

表 6-1　ROM 中的存储信息表

地	址	内		容	
A_1	A_0	D_3	D_2	D_1	D_0
0	0	0	1	0	1
0	1	1	0	1	1
1	0	0	1	0	0
1	1	1	1	1	0

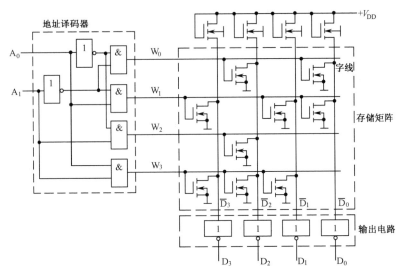

图 6-2　NMOS 型固定 ROM

固定 ROM 的编程是指设计者根据要求确定存储内容,设计出存储矩阵,即哪些交叉点(存储单元)的信息为 1,哪些为 0。为 1 的单元要放置管子,为 0 的单元不需要放置管子,由此画出存储矩阵点阵图。为了画图方便,存储矩阵中有管子处用"码点"表示。图 6-2 的存储矩阵简化点阵图如图 6-3 所示。

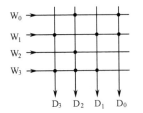

图 6-3　存储矩阵简化点阵图

位线与字线之间的逻辑关系为

$$D_0 = W_0 + W_1, \qquad D_2 = W_0 + W_2 + W_3$$
$$D_1 = W_1 + W_3, \qquad D_3 = W_1 + W_3$$

存储矩阵的输出和输入为或关系,这种存储矩阵是或矩阵。地址译码器的输出和输入为与关系,因此 ROM 是多输入变量(地址)和多输出变量(数据)的与或逻辑阵列。

6.2.2　可编程只读存储器

上述固定 ROM 所存的内容是在制造过程中固定下来的,这种 ROM 适用于产品数量大的通用内容的存储器。面对用户千变万化的需求,厂家推出了一种现场可编程只读存储器(PROM),出厂时 PROM 的内容全是 0(或全是 1)。使用时,用户可以根据需要把存储矩阵中某些内容改写成 1(或 0),但只能改写一次。

一种 PROM 结构如图 6-4 所示,存储矩阵的存储单元由双极型三极管和熔丝组成。存储容量为 32×8 位,存储矩阵是 32 行×8 列,出厂时每个发射极的熔丝都是连通的,这种电路存储的内容全部为 0。如果欲使某单元改写为 1,需要在熔丝中通过大电流,使它烧断。熔丝一经烧断,再不能恢复。

地址译码器输出线为高电平有效,32 根字线分别接 32 行多发射极晶体管的基极,地址译码受 $\overline{CS}$ 片选信号控制。当 $\overline{CS}=0$ 时,选中该芯片工作,输入地址有效,译码输出线中某一根为高电平,选中一个地址。当 $\overline{CS}=1$ 时,译码输出线全部为低电平,此片不工作。

读/写控制电路供读出和写入之用。在写入时,V_{CC} 接 12V 电源,某位写入 1 时,该数据线为 1,写入回路中的稳压管 VD_W 被击穿,VT_2 导通,选中单元的熔丝因通过足够大的电流而烧

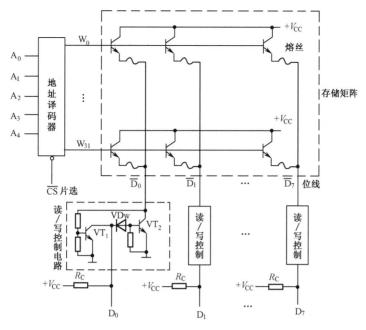

图 6-4　32×8 位熔丝结构 PROM

断；若输入数据为 0，写入电路中相对应的 VT_2 不导通，该位对应的熔丝仍为连通状态，存储的 0 不变。读出时，V_{CC} 接 +5V 电源，低于稳压管的击穿电压，所有 VT_2 都截止，如果被选中的某位对应的熔丝是连通的，则 VT_1 导通，输出为 0；如果熔丝是断开的，则 VT_1 截止，输出为 1。

6.2.3　可擦可编程只读存储器

可擦可编程只读存储器（EPROM）又可以分为光可擦可编程只读存储器（Ultra-Violet Erasable Programmable Read-Only Memory，UVEPROM）、电可擦可编程只读存储器（Electrical Erasable Programmable Read-Only Memory，EEPROM）和快闪存储器（Flash Memory）等。

1. 光可擦可编程只读存储器

光可擦可编程只读存储器（UVEPROM）是采用浮栅技术生产的可编程存储器，它的存储单元多采用 N 沟道叠栅 MOS 管（Stacked-gate Injection Metal-Oxide-Semiconductor，SIMOS）。SIMOS 管的结构及符号如图 6-5 所示。除控制栅 g_c 外，还有一个没有外引线的栅极 g_f，称为浮置栅。控制栅 g_c 用于控制读出和写入，浮置栅 g_f 用于长期保存注入电荷。当浮置栅上没有电荷时，在控制栅上加入正常的高电平能够使漏-源之间产生导电沟道，SIMOS 管导通。反之，在浮置栅上注入了负电荷以后，必须在控制栅上加入更高的电压才能抵消注入电荷的影响，从而形成导电沟道，因此在栅极加上正常的高电平信号时，SIMOS 管将不会导通。

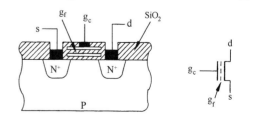

图 6-5　SIMOS 管的结构及符号

当漏-源间加以较高的电压（＋20V～＋25V）时，将发生雪崩击穿现象。如果同时在控制栅上加以高压脉冲（幅度约＋25V，宽度约 50ms），则在栅极电场的作用下，一些速度较高的电子便会穿越 SiO₂ 层到达浮置栅，被浮置栅俘获而形成注入电荷。浮置栅上注入了电荷的SIMOS管相当于写入了 1，未注入电荷的相当于存入了 0。当移去外加电压后，浮置栅上的电子由于没有放电回路，所以能够长期保存。当用紫外线或 X 射线照射时，浮置栅上的电子形成光电流而泄放，从而恢复写入前的状态。照射一般需要 15～20 分钟。为了便于照射擦除，芯片的封装外壳装有透明的石英盖板。由于 EPROM 的写入和擦除一般需要专用的编程器，因而使数字系统的设计和在线调试不太方便。

2. 电可擦可编程只读存储器 EEPROM

EEPROM 的存储单元中采用了一种称为 Flotox（Floating gate Tunnel Oxide，浮置栅隧道氧化层）MOS 管，简称 Flotox 管。Flotox 管与 SIMOS 管相似，它也属于 N 沟道增强型MOS 管，并且有两个栅极——控制栅 g_c 和浮置栅 g_f，其结构及符号如图 6-6 所示。所不同的是，Flotox 管的浮置栅与漏极之间有一个氧化层极薄的隧道区。当隧道区的电场强度大到一定程度时，便在漏极和浮置栅之间出现导电隧道，电子可以双向通过形成电流，这种现象称为隧道效应。

加到控制栅 g_c 和漏极 d 上的电压是通过浮置栅-漏极间的电容和浮置栅-控制栅间的电容分压加到隧道区上的。为了使加到隧道区上的电压尽量大，需要尽可能减小浮置栅和漏极间的电容，因而要求把隧道区的面积做得非常小。

为了提高擦、写的可靠性，并保护隧道区超薄氧化层，在 EEPROM 的存储单元中除Flotox 管以外还附加了一个选通管，如图 6-7 所示。图 6-7 中的 VT_1 为 Flotox 管（也称存储管），VT_2 为普通的 N 沟道增强型 MOS 管（也称选通管）。根据浮置栅上是否充有负电荷来区分存储单元的 1 或 0 状态。由于存储单元用了两个 MOS 管，这无疑也限制了 EEPROM 集成度的进一步提高。

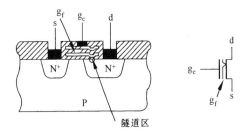

图 6-6　Flotox 管的结构及符号

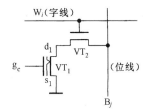

图 6-7　Flotox 管和选通管

3. 快闪存储器（Flash Memory）

快闪存储器吸收了 EPROM 结构简单、编程可靠的优点，又保留了 EEPROM 用隧道效应擦除的快捷特性，而且集成度可以做得很高。图 6-8(a)是快闪存储器采用的叠栅 MOS 管的结构及符号。其结构与 SIMOS 管相似，两者的区别在于快闪存储器中 MOS 管浮置栅与衬底间氧化层的厚度不到 SIMOS 管的一半，而且浮置栅-源极间的电容要比浮置栅-控制栅间的电容小得多。当控制栅-源极间加上电压时,大部分电压都将降在浮置栅-源极之间的电容上。快闪存储器的存储单元就是用这样一只单管组成的,如图 6-8(b)所示。

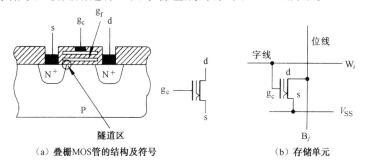

（a）叠栅MOS管的结构及符号 　　　　　　（b）存储单元

图 6-8　快闪存储器中的叠栅 MOS 管及存储单元

快闪存储器综合了 EEPROM 的特点,具有集成度高、容量大、成本低和使用方便的优点,产品的集成度在逐年提高。

【例 6-1】　试用 ROM 设计一个能实现函数 $y=x^2$ 的运算电路,x 的取值范围为 $0\sim15$ 的正整数。

解:因为自变量 x 的取值范围为 $0\sim15$ 的正整数,所以应用 4 位二进制正整数 $B_3B_2B_1B_0$ 表示,而 y 的最大值是 $15^2=225$,可以用 8 位二进制数 $Y_7Y_6Y_5Y_4Y_3Y_2Y_1Y_0$ 表示。

根据 $y=x^2$ 的关系可列出 Y_7,Y_6,Y_5,Y_4,Y_3,Y_2,Y_1,Y_0 与 B_3,B_2,B_1,B_0 之间的关系,见表 6-2。

表 6-2　[例 6-1]的真值表

| 输 入 | | | | 输 出 | | | | | | | | 注 |
B_3	B_2	B_1	B_0	Y_7	Y_6	Y_5	Y_4	Y_3	Y_2	Y_1	Y_0	十进制数
0	0	0	0	0	0	0	0	0	0	0	0	0
0	0	0	1	0	0	0	0	0	0	0	1	1
0	0	1	0	0	0	0	0	0	1	0	0	4
0	0	1	1	0	0	0	0	1	0	0	1	9
0	1	0	0	0	0	0	1	0	0	0	0	16
0	1	0	1	0	0	0	1	1	0	0	1	25
0	1	1	0	0	0	1	0	0	1	0	0	36
0	1	1	1	0	0	1	1	0	0	0	1	49
1	0	0	0	0	1	0	0	0	0	0	0	64
1	0	0	1	0	1	0	1	0	0	0	1	81
1	0	1	0	0	1	1	0	0	1	0	0	100
1	0	1	1	0	1	1	1	1	0	0	1	121
1	1	0	0	1	0	0	1	0	0	0	0	144
1	1	0	1	1	0	1	0	1	0	0	1	169
1	1	1	0	1	1	0	0	0	1	0	0	196
1	1	1	1	1	1	1	0	0	0	0	1	225

根据表 6-2 可以写出表达式如下：

$$Y_7 = \sum(12,13,14,15), \qquad Y_3 = \sum(3,5,11,13)$$

$$Y_6 = \sum(8,9,10,11,14,15), \quad Y_2 = \sum(2,6,10,14)$$

$$Y_5 = \sum(6,7,10,11,13,15), \quad Y_1 = 0$$

$$Y_4 = \sum(4,5,7,9,11,12), \qquad Y_0 = \sum(1,3,5,7,9,11,13,15)$$

根据上述表达式可画出 ROM 点阵图，如图 6-9 所示。

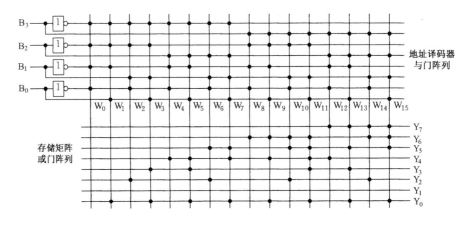

图 6-9　［例 6-1］的 ROM 点阵图

6.3　随机存取存储器

随机存取存储器（Random Access Memory,RAM）可以随机地存入和取出信息,存入也叫写入,取出也叫读出,所以又称读/写存储器。在计算机中,RAM 用作内存储器和高速缓冲存储器。RAM 分为双极型和 MOS 型。它的结构与 ROM 类似,由地址译码器、存储矩阵和读/写控制电路组成。

6.3.1　静态 RAM

静态 RAM 有双极型和 MOS 型。

1. 静态双极型 RAM

能够随意读/写的 RAM 存储单元与 ROM 存储单元截然不同,图 6-10 是发射极读/写存储单元,图中 VT_1 和 VT_2 为多发射极晶体管,与电阻 R_1 和 R_2 构成锁存器。字线 Z 的信号来自地址译码器输出端;其中另一对发射极分别接数据线 D 和 $\overline{D}$,再转接读/写电路。

当字线 Z 为低电平 0.3V 时,该单元未被选中,无论位线是高电平 1.5V 或是低电平 0.7V,对锁存器的状态都没有影响,锁存器维持原状态不变,此时不能写入数据;由于字线电平是最低的,锁存器中处于饱和的三极管电流只能流向字线,不能流向位线,因此也读不出数据。当字线为高电平 3V 时,该锁存器被选中,可以进行读/写。

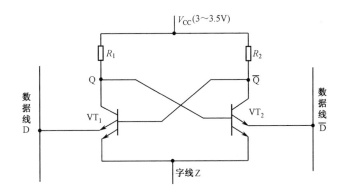

图 6-10　发射极读/写存储单元

读出时,两根数据线 D 和 $\overline{D}$ 都处于高电平 1.5V,由于字线电平高于位线电平,所以锁存器中处于饱和的三极管电流流向位线。若 $\overline{D}$ 线上有电流,则输出 1,否则输出 0。

写入时,若要写入 1,则应在 $\overline{D}$ 线上加入负向写入脉冲,使其电平从 1.5V 降低到 0.7V,而 D 仍保持 1.5V 不变。这时 $\overline{D}$ 线是该单元电平最低的,所以它迫使 VT_2 饱和导通,VT_1 截止。若要写入 0,只要 D 线降为 0.7V,$\overline{D}$ 线保持 1.5V,使 VT_1 饱和,VT_2 截止。写入脉冲过后锁存器维持写入状态不变,直至下次写入为止。

2. 静态 MOS 型 RAM

双极型 RAM 的优点是速度快,但是功耗大,集成度也不高,因此大容量 RAM 一般都是 MOS 型的。其存储单元由 6 管 CMOS 或 6 管 NMOS 组成,如图 6-11 所示。$VT_1 \sim VT_4$ 构成基本 SR 锁存器,VT_5 和 VT_6 为门控管,由行译码器输出控制其导通或截止。当行选择 X_i 为 1 时,VT_5 和 VT_6 导通,锁存器输出端与位线连接;当 X_i 为 0 时,VT_5 和 VT_6 截止,锁存器输出端与位线断开。VT_7 和 VT_8 是门控管,由列译码器输出控制其导通或截止,每一列的位线接若干存储单元,通过门控管 VT_7 和 VT_8 与数据线连接。当 $Y_j = 1$ 时,VT_7 和 VT_8 导通,位线与数据线接通;当 $Y_j = 0$ 时,位线与数据线断开。VT_7 和 VT_8 是数据存入或读出存储内容的控制通道。

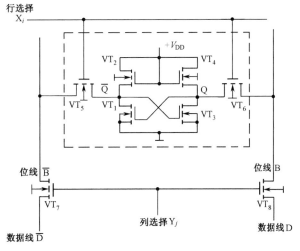

图 6-11　6 管 NMOS 静态存储单元

6.3.2 动态 RAM

为了进一步减少功耗,提高集成度,出现了动态 RAM。它与静态 RAM 的区别在于,信息的存储单元是由门控管和电容组成的,用电容上是否存储电荷表示存 1 或 0。为了防止因电荷泄漏而丢失信息,需要周期性地对这种存储器的内容进行重写,称为刷新。动态 MOS 型 RAM 存储单元以三管和单管结构为多。

1. 三管动态 MOS 型 RAM 存储单元

三管动态 MOS 型 RAM 存储单元如图 6-12 所示。VT_2 为存储管,VT_3 为读门控管,VT_1 为写门控管,VT_4 为同一列公用的预充电管。代码以电荷的形式存储在 VT_2 的栅极电容 C 中,而 C 上的电压又控制着 VT_2 的状态。

读出数据时,首先输入一个预充电脉冲,使 VT_4 导通,将杂散电容 C_D 充电到 V_{DD},然后再使读选择线处于高电平,若 C 上原来有电荷,是高电平,则 VT_2 和 VT_3 都导通,C_D 通过 VT_3 和 VT_2 放电,使数据线输出 0,相当反码输出。若 C 上没有电荷,是低电平,则 VT_2 截止,C_D 无放电回路,读数据线保持在预充电时的高电平。读数据线上的高、低电平经读放大器放大并反相后的输出即为读出结果。

写入数据时,令写选择线为高电平,则 VT_1 导通,当写入 1 时,令数据线为高电平,通过 VT_1 对 C 充电,1 信号便存到 C 上。

2. 单管动态 MOS 型 RAM 存储单元

图 6-13 示出了单管动态 MOS 型 RAM 存储单元,它由门控管 VT 和 C_S 构成。写入信息时,字线为高电平,VT 导通,对电容 C_S 充电,相当写入 1 信息。读出信息时,字线仍为高电平,VT 导通,C_S 上的 1 信号电压 V_S 经过 VT 对 C_0 提供电荷,C_S 上的电荷将在 C_S 和 C_0 上重新进行分配,读出电压为

$$V_R = \frac{C_S}{C_0 + C_S} \cdot V_S$$

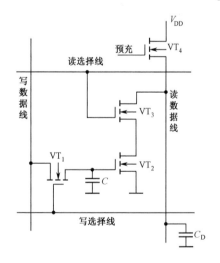

图 6-12　三管动态 MOS 型 RAM 存储单元

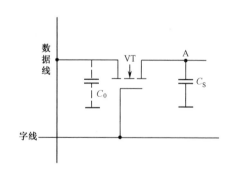

图 6-13　单管动态 MOS 型 RAM 存储单元

因为 $C_0 \gg C_S$，所以读出电压比 V_S 小得多，而且每读一次，C_S 上的电荷要减少很多，将造成所谓的破坏性读出。为解决这个问题，要求将读出的数据重新写入原单元。

6.3.3 集成 RAM 简介

图 6-14 给出了 Intel 公司的静态 MOS 型 2114 RAM 的结构图。由图看出，2114 RAM 的存储容量为 1024×4 位。采用 X 和 Y 双向译码方式。64 行 $\times$ 16 列 可选择 1024 个字，数码是 4 位结构，用一根 Y 译码输出线来控制存储矩阵中 4 列的数据输入、输出通路，图 6-14 中的存储矩阵为 64 行 $\times 64$ 列，64 列中每 4 列为一组，共有 16 组，分别由 16 根 Y 译码输出线控制。

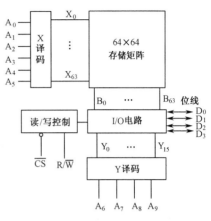

图 6-14　2114 RAM 结构图

读或写操作在 R/$\overline{\text{W}}$（读/写信号）和 $\overline{\text{CS}}$（片选信号）的控制下进行。当 $\overline{\text{CS}}=0$ 且 R/$\overline{\text{W}}=1$ 时，实现读出操作。当 R/$\overline{\text{W}}=0$ 且 $\overline{\text{CS}}=0$ 时执行写操作。

正确使用 2114 RAM 的关键是掌握各种信号之间的时间关系。这些问题要到专业课中解决。

6.3.4 RAM 的扩展

RAM 芯片的种类很多，容量有大有小。当一片 RAM 不能满足存储容量及位数要求时，可以将多个芯片连接起来。

1. 位扩展

位扩展是指把多个相同地址输入端的 RAM 芯片的地址并联起来，把所有芯片的位线加起来作为扩展后的位线。图 6-15 是用 4 片 256×1 位的 RAM 扩展成 256×4 位的 RAM 的接线图。

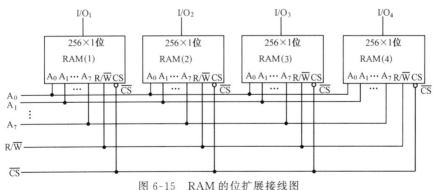

图 6-15　RAM 的位扩展接线图

2. 字扩展

如果现有的 RAM 位数够用，而字数不够用时，需要进行字扩展。例如，将 256×8 位的 RAM 扩展成 1024×8 位的 RAM，需要 4 片 256×8 位 RAM 及一片 2-4 线译码器，接线方法如图6-16所示。

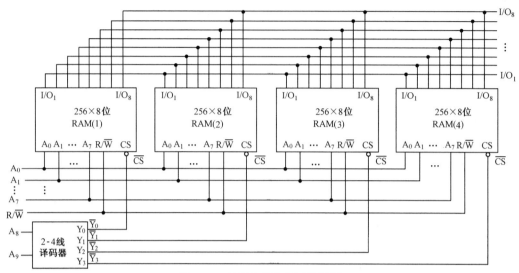

图 6-16　RAM 的字扩展接线图

上述位扩展和字扩展方法也同样适用于 ROM。

如果一片 RAM 或 ROM 的位数和字数都不够用，就需要同时采用位扩展和字扩展的方法，用多片 RAM 组成一个大的存储器系统，以满足对存储容量的要求。

【例 6-2】　试用 1024×4 位($1K \times 4$ 位)RAM 实现 4096×8 位存储器。

解：构成 4096×8 位存储器所需的 1024×4 位 RAM 芯片数为

$$C = \frac{总存储容量}{一片存储容量} = \frac{4096 \times 8}{1024 \times 4} = 8\ 片$$

根据 $2^n =$ 字数，求得 4096 字的地址线数 $n = 12$，两片 1024×4 位 RAM 并联可实现位扩展，达到 8 位的要求。地址线 A_{11} 和 A_{10} 接译码器输入端，译码器的每根输出线对应连接两片 1024×4 位 RAM 的 $\overline{CS}$ 端。连接方式如图 6-17 所示。

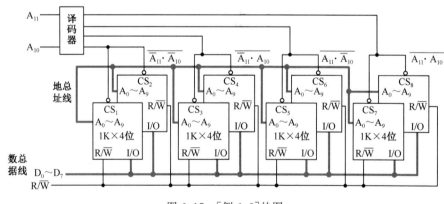

图 6-17　[例 6-2]的图

习题 6

6-1　为什么用 ROM 可以实现逻辑函数？

6-2 已知固定 ROM 中存放的 4 个 4 位二进制数 0101,1010,0010,0100,试画出 ROM 的点阵图。

6-3 ROM 点阵图及地址线上的波形图如题图 6-1 所示,试画出 $D_3 \sim D_0$ 线上的波形图。

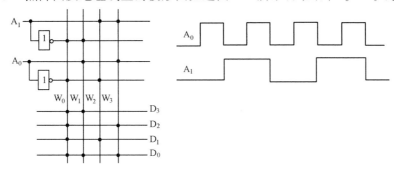

题图 6-1 习题 6-3 的图

6-4 ROM 和 RAM 有什么相同和不同之处? ROM 写入信息有几种方式?

6-5 下列 RAM 各有多少根地址线?

(1)512×2 位　　　(2)1K×8 位　　　(3)2K×1 位

(4)16K×1 位　　　(5)256×4 位　　　(6)64K×1 位

6-6 如何将 256×1 位 RAM 扩展成下列存储器?

(1)2048×1 位　　　　(2)256×8 位　　　　(3)1024×4 位

6-7 设一片 RAM 的字数为 n,位数为 d,扩展后的字数为 N,位数为 D,给出计算片数 x 的公式。

6-8 4 片 16×4 位 RAM 和逻辑门构成的电路如题图 6-2 所示。试回答:

(1)单片 RAM 的存储容量和扩展后的 RAM 总容量各是多少?

(2)题图 6-2 所示电路的扩展属于位扩展、字扩展? 还是位、字扩展都有?

(3)当地址码为 00010110 时,RAM(0)～RAM(3)中的哪几片被选中?

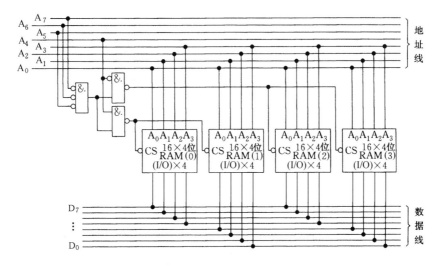

题图 6-2 习题 6-8 的图

6-9 用 ROM 设计一个组合逻辑电路,用来产生下列逻辑函数,画出点阵图。

$$\begin{cases} Y_1 = \overline{A} \cdot \overline{B} \cdot \overline{C} \cdot \overline{D} + \overline{A} \cdot B \cdot \overline{C} \cdot D + A \cdot \overline{B} \cdot C \cdot \overline{D} + A \cdot B \cdot C \cdot D \\ Y_2 = \overline{A} \cdot \overline{B} \cdot C \cdot \overline{D} + \overline{A} \cdot B \cdot C \cdot D + A \cdot \overline{B} \cdot \overline{C} \cdot \overline{D} + A \cdot B \cdot \overline{C} \cdot D \\ Y_3 = \overline{A} \cdot B \cdot D + \overline{B} \cdot C \cdot \overline{D} \\ Y_4 = B \cdot D + \overline{B} \cdot \overline{D} \end{cases}$$

6-10　由 16×4 位 ROM 和 4 位二进制加法计数器 74HC161 组成的脉冲分配电路如题图 6-3所示，ROM 的输入、输出关系见题表 6-1。试画出在 CP 信号作用下 D_3, D_2, D_1, D_0 的波形图。

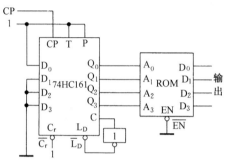

题图 6-3　习题 6-10 的图

题表 6-1　ROM 的输入、输出关系

地 址 输 入				数 据 输 出			
A_3	A_2	A_1	A_0	D_3	D_2	D_1	D_0
0	0	0	0	1	1	1	1
0	0	0	1	0	0	0	0
0	0	1	0	0	0	1	1
0	0	1	1	0	1	0	0
0	1	0	0	0	1	0	1
0	1	0	1	1	0	1	0
0	1	1	0	1	0	0	1
0	1	1	1	1	0	0	0
1	0	0	0	1	1	1	1
1	0	0	1	1	1	0	0
1	0	1	0	0	0	0	1
1	0	1	1	0	0	1	0
1	1	0	0	0	0	0	1
1.	1	0	1	0	1	0	0
1	1	1	0	0	1	1	1
1	1	1	1	0	0	0	0

第7章 脉冲波形的产生与整形

本章主要介绍获得矩形脉冲波(矩形波)的方法。一是利用多谐振荡器直接产生所需要的矩形波;二是利用整形电路,将不理想的波形变换成所要求的矩形波。首先介绍集成555定时器及用它构成矩形波发生器与整形电路的方法,然后介绍由门电路构成的矩形波发生器和整形电路。在整形电路中主要介绍单稳态电路和施密特触发电路。

7.1 集成555定时器及其应用

集成555定时器的用途很广,经常用来构成矩形波发生器与整形电路。另外,该定时器在测量与控制、家用电器和电子玩具等许多领域都得到了广泛的应用。

集成555定时器有双极型和CMOS型两类。这两类的电路结构和工作原理相似,逻辑功能与外部引线排列完全相同。下面以双极型555定时器为例进行介绍。

7.1.1 电路组成和工作原理

1. 电路组成

图7-1(a)和(b)分别表示555定时器的原理电路和引脚排列图。

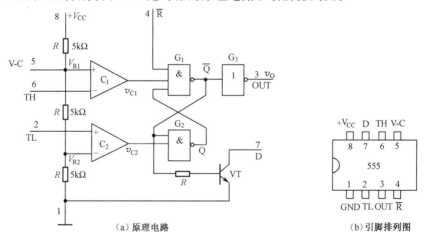

(a)原理电路   (b)引脚排列图

图7-1 555定时器

由图7-1(a)可知,555定时器由电阻分压器、比较器、基本SR锁存器、输出缓冲器和三极管开关等5部分组成。

(1)电阻分压器

电阻分压器由三个阻值均为$5k\Omega$的电阻串联而成,为比较器C_1和C_2提供参考电压V_{R1}和V_{R2},C_1的同相输入端电压$V_+ = V_{R1} = 2/3V_{CC}$,C_2的反相输入端$V_- = V_{R2} = 1/3V_{CC}$。如果在电压控制端5另加控制电压,则可改变比较器C_1和C_2的参考电压V_{R1}和V_{R2}的值。工作中不使用电压控制端 5 时,将电压控制端 5 通过一个 $0.01\mu F$ 的电容接地,以旁路高频干扰。电阻分压器上端 8 接 V_{CC},下端 1 接地。

(2)比较器

C_1 和 C_2 是两个比较器,C_1 的同相输入端"+"接到参考电压 V_{R1} 端上,即电压控制端 5,反相输入端"−"用 TH 表示,称为高触发端 6;C_2 的反相输入端"−"接到参考电压 V_{R2} 端上,同相输入端"+"用 TL 表示,称为低触发端 2。当同相输入端电压 V_+ 大于反相输入端电压 V_-($V_+>V_-$)时,比较器输出 v_{C1} 和 v_{C2} 为高电平;当同相输入端电压 V_+ 小于反相输入端电压 V_-($V_+<V_-$)时,比较器输出 v_{C1} 和 v_{C2} 为低电平。

(3)基本 SR 锁存器

基本 SR 锁存器由两个与非门构成,$\overline{R}$ 是专门设置的可从外部置 0 的复位端 4,当 $\overline{R}=0$ 时,使 $Q=0,\overline{Q}=1$,工作时锁存器的状态受比较器输出 v_{C1} 和 v_{C2} 控制。

(4)输出缓冲器

输出缓冲器由接在输出端的非门 G_3 构成,其作用是提高定时器的带负载能力,隔离负载对定时器的影响。非门 G_3 的输出为定时器的输出 OUT(v_O)。

(5)三极管开关

三极管 VT 在此电路中作为开关使用,其状态受锁存器 $\overline{Q}$ 端控制,当 $\overline{Q}=0$ 时,VT 截止,当 $\overline{Q}=1$ 时,VT 饱和导通。

555 定时器有 8 个引出端:1 为地端,2 为低触发端,3 为输出端,4 为复位端,5 为电压控制端,6 为高触发端,7 为放电端,8 为电源端。

2. 工作原理

分析如图 7-1(a)所示原理电路便可得到 555 定时器的功能表,见表 7-1。表中"×"表示任意,"不变"表示保持原来状态,"0"表示低电平,"1"表示高电平。

表 7-1　555 定时器的功能表

TH	TL	$\overline{R}$	v_O (OUT)	VT
$\times$	$\times$	0	0	导通
$v_{TH}>2/3V_{CC}$	$\times$	1	0	导通
$v_{TH}<2/3V_{CC}$	$v_{TL}>1/3V_{CC}$	1	不变	不变
$v_{TH}<2/3V_{CC}$	$v_{TL}<1/3V_{CC}$	1	1	截止

只要 $\overline{R}=0$,则 $\overline{Q}=1$,v_O 为低电平,即 OUT=0,VT 处于导通状态;当 $v_{TH}>2/3V_{CC}$ 时,即 $V_->V_+$,则 v_{C1} 为低电平,$\overline{Q}=1$,v_O 为低电平,VT 导通;当 $v_{TH}<2/3V_{CC}$,$v_{TL}>1/3V_{CC}$ 时,v_{C1} 为高电平,v_{C2} 为高电平,基本 SR 锁存器保持原来状态,因此输出和三极管 VT 也保持原来状态;当 $v_{TH}<2/3V_{CC}$,$v_{TL}<1/3V_{CC}$ 时,v_{C1} 为高电平,v_{C2} 为低电平,$Q=1$,$\overline{Q}=0$,v_O 为高电平,VT 截止。

7.1.2　集成 555 定时器的应用

1. 多谐振荡器

在数字系统中经常要用到方波信号,例如,时钟脉冲(CP)。多谐振荡器是一种能够产生矩形波(方波)的电路。它没有稳态,不需外加触发信号,接通电源以后便能自动地、周而复始地产生矩形波输出。因为矩形波中含有各种多次谐波分量,所以把能够产生矩形波的电路称为多谐振荡器。

利用 555 定时器能很简便地构成多谐振荡器，如图 7-2 所示。图中 R_1、R_2 和 C 为外接电阻和电容，是定时元件。

这种电路的工作原理比较简单，现分析如下：电路接通电源前，定时电容 C 上的电压 $v_C=0V$。因为 TH 端、TL 端连接到 C 与 R_2 的连接处 d，所以 TH 和 TL 端的电位为 0，即 $v_{TH}=v_{TL}=v_d=v_C=0V$。当电路开始接通电源 V_{CC} 时，因为电容上电压 v_C 不能突变，TH 和 TL 端均处于低电位，所以 $v_{TH}<V_{R1}$，使比较器 C_1 输出 v_{C1} 为高电平；同时 $v_{TL}<V_{R2}$，使比较器 C_2 输出 v_{C2} 为低电平。此时，基本 SR 锁存器处于 1 状态，$Q=1$，$\overline{Q}=0$，定时器输出 v_O 为高电平，同时使三极管开关截止，电源 V_{CC} 通过 R_1 和 R_2 给电容 C 充电，使 TH 和 TL 端的电位逐渐升高。这时电路处于暂稳态，定时器输出 v_O 保持高电平。当电容 C 充电，v_C 上升到 $2/3V_{CC}$ 时，TH 和 TL 端的电位同时也上升到 $2/3V_{CC}$，使比较器 C_1 输出 v_{C1} 为低电平，比较器 C_2 输出 v_{C2} 为高电平，此时，基本 SR 锁存器置 0 状态，$Q=0$，$\overline{Q}=1$，定时器输出 v_O 跳变为低电平，同时使三极管开关 VT 导通，电容 C 经 R_2 和三极管 VT 开始放电，TH 端和 TL 端的电位逐渐下降，电路处于另一个暂稳态，定时器输出 v_O 保持低电平。当电容 C 放电，v_C 下降到 $1/3V_{CC}$ 时，TH 端和 TL 端的电位同时也下降到 $1/3V_{CC}$，使比较器 C_1 输出 v_{C1} 为高电平，比较器 C_2 输出 v_{C2} 为低电平，此时，基本 SR 锁存器置 1 状态，$Q=1$，$\overline{Q}=0$，定时器输出 v_O 跳变为高电平，同时又使三极管 VT 截止，电源 V_{CC} 又通过 R_1 和 R_2 给电容 C 充电……如此周而复始，两个暂稳态不停地相互转换，在定时器的输出端就可得到矩形波输出。其工作波形图如图 7-3 所示。

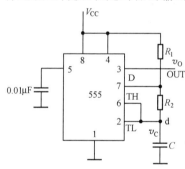

图 7-2　多谐振荡器

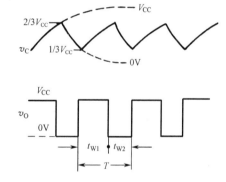

图 7-3　工作波形图

振荡周期 T 和振荡频率 f 的近似计算公式如下：

$$t_{w1}\approx(R_1+R_2)C\ln2\approx0.7(R_1+R_2)C, \quad t_{w2}\approx R_2C\ln2\approx0.7R_2C$$

$$T=t_{w1}+t_{w2}\approx0.7(R_1+2R_2)C, \quad f=\frac{1}{T}\approx\frac{1.43}{(R_1+2R_2)C}$$

输出脉冲幅度为
$$V_m\approx V_{CC}$$

图 7-4 是用 555 定时器构成的占空比（脉冲宽度与周期之比）可调的多谐振荡器。该电路图比图 7-2 电路多两个二极管 VD_1 和 VD_2 及一个电位器 R_P。

当三极管 VT 截止时，V_{CC} 通过 R_1 和 VD_1 给电容 C 充电；当三极管 VT 导通时，电容 C 通过 R_2 和 VD_2 放电。因此有

脉冲宽度为
$$t_{w1}\approx0.7R_1C$$
脉冲间隔时间为
$$t_{w2}\approx0.7R_2C$$
振荡周期为
$$T\approx0.7(R_1+R_2)C$$

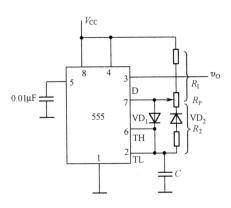

图 7-4　占空比可调的多谐振荡器

占空比为 $q = \dfrac{t_{w1}}{t_{w1}+t_{w2}} \approx \dfrac{0.7R_1C}{0.7(R_1+R_2)C} = \dfrac{R_1}{R_1+R_2}$

当调节 R_P 时，就能改变 R_1 和 R_2 的比值，也就改变了占空比，而振荡周期保持不变。

【例 7-1】 试用 555 定时器设计一个每隔 6s 振荡 1s 的多谐振荡器，其振荡频率为 500Hz。

解： 本题有两个要求，一是振荡 1s 之后停振 6s，然后再振荡 1s，……；二是振荡频率为 500Hz，即 1s 之内输出 500 个矩形波。先在振荡频率为 500Hz 的多谐振荡器的复位 $\overline{R}$ 端加入 1s 的高电平，接下来是 6s 的低电平，便可达到题目的要求。为此，需设计一个占空比 $q = 1/7$，周期 $T = 7s$ 的多谐振荡器。

由于占空比小于 1/2，因此应选择图 7-4 所示电路。根据

$$q = \frac{R_1}{R_1+R_2} = \frac{1}{7}$$

求得
$$R_2 = 6R_1$$

再根据 $T = 0.7(R_1+R_2)C = 0.7(R_1+6R_1)C$，取 $C = 10\mu F$，算得

$$R_1 = 143(k\Omega), \quad R_2 = 857(k\Omega)$$

对于 500Hz 多谐振荡器的占空比，题目未提出要求，参照图 7-2 所示电路，R_3 和 R_4 分别对应图中的 R_1 和 R_2。现选占空比等于 2/3，根据

$$q = \frac{R_3+R_4}{R_3+2R_4} = \frac{2}{3}$$

算得
$$R_3 = R_4$$

再根据 $T = 0.7(R_3+2R_4)C$，取 $C = 1\mu F$，算得

$$R_3 = R_4 = 0.95(k\Omega)$$

根据上述设计画出例 7-1 的电路，如图 7-5 所示。

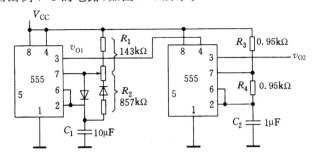

图 7-5　[例 7-1] 的电路图

2. 单稳态电路

单稳态电路的特点：它有一个稳定状态和一个暂稳状态；它在外来触发脉冲作用下，电路的状态能够由稳定状态翻转到暂稳状态；在暂稳状态维持一段时间以后，它将自动地返回稳定状态，而暂稳态维持时间的长短与触发脉冲无关，仅决定于电路本身的参数。

这种电路的功能是,每触发一次,电路就会输出一个宽度一定、幅度一定的矩形波。

这种电路在数字系统中,一般用于定时、整形和延时。

(1)定时:产生一定宽度的方波。

(2)整形:把不规则的波形转换成宽度、幅度都相同的矩形波。

(3)延时:将输入信号延迟一定时间之后输出。

图 7-6 是用 555 定时器构成的单稳态电路,其中 R,C 是定时元件,单稳态电路的输入信号 v_{I} 加在低触发端 TL 上,3 端是单稳态电路输出端 OUT(v_{O}),高触发端 TH(6)和放电端 D(7)连接到 C 与 R 的连接点 d 处。

结合图 7-1 和图 7-6,对电路工作原理分析如下:

稳态时,触发脉冲 v_{I} 为高电平(表示为 $V_{\mathrm{I}}=1$),基本 SR 锁存器处于 0 状态,$\overline{Q}=1$,三极管 VT 饱和导通,TH 和 D 端处于低电平,输出端为低电平(OUT=0)。其过程是:没有输入触发脉冲,$V_{\mathrm{I}}=1$。接通电源 V_{CC} 后,V_{CC} 通过 R 给 C 充电,v_{C} 上升,TH 和 D 端电位也随之上升。当上升到 $2/3V_{\mathrm{CC}}(v_{\mathrm{C}}=v_{\mathrm{TH}}=2/3V_{\mathrm{CC}})$ 时,使比较器 C_1 输出 $V_{\mathrm{C1}}=0$,此时基本 SR 锁存器置 0 状态,$Q=0$,$\overline{Q}=1$,定时器输出(单稳态电路输出)OUT=0。同时三极管 VT 饱和导通,C 通过三极管 VT 放电,则 $v_{\mathrm{TH}}=v_{\mathrm{C}}=0$,至此整个电路处于稳定状态。

当输入窄触发负脉冲到来后,即 v_{I} 由高电平跳变到低电平时,单稳态电路状态由稳态翻转到暂稳态:OUT=1,三极管 VT 截止,电源 V_{CC} 又通过 R 给 C 充电。翻转过程是:当 V_{I} 由 1 变为 0 时,即 $v_{\mathrm{I}}<V_{\mathrm{R2}}$,使比较器 C_2 输出 $V_{\mathrm{C2}}=0$,此时基本 SR 锁存器置 1,$Q=1$,$\overline{Q}=0$,则输出 OUT=1。同时三极管 VT 截止,电源 V_{CC} 又重新通过 R 给 C 充电,至此电路由稳态翻转到暂稳态,输入负跳变触发脉冲结束,即 v_{I} 由低电平又跳变为高电平。

在暂稳态期间,电源 V_{CC} 通过 R 给 C 充电,随着电容 C 充电过程,v_{C} 升高,TH 和 D 端电位也随之升高。当 TH 端电位上升到 $2/3V_{\mathrm{CC}}$ 时,使比较器 C_1 输出 $V_{\mathrm{C1}}=0$,此时基本 SR 锁存器复位到 0 状态,$Q=0$,$\overline{Q}=1$,输出 v_{O} 又变为低电平。同时三极管 VT 饱和导通,电容 C 通过 VT 进行放电。电路由暂稳态自动返回到稳态。可见,暂稳态时间由 RC 电路参数而定。

单稳态电路在负脉冲触发作用下由稳态翻转到暂稳态,由于电容充电,因此暂稳态自动返回稳态。这一转换过程为单稳态电路的一个工作周期。其工作波形图如图 7-7 所示。

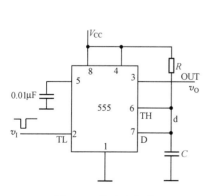

图 7-6　单稳态电路

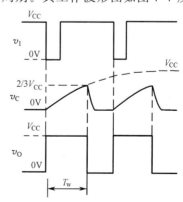

图 7-7　单稳态电路工作波形图

如果忽略三极管的饱和压降,则电容 C 从 0V 上升到 $2/3V_{CC}$ 的时间为暂稳态时间,即输出脉冲宽度
$$T_w = RC\ln3 = 1.1RC$$

这种单稳态电路要求输入触发脉冲宽度要小于 T_w,而输入 v_I 的周期要大于 T_w,这就使 v_I 的每一个负触发脉冲都会起作用。如果输入负触发脉冲宽度大于输出脉冲宽度 T_w,则可以在输入负触发脉冲和单稳态电路输入端之间接入一个 RC 微分电路,即 v_I 通过 RC 微分电路接到低触发端 TL 上。

3. 施密特触发电路

施密特触发电路是一种脉冲波整形电路。它的应用十分广泛,其中一个重要的应用是它可将边沿变化缓慢的输入信号波形(如正弦波、锯齿波等)整形为矩形波,以适应数字电路的需要。而且由于施密特触发电路具有回差电压,因此抗干扰能力比较强。

将 555 定时器的高触发端 TH 和低触发端 TL 连接起来即可构成施密特触发电路,电路如图 7-8 所示。如果输入信号 v_I 是一个三角波,当 v_I 处于低电平($v_I < 1/3V_{CC}$)时,比较器 C_2 输出 $V_{C2} = 0$,则基本 SR 锁存器置 1 状态($Q=1, \overline{Q}=0$),输出 OUT$=1$;当 v_I 上升到稍大于 $2/3V_{CC}$ 后,比较器 C_1 输出 $V_{C1} = 0$,则基本 SR 锁存器置 0 状态($Q=0, \overline{Q}=1$),输出 OUT$=0$;当 v_I 由高电位下降到稍小于 $1/3V_{CC}$ 后,比较器 C_2 输出 $V_{C2}=0$,基本 SR 锁存器又置 1,输出 v_O 又跳变为高电平(OUT$=1$)。如此连续变化,则在输出端获得一个矩形波输出。其工作波形图如图 7-9(a)所示。

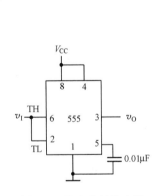

图 7-8 施密特触发电路

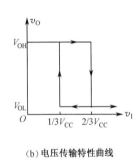

(a)工作波形图 (b)电压传输特性曲线

图 7-9 施密特触发电路工作波形图和电压传输特性曲线

从工作波形图上可以看出,上限阈值电压 $V_+ = 2/3V_{CC}$,下限阈值电压 $V_- = 1/3V_{CC}$,回差电压 $\Delta V = V_+ - V_- = 1/3V_{CC}$。若在电压控制端 5 加上控制电压 V_{CO},则可通过改变 V_{CO} 调节 V_+、V_- 和 ΔV 的值。

由工作波形图中 v_O 和 v_I 的对应关系,可画出 $v_O = f(v_I)$ 的关系曲线,如图 7-9(b)所示。此关系曲线就是施密特触发电路的电压传输特性曲线。

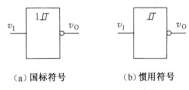

(a)国标符号 (b)惯用符号

图 7-10 施密特触发电路逻辑符号

施密特触发电路状态的转换要由输入信号 v_I 来触发,同时输出的高、低电平也有赖于输入信号 v_I 的高、低电平来维持。输出对输入的这种依赖关系与门电路相同,因此常用图 7-10 所示的逻辑符号表示施密特触发电路,输出端的小圆圈表示输入、输出之间是反相关系(如

果是同相关系,则无小圆圈)。方框图中的滞后特性表示电路具有施密特触发特点。有时也把图 7-10 所示的符号称为施密特触发的反相器。

回差电压 ΔV 越大,电路的动作电压就越高,抗干扰能力也就越强。

施密特触发电路常用于进行波形变换及脉冲波的整形(参见 7.2 节)。

555 定时器除上述三种典型的应用实例外,还可变化引伸出更多的应用实例,如过压越限报警、音频振荡器等。总之,它被广泛应用于各个领域中。

7.2　门电路构成的矩形波发生器与整形电路

7.2.1　多谐振荡器

1. RC 环形多谐振荡器

由 CMOS 反相器构成的 RC 环形多谐振荡器如图 7-11 所示。电路中,RC 电路充当延时环节,这样既可延时,又可通过调节 R 或 C 的值来调节振荡频率。

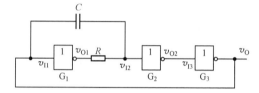

图 7-11　RC 环形多谐振荡器

由于 RC 电路的延时远远大于门的传输延时 t_{pd},所以分析时可以忽略 t_{pd},认为每个门的输入、输出的跳变都同时发生。当 $v_{I3} > V_T$(阈值电压,对 CMOS 反相器,$V_T = V_{DD}/2$)时,v_O 为低电平;当 $v_{I3} < V_T$ 时,v_O 为高电平。在分析电路工作过程时,抓住 v_{I2} 这一关键电压值,就能领会电路输出 v_O 的矩形波产生的原理了。另外,要注意的是,电容上的电压不能突跳,使 v_{I2} 不能随 v_{O1} 跳变(v_{O1} 和 v_{I2} 之间有电阻 R 的结果),而使 v_{I2} 能随 v_O 跳变(v_O 和 v_{I2} 之间的电容 C 耦合的结果)。

RC 环形多谐振荡器工作过程如下:当 v_O 由 V_{OH} 下跳为 V_{OL} 时,v_{O1} 由 V_{OL} 上跳为 V_{OH},同时 v_{I2} 随 v_O 下跳为 $-V_D$,v_{O2} 由 V_{OL} 上跳为 V_{OH},维持 v_O 为 V_{OL},此时为暂稳态 I。此间 v_{O1} 通过电阻 R 给电容 C 充电,使 v_{I2} 的电位逐渐上升。充电回路 $v_{O1} \rightarrow R \rightarrow v_{I2} \rightarrow C \rightarrow v_O$,充电的等效电路如图 7-12(a)所示,其中 G_1 中导通的 PMOS 管电阻 $R_{ON(P)}$ 及 G_3 中导通的 NMOS 管电阻 $R_{ON(N)}$ 很小,可以忽略。当 v_{I2} 上升到大于阈值电压 V_T 时,v_{O2} 由 V_{OH} 下跳为 V_{OL},v_O 由 V_{OL} 上跳为 V_{OH},到此暂稳态 I 结束,进入暂稳态 II。

在暂稳态 II 期间,v_{O1} 由 V_{OH} 下跳为 V_{OL},v_{I2} 随 v_O 上跳为 $V_{DD} + V_D$,v_{O2} 由 V_{OH} 下跳为 V_{OL},维持 v_O 为 V_{OH},此间 v_O 通过 R 给电容 C 进行反向充电,使 v_{I2} 的电位逐渐下降。充电回路为 $v_O \rightarrow C \rightarrow v_{I2} \rightarrow R \rightarrow v_{O1}$,充电的等效电路如图 7-12(b)所示。当 v_{I2} 下降到小于阈值电压 V_T 时,v_{O2} 由 V_{OL} 上跳为 V_{OH},v_O 由 V_{OH} 下跳为 V_{OL},到此暂稳态 II 结束,又进入暂稳态 I。同时 v_O 由 V_{OH} 下跳为 V_{OL},v_{O1} 由 V_{OL} 上跳为 V_{OH},v_{I2} 又下跳为负值,维持 v_O 为 V_{OL}。电容 C 又进行充电……如此靠电容 C 的充、放电过程,使两个暂稳态周而复始地相互转换,在门 G_3 的输出端 v_O 得到的就是矩形脉冲波输出。其工作波形图如图 7-13 所示,其中各点电压的波形均为理想状态。

振荡器的暂稳态时间和周期的近似计算公式为

$$t_{w1}=t_{w2}\approx RC\ln 2$$
$$T=t_{w1}+t_{w2}\approx 1.4RC$$

式中，R，C 是外接的。

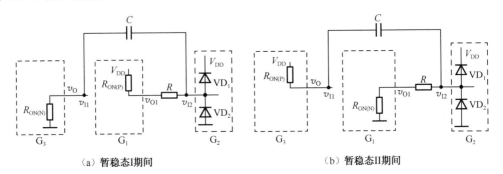

（a）暂稳态I期间　　　　　　　　　　　　　　（b）暂稳态II期间

图 7-12　充电的等效电路

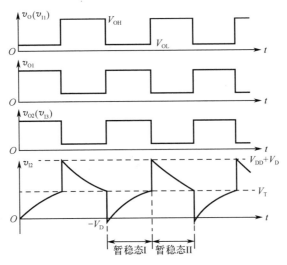

图 7-13　RC 环形多谐振荡器理想工作波形图

2. 带石英晶体的环形多谐振荡器

在前面介绍的多谐振荡器中，决定振荡频率的主要因素是电路到达阈值电压 V_T 的时间。当电路状态接近转换时，电容的充、放电过程已经比较缓慢，V_T 的微小变化或者干扰都会严重影响振荡周期。因此，在对频率稳定性要求较高的场合，普遍采用具有很高频率稳定度的石英晶体振荡器。

图 7-14 所示为石英晶体的符号与阻抗频率特性曲线。石英晶体有两大特性，一是它的品质因数 Q 很大，因而它具有良好的选频特性；二是它有一个固有谐振频率 f_0，而 f_0 只与晶片的几何尺寸有关，所以很稳定。

带石英晶体的环形多谐振荡器如图 7-15 所示。由于石英晶体谐振时的阻抗最小，在其他频率时为高阻抗，所以该电路的工作频率决定于石英晶体本身的固有谐振频率 f_0。图 7-15 中电阻 R 的作用是使反相器工作在线性放大区。R 的取值，对于 TTL 型门电路通常在 1～

$2k\Omega$ 之间;对于 CMOS 型门电路则常在 $10\sim100M\Omega$ 之间。电容为耦合电容,其中 C_2 用于高频滤波,以保证稳定的频率输出。电容 C_2 的选择应使 $2\pi RC_2 f_0 = 1$,从而使 RC_2 并联网络在 f_0 处产生极点,以减少谐振信号的损失。

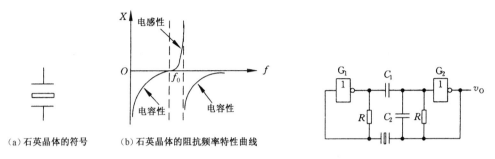

（a）石英晶体的符号　　（b）石英晶体的阻抗频率特性曲线

图 7-14　石英晶体的符号与阻抗频率特性曲线　　图 7-15　带石英晶体的环形多谐振荡器

7.2.2　单稳态电路

单稳态电路的暂稳态时间是靠 RC 定时电路的充、放电过程来维持的。根据电路中 RC 电路的接法不同,可分为微分型和积分型两种,这里以由 CMOS 与非门、RC 电路接成微分电路所构成的单稳态电路为例说明其工作原理。

1. CMOS 门微分型单稳态电路

在基本 SR 锁存器中插入一个 RC 微分电路环节就构成了微分型单稳态电路,如图 7-16 所示。电路接通电源后,无脉冲触发信号($v_1=1$)输入时,电路处于稳态。此时 $v_{O1}=0$,$v_O=1$。在输入端加入负触发脉冲后,$v_{O1}=1$。由于 C 上电压不能突然跳变,则 v_{12} 随 v_{O1} 上跳并大于 V_T 值时,$v_O=0$,电路由稳态翻转到暂稳态。在暂稳态期间,由于 v_{O1} 不断给 C 充电,电容上的电压 v_C 不断增加,而使 v_{12} 逐渐下降。当 v_{12} 下降到小于阈值电压 V_T 时,$v_O=1$。此时输入负触发脉冲早已消失,v_1 为高电平,则 $v_{O1}=0$,v_{12} 随之下跳为负值,然后 C 放电,使 v_{12} 恢复到正常的低电平,电路处于稳态。其工作波形图如图 7-17 所示。

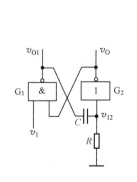

图 7-16　微分型单稳态电路

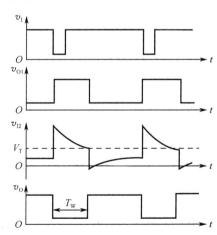

图 7-17　单稳态电路的工作波形图

输出脉冲宽度 T_W 近似计算公式为

$$T_\text{W}=RC\ln2\approx0.69RC$$

2. 单稳态电路的应用

(1)脉冲整形

单稳态电路输出脉冲的宽度和幅度是确定的,利用这一性质,可将宽度和幅度不规则的脉冲序列整形成宽度和幅度一定的脉冲序列,如图 7-18 所示。

(2)脉冲定时

由于单稳态电路能产生一定宽度 T_W 的矩形输出脉冲,可以利用这个脉冲去控制某一电路,使其在 T_W 时间内动作(或不动作),起到定时作用。例如,利用脉冲宽度为 T_W 的正矩形脉冲作为与门输入的信号 v_B,而与门另一端输入信号为 v_A。只有在矩形波 v_B 为高电平(1)的 T_W 时间内,信号 v_A 才能通过与门,输出 v_O 才有脉冲,如图 7-19 所示。

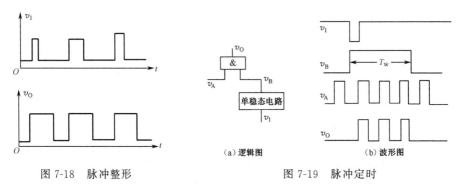

图 7-18 脉冲整形   (a)逻辑图   (b)波形图

图 7-19 脉冲定时

(3)脉冲延时

如图 7-20(a)所示,用单稳态电路的输出 v_O 去触发其他电路,其 v_O 的下降沿相对于单稳态电路输入 v_I 的下降沿滞后了 T_W,通常称这个时间为延时。其波形图如图 7-20(b)所示。

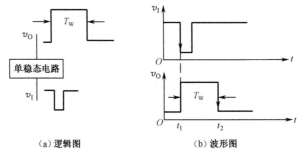

(a)逻辑图   (b)波形图

图 7-20 脉冲延时

7.2.3 施密特触发电路

1. CMOS 反相器构成的施密特触发电路

图 7-21 所示电路是用两个 CMOS 反相器构成的施密特触发电路,电阻 $R_2>R_1$。

假设 CMOS 反相器的阈值电压 $V_\text{T}=V_\text{DD}/2$。从图 7-21 中可见,v_I1 可以看成输入 v_I 和输出 v_O 的叠加,因此有

$$v_{I1} = \frac{R_2}{R_1 + R_2} v_I + \frac{R_1}{R_1 + R_2} v_O$$

由于电路接的反馈是正反馈,所以当 $v_I = 0V$ 时,有 $v_O = V_{OL} \approx 0V$,$v_{I1} \approx 0V$。

假设 v_I 为三角波,当 v_I 从 $0V$ 开始逐渐增大时,v_{I1} 也逐渐增大,但只要 v_{I1} 小于阈值电压 V_T,v_{O1} 就保持为高电平,$v_O \approx 0V$ 就保持不变。但当 v_{I1} 上升到 V_T 时,反相器 G_1 进入电压传输特性曲线的转折区,电路进入正反馈过程:

$$v_{I1}\uparrow \longrightarrow v_{O1}\downarrow \longrightarrow v_O\uparrow$$

因此电路的输出状态迅速发生翻转,即 v_O 由 $0V$ 翻转为 V_{DD}。而在电路的输出状态发生翻转时所对应的输入电压为上限阈值电压 V_+。

此时表达式可以写成

$$V_T = \frac{R_2}{R_1 + R_2} V_+ + \frac{R_1}{R_1 + R_2} V_{OL} \approx \frac{R_2}{R_1 + R_2} V_+$$

所以有

$$V_+ \approx \frac{R_1 + R_2}{R_2} V_T = \left(1 + \frac{R_1}{R_2}\right) V_T$$

随着 v_I 的继续增大,v_{I1} 超过 V_T 后,输出 v_O 就保持为 V_{DD}。

当 v_I 从高电平开始逐渐下降时,v_{I1} 也逐渐减小。当 v_{I1} 减小到 V_T 时,产生另一个正反馈过程:

$$v_{I1}\downarrow \longrightarrow v_{O1}\uparrow \longrightarrow v_O\downarrow$$

结果导致 v_O 跳变到低电平,即 $v_O = V_{OL} \approx 0V$。而此刻电路的输出状态发生翻转所对应的输入电压为下限阈值电压 V_-。

阈值电压 V_- 满足表达式

$$V_T = \frac{R_2}{R_1 + R_2} V_- + \frac{R_1}{R_1 + R_2} V_{DD}$$

由于 $V_T = V_{DD}/2$,可得

$$V_- \approx \left(1 - \frac{R_1}{R_2}\right) V_T$$

因此可以得到回差电压 ΔV

$$\Delta V = V_+ - V_- \approx \frac{R_1}{R_2} V_{DD}$$

图 7-22 是 v_I 为三角波时,v_O 随 v_I 变化的工作波形图。

2. 施密特触发电路的应用

(1)波形变换与整形

利用施密特触发电路可将正弦波、三角波变换成矩形波,如图 7-23 所示。

(2)幅度鉴别

施密特触发电路输出状态决定于输入信号 v_I 的幅度,因此该电路可以用来作为幅度鉴别电路。只有 v_I 的幅度大于 V_+ 时,电路才输出一个脉冲,而 v_I 的幅度小于 V_+ 时,电路无输出脉

冲。其工作波形图如图 7-24 所示。

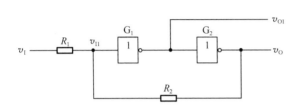

图 7-21　两个 CMOS 反相器构成的施密特触发电路

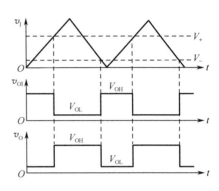

图 7-22　工作波形图

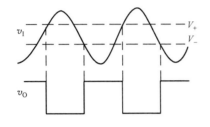

图 7-23　波形变换与整形的工作波形图

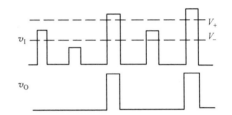

图 7-24　幅度鉴别的工作波形图

（3）脉冲展宽

脉冲展宽电路的原理图和工作波形图分别如图 7-25(a)和(b)所示。

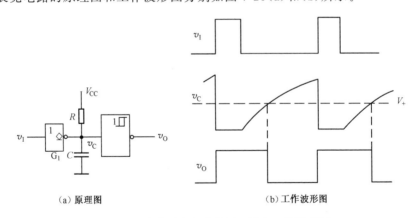

（a）原理图　　　　　　　（b）工作波形图

图 7-25　脉冲展宽电路的原理图和工作波形图

　　电容 C 与集电极开路反相器的输出端并联到施密特触发电路的输入端。当 v_I 为高电平时，G_1 输出为低电平，电容 C 不能充电，$v_C \approx 0\text{V}$，施密特触发电路输出为高电平。当 v_I 为低电平时，G_1 输出应为高电平，而 v_C 不能跳变，V_{CC} 通过 R 给 C 充电，v_C 按指数曲线上升。当 v_C 上升到稍大于 V_+ 时，施密特触发电路输出才由高电平下跳为低电平。由 v_O 的高电平的波形宽度可见，其比 v_I 的高电平展宽了。展宽的多少与 R、C 有关。所以改变 R、C 的大小就可以改变施密特触发电路的输出脉冲宽度。

习题 7

7-1 由 555 定时器接成单稳态电路，如图 7-6 所示，$V_{CC}=5V$，$R=10k\Omega$，$C=1\mu F$，试计算输出脉冲宽度 T_W。

7-2 由 555 定时器接成多谐振荡器，如图 7-2 所示，$V_{CC}=5V$，$R_1=10k\Omega$，$R_2=2k\Omega$，$C=0.1\mu F$，试计算输出矩形波的频率及占空比。

7-3 已知 555 定时器的 6 脚和 2 脚连接在一起作为输入端 A，4 脚作为输入端 B，3 脚作为输出端 F，如题图 7-1(a)所示。v_A，v_B 输入波形如题图 7-1(b)所示，试画出输出端 v_F 的波形。

7-4 一过压监视电路如题图 7-2 所示。试说明当监视电压 v_x 超过一定值时，发光二极管 VD 将发出闪烁信号(提示：当三极管 VT 饱和导通时，555 的 1 脚可以认为处于地电位)。

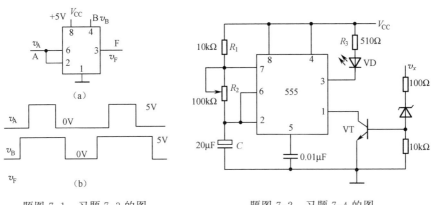

题图 7-1 习题 7-3 的图   题图 7-2 习题 7-4 的图

7-5 用 555 定时器设计一个回差电压 $\Delta V=2V$ 的施密特触发电路。

7-6 试分析题图 7-3 所示逻辑电路的逻辑功能，并定性地画出工作波形，讨论 R_1 和 R_2 的大小对该电路的逻辑功能有何影响。

7-7 试分析题图 7-4 所示逻辑电路有什么逻辑功能？为什么？

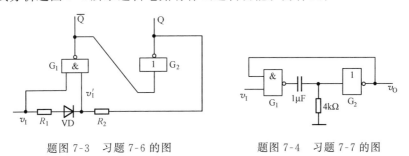

题图 7-3 习题 7-6 的图   题图 7-4 习题 7-7 的图

7-8 分析题图 7-5(a)和(b)分别有什么逻辑功能？并画出其工作波形，题图 7-5(b)的 v_1 波形由读者给出。

7-9 试分析题图 7-6 CMOS 积分型单稳态电路，并画出输出 v_O 对输入 v_1 的波形图。

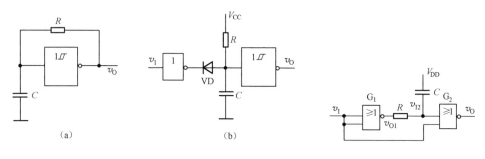

题图 7-5 习题 7-8 的图   题图 7-6 习题 7-9 的图

7-10 已知题图 7-7 的输入 v_I 的波形,试画出 v_O 的波形,此电路有何功能?

7-11 试用 555 定时器设计一个振荡频率为 20kHz,占空比 $q=1/4$ 的多谐振荡器。

7-12 试用 555 定时器设计一个脉冲电路。该电路振荡 20s 后停 10s,然后再振荡 20s 后停 10s,并如此循环下去。该电路输出脉冲的振荡周期 T 为 1s,占空比 $q=1/2$。电容 C 的容量一律选取为 $10\mu F$。

7-13 某电路 v_I 与 v_O 的关系如题图 7-8 所示,试用 555 定时器、逻辑门等器件设计该电路。

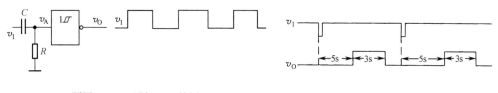

题图 7-7 习题 7-10 的图   题图 7-8 习题 7-13 的图

7-14 由 555 定时器和三极管等构成的电路如题图 7-9(a)所示。已知 $R_1=5k\Omega$,$R_2=10k\Omega$,$R_e=5k\Omega$,$C=0.022\mu F$,三极管 VT 的 $\beta=60$,$V_{BE}=0.7V$,外加触发信号如题图 7-9(b)所示。(1)是否可以用 $T_w=1.1RC$ 计算该电路的输出脉冲宽度?为什么?(2)画出在 v_I 作用下的 v_O 波形(需标明时间)。

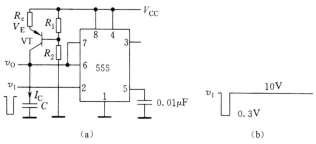

题图 7-9 习题 7-14 的图

7-15 由 555 定时器构成的多谐振荡器如题图 7-10 所示,VD 为理想二极管,试回答:(1)每个 555 定时器各自构成什么电路?(2)开关 S 接在右端时,v_{O1} 和 v_{O2} 的周期各是多少?(3)开关 S 接在左端时,画出 v_{O1} 和 v_{O2} 的波形。(4)要想得到与第(3)问相似的波形还有哪种接法?

7-16 题图 7-11 所示是一个简易电子琴电路,已知 $R_b=20k\Omega$,$R_1=10k\Omega$,$R_e=2k\Omega$,三极管 VT 的电流放大系数 $\beta=150$,$V_{CC}=12V$,振荡器外接电阻、电容参数如题图所示。

(1)试说明其工作原理。(2)试计算按下琴键 S_1 时扬声器发出声音的频率。

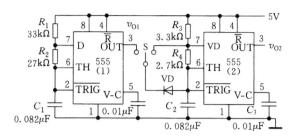

题图 7-10 习题 7-15 的图

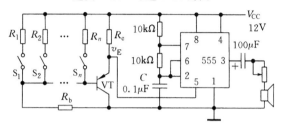

题图 7-11 习题 7-16 的图

第8章 数模转换和模数转换

自然界中绝大多数的物理量都是连续变化的模拟量,例如温度、速度、压力等。由这些模拟量经传感器转换后所产生的电信号也是模拟信号。当用数字装置或数字计算机对这些信号进行处理时,必须首先将其转换成数字信号。将模拟量转换成数字量的过程称为模数转换,简称 A/D 转换。完成 A/D 转换的电路称为模数转换器,简称 ADC(Analog to Digital Converter)。

A/D 转换所得到的数字信号经计算机处理,其输出仍为数字信号。然而一些过程控制装置往往需要模拟信号来控制,这时经计算机处理后得到的数字信号必须转换成模拟信号。把数字量转换成模拟量的过程称为数模转换,简称 D/A 转换。完成 D/A 转换的电路称为数模转换器,简称 DAC(Digital to Analog Converter)。

本章主要介绍 DAC 和 ADC 的工作原理,简单介绍几种常用的集成芯片及其应用实例。

8.1 数模转换器(DAC)

实现数模转换的基本方法是,用电阻网络将数字量按着每位数码的权转换成相应的模拟量,然后用求和电路将这些模拟量相加,就完成了数模转换。求和电路通常用求和运算放大器实现。

8.1.1 二进制权电阻 DAC

4 位二进制权电阻 DAC 原理图如图 8-1 所示。它由 4 部分组成:① 基准电压源 V_{REF};② 由阻值分别为 $R,2R,4R,8R$ 的电阻组成的电阻网络;③ 4 个模拟开关 $S_0 \sim S_3$,它们分别受输入的数字信号 $a_i(i=0,1,2,3)$ 的控制,当 $a_i=0$ 时 S_i 接地,当 $a_i=1$ 时 S_i 接参考电压;④ 求和运算放大器 A 将各支路电流相加,并通过 R_F 将其转换成与数字信号成正比的模拟电压。

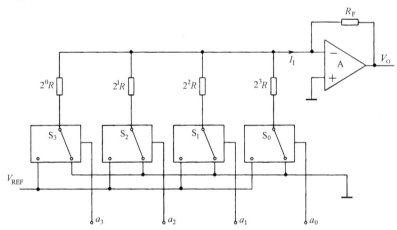

图 8-1 二进制权电阻 DAC 原理图

由图 8-1 很容易写出

$$I_{\mathrm{I}} = a_3 \cdot \frac{V_{\mathrm{REF}}}{2^0 R} + a_2 \cdot \frac{V_{\mathrm{REF}}}{2^1 R} + a_1 \cdot \frac{V_{\mathrm{REF}}}{2^2 R} + a_0 \cdot \frac{V_{\mathrm{REF}}}{2^3 R}$$

$$= \frac{V_{\mathrm{REF}}}{2^3 R} (2^3 a_3 + 2^2 a_2 + 2^1 a_1 + 2^0 a_0)$$

$$= \frac{V_{\mathrm{REF}}}{2^3 R} \cdot \sum_{i=0}^{3} 2^i a_i \tag{8-1}$$

当输入的数字量超过 4 位时,每增加一位只要增加一个模拟开关和一个电阻就可以了。这样,一个 n 位二进制权电阻 DAC 就需要 n 个二进制权电阻,其阻值分别为 $2^0 R, 2^1 R, \cdots$,$2^{n-1} R$。对于 n 位二进制权电阻 DAC,有

$$I_{\mathrm{I}} = \frac{V_{\mathrm{REF}}}{2^{n-1} R} (2^{n-1} a_{n-1} + 2^{n-2} a_{n-2} + \cdots + 2^1 a_1 + 2^0 a_0) = \frac{V_{\mathrm{REF}}}{2^{n-1} R} \cdot \sum_{i=0}^{n-1} 2^i a_i \tag{8-2}$$

$$V_{\mathrm{O}} = -I_{\mathrm{F}} R_{\mathrm{F}} = -\frac{V_{\mathrm{REF}} R_{\mathrm{F}}}{2^{n-1} R} \cdot \sum_{i=0}^{n-1} 2^i a_i \tag{8-3}$$

二进制权电阻 DAC 的优点是简单直接,但是当位数较多时,电阻的值域范围太宽,这就带来了两个致命的弱点:一是阻值种类太多,制成集成电路比较困难;二是由于各位电阻值与二进制数位成反比,高位权电阻的误差对输出电流的影响比低位大得多,因此对高位权电阻的精度和稳定性要求十分苛刻。例如,一个 12 位的二进制权电阻 DAC,$V_{\mathrm{REF}} = 10V$,最高位权电阻为 $1\mathrm{k}\Omega$,则最低位权电阻应为 $2^{11} \times 1 = 2.048 (\mathrm{M}\Omega)$。当最低位二进制数为 1 时,通过该电阻的电流为 $I_0 = 10/(2.048 \times 10^6) \approx 4 (\mu A)$。而最高位权电阻的误差若为 0.05%,则引起的电流误差为 $\pm 0.05\% \times 10/(1 \times 10^3) = 5(\mu A)$,即最高位由于电阻误差引起的误差电流比最低位转换电流还要大。所以,位数越多,对高位权电阻精度的要求越苛刻,这就给生产带来了很大的困难。

8.1.2 R-$2R$ 倒 T 型电阻网络 DAC

R-$2R$ 倒 T 型电阻网络 DAC 原理图如图 8-2 所示。它只有 R 和 $2R$ 两种电阻,克服了二进制权电阻 DAC 电阻范围宽的缺点。图中 $S_0 \sim S_3$ 为电子模拟开关,受数字量 $a_0 \sim a_3$ 控制。当 $a_i = 1 (i = 0, 1, 2, 3)$ 时,S_i 接运算放大器 A 的虚地端;当 $a_i = 0$ 时,S_i 接地。该电路有以下两个特点:

(1)无论数字量是 0 还是 1,开关 S_i 均相当于接地。所以 S_i 无论是接地还是接虚地点,流入每个 $2R$ 支路的电流都是不变的。

(2)由 A,B,C,D 各节点向下看和向右看的两条支路的等效电阻都是 $2R$,节点到地的等效电阻则为 $2R /\!/ 2R = R$。所以每条支路的电流都是流入节点电流的一半。

由上述分析可写出图 8-2 各支路电流为

$$I_{\mathrm{R}} = \frac{V_{\mathrm{REF}}}{R}$$

$$I_3 = \frac{V_{\mathrm{REF}}}{2R}, \qquad I_2 = \frac{I_3}{2} = \frac{V_{\mathrm{REF}}}{4R}$$

$$I_1 = \frac{I_2}{2} = \frac{V_{\mathrm{REF}}}{8R}, \qquad I_0 = \frac{I_1}{2} = \frac{V_{\mathrm{REF}}}{16R}$$

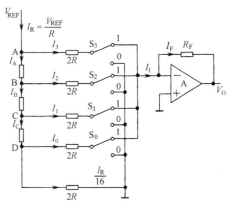

图 8-2 R-$2R$ 倒 T 型电阻网络 DAC 原理图

考虑数字量的控制作用，流入运算放大器的电流可写为

$$I_F = I_I = \frac{I_R}{2}a_3 + \frac{I_R}{4}a_2 + \frac{I_R}{8}a_1 + \frac{I_R}{16}a_0$$

$$= \frac{V_{REF}}{2^4 R}(2^3 a_3 + 2^2 a_2 + 2^1 a_1 + 2^0 a_0)$$

$$= \frac{V_{REF}}{2^4 R} \cdot \sum_{i=0}^{3} 2^i a_i \tag{8-4}$$

将式(8-4)推广到 n 位 DAC 得

$$I_F = I_I = \frac{V_{REF}}{2^n R}(2^{n-1}a_{n-1} + 2^{n-2}a_{n-2} + \cdots + 2^0 a_0) = \frac{V_{REF}}{2^n R} \cdot \sum_{i=0}^{n-1} 2^i a_i \tag{8-5}$$

$$V_O = -I_F \cdot R_F = -\frac{V_{REF}}{2^n R} \cdot R_F \cdot \sum_{i=0}^{n-1} 2^i a_i \tag{8-6}$$

倒 T 型电阻网络 DAC 的主要优点是所需电阻只有两种，有利于集成。另外，因为支路电流不变，所以不需要电流建立时间，对提高工作速度有利。因此倒 T 型电阻网络 DAC 是目前使用的 DAC 中速度较快的一种，也是使用最多的一种。

【**例 8-1**】 已知倒 T 型电阻网络 DAC 的 $R_F = R$，$V_{REF} = 10V$，试分别求出 4 位和 8 位 DAC 的最小(只有数字信号最低位为 1 时)输出电压 V_{Omin}。

解：根据式(8-6)求得 4 位 DAC 的最小输出电压为

$$V_{Omin} = -\frac{10}{2^4} \times \frac{R}{R} = -0.63(V)$$

8 位 DAC 最小输出电压为

$$V_{Omin} = -\frac{10}{2^8} \times \frac{R}{R} = -0.04(V)$$

【**例 8-2**】 已知倒 T 型电阻网络 DAC 的 $R_F = R$，$V_{REF} = 10V$，试分别求出 4 位和 8 位 DAC 的最大输出电压 V_{Omax}。

解：当数字量各位均为 1 时，输出电压最大。根据式(8-6)可求得 4 位 DAC 的最大输出电压为

$$V_{Omax} = -\frac{10}{2^4} \times \frac{R}{R}(2^4 - 1) = -9.375(V)$$

式(8-6)中的 $\sum_{i=0}^{n-1} 2^i a_i = 2^3 + 2^2 + 2^1 + 2^0 = 2^4 - 1$。

8 位 DAC 最大输出电压为

$$V_{Omax} = -\frac{10}{2^8} \times \frac{R}{R} \times (2^8 - 1) = -9.96(V)$$

8.1.3 DAC 的主要技术指标

1. 分辨率

DAC 电路所能分辨的最小输出电压与满刻度输出电压之比称为 DAC 的分辨率。最小输出电压是指输入数字量只有最低有效位为 1 时的输出电压，最大输出电压是指输入数字量各位全为 1 时的输出电压。根据式(8-6)可得

$$分辨率 = \frac{1}{2^n - 1} \tag{8-7}$$

例如,10 位 DAC 的分辨率为

$$\frac{1}{2^{10} - 1} = \frac{1}{1023} \approx 0.001$$

DAC 的位数越多,它的分辨率的值越小,即在相同条件下的最小输出电压越小。

2. 转换误差

转换误差常用输出满刻度(Full Scale Range,FSR)的百分数来表示。例如,AD7520 的线性误差为 0.05%FSR,也就是说,转换误差等于满刻度的万分之五。有时转换误差用最低有效位(Least Significant Bit,LSB)的倍数表示。例如,某 DAC 的转换误差等于 1/2LSB,表示输出电压的绝对误差是 LSB 为 1 时输出电压的一半。

DAC 产生误差的主要原因有:参考电压 V_{REF} 的波动,运算放大器的零点漂移,电阻网络中电阻值的偏差等。

分辨率和转换误差共同决定了 DAC 的精度。要使 DAC 有高精度,不仅要选择位数高的 DAC,还要选用稳定度高的基准电压源和低漂移的运算放大器与其配合。

3. 建立时间

建立时间是指数字信号由全 0 变全 1,或由全 1 变全 0 时,模拟信号电压或电流达到稳态值所需要的时间。建立时间短说明 DAC 的转换速度快。

8.1.4 集成 DAC 举例

目前,DAC 电路都做成集成电路供使用者选择。按 DAC 输出方式可分成电流输出 DAC 和电压输出 DAC 两种。DAC 芯片型号繁多,现仅对使用较多的 DAC0832 做简单介绍。

1. DAC0832 电路结构

DAC0832 是电流输出型 8 位 D/A 转换器,它也可以连成电压输出型。它采用 CMOS 工艺,20 脚双列直插式封装,可以直接与微处理器相连而无须加 I/O 口,其结构框图和引脚排列图如图 8-3 所示。DAC0832 内包含两个数字寄存器:输入寄存器(8 位)和 DAC 寄存器(8 位),故称为双缓冲方式。两个寄存器可以同时保存两组数据,这样可以将 8 位输入数据先保存到输入寄存器中,当需要转换时,再将此数据由输入寄存器送到 DAC 寄存器中锁存并进行 D/A 转换输出。采用双缓冲方式的优点:一是可以防止模拟量输出在输入数据更新期间出现不稳定情况;二是可以在一次模拟量输出的同时,将下一次要转换的二进制数事先存入缓冲器中,从而提高了转换速度;三是用这种工作方式可同时更新多个 DAC 的输出,这就为有多个 DAC 的系统及多处理器系统中的 DAC 协调一致地工作带来了方便。

DAC0832 采用倒 T 型电阻网络连接方式,如图 8-4 所示。可以接成电流输出工作方式,也可以接成电压输出工作方式。用电流输出工作方式时,接成倒 T 型电阻网络,如图 8-4(a)所示。I_{O1} 是正比于参考电压和输入数字量的电流,而 I_{O2} 正比于输入数字量的反码,即

$$\begin{cases} I_{O1} = \dfrac{V_{REF}}{2^8 R} \cdot \sum_{i=0}^{7} 2^i a_i \\[4mm] I_{O2} = \dfrac{V_{REF}}{2^8 R} \cdot \left(2^8 - \sum_{i=0}^{7} 2^i a_i - 1 \right) \end{cases}$$

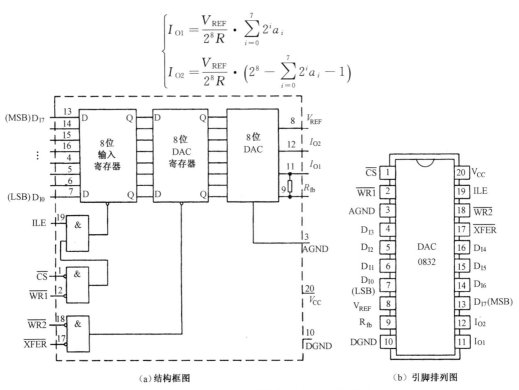

（a）结构框图　　　　　　　　　（b）引脚排列图

图 8-3　DAC0832 的结构框图和引脚排列图

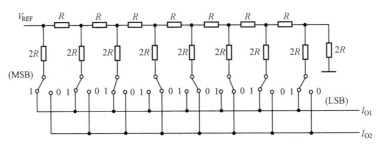

（a）电流输出工作方式

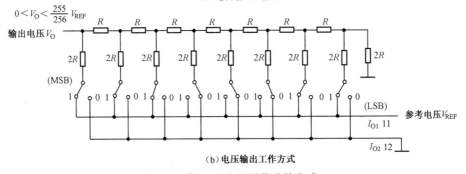

（b）电压输出工作方式

图 8-4　倒 T 型电阻网络连接方式

用电压输出工作方式时，参考电压接到一个电流输出端（二进制原码接 I_{O1} 端，反码接 I_{O2} 端），输出电压从原来的 V_{REF} 端得到，如图 8-4(b)所示。为了减小输出电阻，增加驱动能力，通常用运算放大器作为缓冲器。

2. DAC0832 的引脚功能

DAC0832 的引脚排列图如图 8-3(b)所示,引脚功能如下:

① $\overline{CS}$——片选端,低电平有效。当$\overline{CS}=1$ 时,输入寄存器输入的数据被封锁,数据未被送入输入寄存器,即该片没被选中。当$\overline{CS}=0$ 时,该片被选中,当 ILE＝1,$\overline{WR1}=0$ 时,输入数据存入输入寄存器。

② ILE——允许输入锁存,高电平有效。当 ILE＝1 且$\overline{CS}$和$\overline{WR1}$均为低电平时,输入数据存入输入寄存器。当 ILE＝0 时,输入数据被锁存。

③ $\overline{WR1}$——写信号 1,低电平有效。在$\overline{CS}$和 ILE 均有效的条件下,$\overline{WR1}=0$ 时允许写入输入数字信号。

④ $\overline{WR2}$——写信号 2,低电平有效。$\overline{WR2}=0$,同时$\overline{XFER}=0$,DAC 寄存器输出给 D/A 转换器;$\overline{WR2}=1$ 时,DAC 寄存器输入数据。

⑤ $\overline{XFER}$——传送控制信号,低电平有效,用来控制$\overline{WR2}$是否被选通。

⑥ $D_{I0} \sim D_{I7}$——8 位数字量输入。D_{I0} 为最低位,D_{I7} 为最高位。

⑦ I_{O1}——电流输出端 1。DAC 寄存器输出全为 1 时,输出电流最大;DAC 寄存器输出全为 0 时,输出电流为 0。电压型电阻网络时接参考电压。

⑧ I_{O2}——电流输出端 2。$I_{O1}+I_{O2}=V_{REF}/R=$ 常数。电压型电阻网络时接地。

⑨ R_{fb}——芯片内部接反馈电阻的一端,电阻另一端与 I_{O1} 相连,与运放连接时,R_{fb} 接输出端,I_{O1} 接反相输入端。

⑩ V_{REF}——参考电压输入端,一般接$-10V \sim +10V$ 范围内的参考电压。电压型电阻网络时,作为电压输出端。

⑪ V_{CC}——电源电压,一般接$+15V$ 电压。

⑫ AGND——模拟信号地。

⑬ DGND——数字信号地。

8.1.5 DAC 应用举例

DAC 应用十分广泛,下面介绍两个简单的应用实例。

1. 可编程增益控制放大器

可编程增益控制放大器如图 8-5 所示。它由 D/A 转换器 AD7520,运算放大器 A 和4-10 线译码器组成。AD7520 接到运算放大器的输出端和反相输入端。运算放大器的输出电压作为 AD7520 的参考电压,AD7520 的输出电流 I_O 被送回到运算放大器的反相输入端。

由式(8-4)和图 8-5 可写出 I_f 的表达式为

$$I_f = -\frac{V_O}{2^{10}R}(2^0 a_{10} + 2^1 a_9 + \cdots + 2^8 a_2 + 2^9 a_1)$$

$$= -\frac{V_O}{R}(2^{-1} a_1 + 2^{-2} a_2 + \cdots + 2^{-9} a_9 + 2^{-10} a_{10})$$

因为
$$I_I = \frac{V_I}{R} = I_f$$

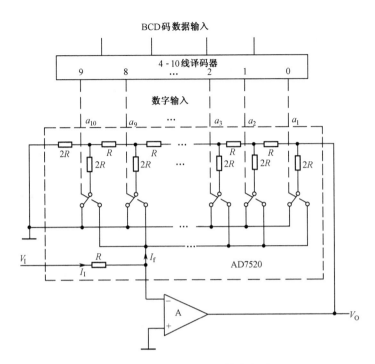

图 8-5　可编程增益控制放大器

所以
$$-\frac{V_O}{R}(2^{-1}a_1 + 2^{-2}a_2 + \cdots + 2^{-9}a_9 + 2^{-10}a_{10}) = \frac{V_I}{R}$$

运算放大器的电压放大倍数为
$$A_V = \frac{V_O}{V_I} = -\frac{1}{2^{-1}a_1 + 2^{-2}a_2 + \cdots + 2^{-9}a_9 + 2^{-10}a_{10}}$$

因为 4-10 线译码器的 10 个输出端只能有一个为 1，所以上式可写为
$$A_V = -2^{n+1}$$

式中，$n = 0, 1, 2, \cdots, 9$，均为输入的二-十进制数字量。例如，当输入的 BCD 码为 0000 时，0 号输出线为高电平，$a_1 = 1$，这时的电压放大倍数 $A_V = -2^1 = -2$；当 BCD 码为 1001 时，9 号输出线为高电平，即 $a_{10} = 1$，这时电压放大倍数 $A_V = -2^{10} = -1024$。因此通过改变输入 BCD 码的值就可以改变电压放大倍数，从而达到了增益数字控制的目的。

2. 频率数字控制式三角波-方波发生器

图 8-6(a)所示为三角波-方波发生器电路图，其频率可由 DAC 输入的数字量控制。电路包括 DAC，VT_1 和 VT_2 构成的镜像电流源，积分器 A_1 和比较器 A_2 等。其输出波形图如图 8-6(b)所示。

比较器 A_2 的输出不是正限幅值($+V_O$)就是负限幅值($-V_O$)。假设正、负限幅值的数值相等，即 $|-V_O| = +V_O$，v_{O2} 的极性由与 A_2 同相的输入端 B 的电位极性决定：当 $v_B > 0$ 时，$v_{O2} = +V_O$；当 $v_B < 0$ 时，$v_{O2} = -V_O$。v_B 由 v_{O1} 和 v_{O2} 共同决定
$$v_B = \frac{R_2}{R_1 + R_2}v_{O1} + \frac{R_1}{R_1 + R_2}v_{O2}$$

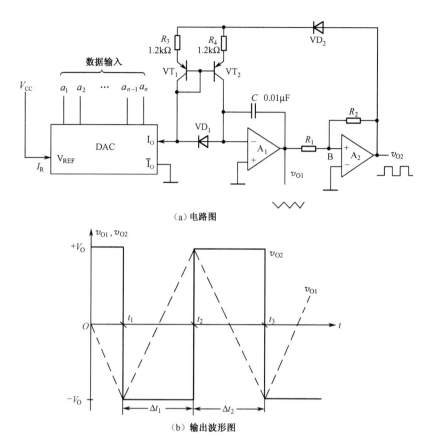

（a）电路图

（b）输出波形图

图 8-6 频率数字控制式三角波-方波发生器

若 $R_1 = R_2$，则

$$v_B = \frac{1}{2}(v_{O1} + v_{O2}) \tag{8-8}$$

由式(8-8)可知，当 $v_{O1} = -v_{O2}$ 时，v_B 过 0，即 $v_{O1} = \pm V_O$ 时，A_2 状态发生转换。下面分析 v_{O1} 和 v_{O2} 的频率。

当 $t = t_1$ 时，v_{O2} 由 $+V_O$ 变为 $-V_O$，$v_{O2} = -V_O$，这时 VD_2 因为反向偏置而截止，所以 VT_1 和 VT_2 无电流流通的路径，也截止。这时 VD_1 导通，积分电容 C 通过 VD_1 和 DAC 充电，充电电流为 I_O。积分器 A_1 输出为

$$v_{O1} = -V_O + \frac{I_O}{C} \cdot \Delta t \tag{8-9}$$

当 $t = t_2$ 时，$v_{O1} = +V_O$，A_2 状态发生转换。由式(8-9)可知

$$-V_O + \frac{I_O}{C} \cdot \Delta t_1 = +V_O$$

$$\Delta t_1 = \frac{2V_O C}{I_O}$$

当 $t = t_2$ 后，因为 $v_{O2} = +V_O$，所以 VD_2、VT_1 和 VT_2 导通，VD_2 中的电流一路经 VT_1 流入 DAC，另一路则经 VT_2 流入积分电容 C，由于 VT_2 处于放大状态，因此 $v_{C1} \geqslant v_{C2}$，VD_1 截止。由于 VT_1 与 VT_2 为镜像电流源，因此流入 A_1 的电流近似为 I_O，A_1 输出为

$$v_{O1} = +V_O - \frac{I_O}{C} \cdot \Delta t$$

经 Δt_2，即 t_3 时，$v_{O1} = -V_O$，A_2 状态又发生转换，即

$$V_O - \frac{I_O}{C} \cdot \Delta t_2 = v_{O1}(t_3) = -V_O$$

$$\Delta t_2 = \frac{2V_O C}{I_O}$$

三角波的周期为

$$\Delta t_1 + \Delta t_2 = \frac{4V_O C}{I_O}$$

三角波的频率为

$$f = \frac{1}{\Delta t_1 + \Delta t_2} = \frac{I_O}{4V_O C} = \frac{1}{4V_O C} \cdot \frac{V_{REF}}{2^n R}(2^{n-1}a_1 + 2^{n-2}a_2 + \cdots + 2^0 a_n)$$

只要改变 DAC 输入的数字量，就可以改变三角波和方波的频率。

在图 8-6(a)电路中，设 DAC 为 8 位，$R = 2.4\text{k}\Omega$，$C = 0.01\mu\text{F}$，$V_O = \frac{1}{2}V_{REF}$。

当 DAC 的输入为 00000001 时，有

$$f = \frac{1}{4V_O C} \times \frac{V_{REF}}{2^8 R} \times 1 = \frac{V_{REF}}{2V_{REF} \times 0.01 \times 10^{-6} \times 256 \times 2.4 \times 10^3} \approx 81(\text{Hz})$$

当 DAC 输入为 11111111 时，有

$$f = \frac{1}{4V_O C} \times \frac{V_{REF}}{2^8 R} \times (2^7 + 2^6 + \cdots + 1) = 20752(\text{Hz})$$

8.2 模数转换器(ADC)

模数(A/D)转换与数模(D/A)转换恰好相反，是把模拟电压或电流转换成与之成正比的数字量。一般 A/D 转换需经采样、保持、量化、编码 4 个步骤。但是这 4 个步骤并不是由 4 个电路来完成的。例如，采样和保持两步由采样-保持电路完成，而量化与编码又常常在转换过程中同时完成。

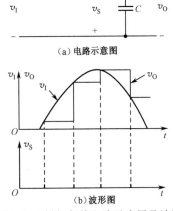

(a) 电路示意图

(b) 波形图

图 8-7 采样-保持电路示意图及波形图

8.2.1 几个基本概念

1. 采样与保持

采样就是按一定的时间间隔采集模拟信号。因为 A/D 转换需要时间，所以采样得到的"样值"在 A/D 转换过程中不能改变。为此，就需要将采样得到的信号"样值"保持一段时间，直到下一次采样。

采样-保持电路示意图如图 8-7(a)所示。开关 S 受采样信号 v_S 控制，v_S 为高电平时，S 闭合；v_S 为低电平时，S 断开。S 闭合时为采样阶段，$v_O = v_I$；S 断开时为保持阶段。在保持阶段，由于电容无放电回路，因此 v_O 保持上一次采样结束时输入电压的瞬时值上。图 8-7(b)是采样-保持电路输入和输出及采样信号波形图。

2. 采样定理

采样定理：只有当采样频率大于模拟信号最高频率分量的 2 倍时，所采集的信号样值才能不失真地反映原来模拟信号的变化规律。

因为任何一个模拟信号都可以看作由若干不同频率的正弦信号叠加而成，所以我们用图 8-8 说明采样定理的物理意义。图 8-8 中画出了对不同频率的正弦波用相同的频率进行采样，垂直线段表示所采集的样值。两次采样的时间间隔为 T_S，采样频率 $f_S = 1/T_S$，f_A 为正弦波的频率。

如果已得到采样值，是否可以按采集的样值恢复原来的波形呢？图 8-8(a)和(b)中，采样频率大于正弦波频率的 2 倍，通过样值绘出的正弦曲线只有一条，这就是图中绘出的那一条，它可以恢复原波形。图 8-8(c)和(d)中，采样频率恰好等于正弦波频率的 2 倍，图 8-8(c)所采集的样值全为 0，没有任何正弦信号信息，所以无法恢复原波形；用图 8-8(d)中的样值可画出无数振幅不同但频率相同的正弦波。所以，采样频率等于正弦波频率 2 倍时，不能完全再现已确定的一个正弦波。图 8-8(e)和(f)中，采样频率小于正弦波频率的 2 倍，通过样值可以绘出与原正弦波频率不同的新的波形。从给定的一组采样值中得到两种不同频率的正弦波称为混叠（Aliasing），混叠将导致模糊。

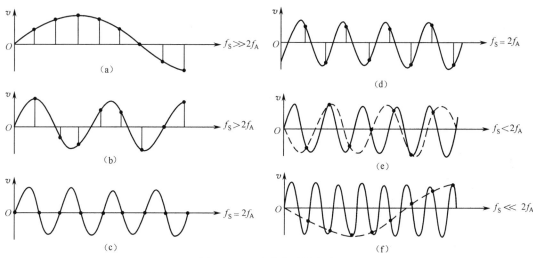

图 8-8　正弦波的采样方式

由上述分析可得出结论：若要不产生混叠，采样频率就不能小于正弦波频率的 2 倍，而要不失真地恢复正弦波，采样频率必须大于正弦波频率的 2 倍。

3. 常用的几种采样-保持电路

采样-保持电路的种类很多，图 8-9 所示为三种常用的采样-保持电路，它们都由采样开关 VT、存储输入信息的电容 C 和用于缓冲的运算放大器 A 等几部分组成。

在图 8-9(a)中，采样开关由场效应管 VT 构成，受采样信号 v_S 控制。在 v_S 为高电平期间，VT 导通。若忽略导通压降，则电容 C 相当于直接与 v_I 相连，所以 v_O 随 v_I 变化。当 v_S 由高电平变为低电平时，VT 截止，相当于开关断开。若 A 为理想运放，则流入 A 输入端的电流为零，所以 VT 截止期间电容无放电回路，电容保持上一次采样结束时的输入电压瞬时值直

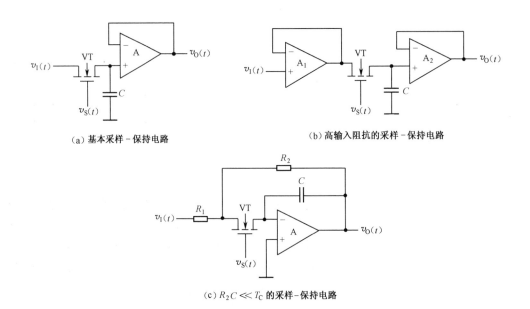

（a）基本采样－保持电路　　　　　（b）高输入阻抗的采样－保持电路

（c）$R_2C \ll T_C$ 的采样－保持电路

图 8-9　三种常用的采样-保持电路

到下一个采样脉冲的到来，VT 重新导通，这时 v_O 和 v_C 又重新跟随 v_I 变化。

图 8-9(b) 在图 8-9(a) 基础上，为提高输入阻抗，在采样开关和输入信号之间加了一级跟随器 A_1。由于 A_1 输入阻抗很高，因此减小了采样电路对输入信号的影响，又由于其输出阻抗低，缩短了电容 C 的充电时间。

图 8-9(c) 的原理与图 8-9(a) 的大致相同，只是 R_2C 必须足够小，v_O 才能跟踪输入 v_I。当 VT 导通且电容 C 充电结束时，由于电压放大倍数 $A_V = -R_2/R_1$，因此输出电压与输入电压相比，不仅倒相，而且要乘以一个系数 R_2/R_1。

采样-保持电路主要有两个指标：

(1) 采集时间。指发出采样命令后，采样-保持电路的输出由原保持值变化到输入值所需的时间。采集时间越小越好。

(2) 保持电压下降速率。指在保持阶段，采样-保持电路输出电压在单位时间内下降的幅值。

随着集成电路的发展，已可以把整个采样-保持电路制作在一块芯片上。例如，LF198 便是采用双极型场效应晶体管工艺制造的单片采样-保持电路。

4. 量化与编码

采样-保持电路得到的信号在时间上是离散的，但其幅值仍是连续的。在数字量表示中，只能以最低有效位数来区分，因此是不连续的。所以，就要对采样-保持电路得到的信号用近似的方法进行取值。近似的过程就称为量化。例如，满刻度为 15mV 的模拟电压若用 4 位二进制数来表示，则 0001 表示 1mV，1111 表示 15mV。问题是，1.5mV 的模拟电压用 0001 表示还是用 0010 表示呢？答案是都可以，因为两者都是近似的。到底选择哪一个，这要根据量化的方法而定。

如果把数字量最低有效位的 1 所代表的模拟量大小称为量化单位，用 Δ 表示，那么对于

小于 Δ 的信号有两种处理办法,即两种量化方法:一种是"只舍不入法",它将不够量化单位的值舍去;另一种是"有舍有入法",也称四舍五入法,它将小于 $\Delta/2$ 的值舍去,将小于 Δ 而大于 $\Delta/2$ 的值视为数字量 Δ。很明显,只舍不入法的量化误差为 Δ,而有舍有入法的量化误差为 $\Delta/2$。

量化过程只是把模拟信号按量化单位做了取整处理,只有用代码表示量化后的值才能得到数字量,这一过程称为编码。常用的编码是二进制编码。

图 8-10 是 3 位标准二进制 ADC 的电压传输特性曲线。横坐标为理想量化后的电压输入,纵坐标为输出数字量及对应的电压值。图 8-10(a)为"有舍有入法",图 8-10(b)为"只舍不入法"。

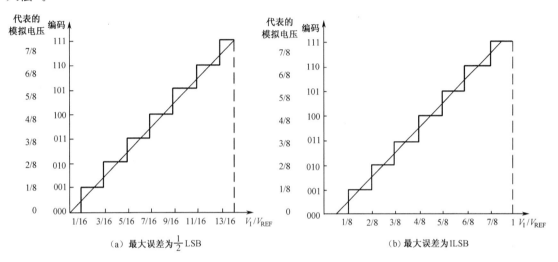

图 8-10　3 位标准二进制 ADC 的电压传输特性曲线

8.2.2　并行比较 ADC

图 8-11 为 3 位并行比较 ADC 原理图,电路由电阻分压器、比较器和编码器组成,采用只舍不入的量化方法。

电阻网络按量化单位 $\Delta = V_{REF}/8$ 把参考电压分成 1V～7V 之间的 7 个比较电压,分别接到 7 个比较器的同相输入端。经采样-保持后的输入电压接到比较器的反相输入端。当比较器的 $V_- > V_+$ 时,输出为 0,否则输出为 1。经 74HC148 优先编码器编码后便得到了二进制代码输出。

并行比较 ADC 的优点是转换速度快,其精度主要取决于电压的划分。量化单位越小,即 ADC 的位数越多,精度越高。但是,因为 n 位并行比较 ADC 所用比较器的个数为 $2^n - 1$ 个,所以位数每增加一位,比较器的个数就要增加一倍。当 $n > 4$ 时,转换电路将变得很复杂,所以很少采用。

8.2.3　反馈比较 ADC

反馈比较 ADC 转换与天平称量重物原理类似。例如,用量程为 15g 的天平称一个重物可以用两种方法:第 1 种是用每个重 1g 的 15 个砝码对重物进行称量,每次加一个砝码直至天平平衡为止。假如重物为 13g,则需要比较 13 次。第 2 种办法是用 8g,4g,2g,1g 等 4 个砝码对重物进行称量。第 1 次加 8g 砝码;因为 13>8,第 2 次再加 4g 砝码;因为 13>8+4,所

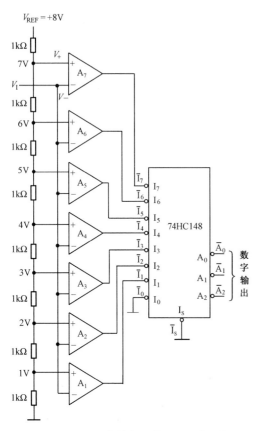

图 8-11　3 位并行比较 ADC 原理图

以第 3 次再加 2g 砝码；因为 13＜8＋4＋2，取下 2g 砝码；第 4 次加上 1g 砝码，直到天平达到平衡，称量完毕。显然第 1 种方法称量的次数比第 2 种方法要多，所以第 1 种方法较慢。计数型 A/D 转换与第 1 种称量方法类似，而逐次逼近型 A/D 转换与第 2 种方法类似。

1. 计数型 ADC

图 8-12 所示为计数型 ADC 原理图，它由计数器、DAC 及比较器等组成，其工作原理如下。

按下启动按钮，计数器清零。DAC 输出为 0V，低于比较器同相端输入模拟电压 v_I，比较器输出高电平，与门打开，时钟脉冲通过与门送入 8 位计数器。随着计数器所计数字的增大，DAC 的输出电压 v_O 也增大。当 DAC 输出电压 v_O 刚刚超过输入电压 v_I 时，比较器的输出由高电平变为低电平，与门关闭，计数器停止计数。这时计数器所计数字恰好与输入电压 v_I 相对应。在比较器输出由高电平变为低电平时，计数器的输出送入 8 位 D 触发器。8 位 D 触发器的输出就是与输入电压 v_I 相对应的二进制数。

这种 ADC 的最大缺点就是速度慢。待转换的模拟电压越大，所用时间越长。例如，8 位计数器若计到 255，则需要 255 个时钟周期。

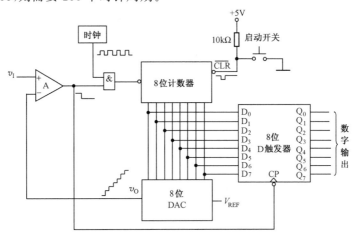

图 8-12　计数型 ADC 原理图

2. 逐次逼近型 ADC

逐次逼近（又称逐次比较）型 ADC 与计数型 ADC 工作原理类似，也是由内部产生一个数字量送给 DAC,DAC 输出的模拟量与输入的模拟量进行比较。当二者匹配时,其数字量恰好与待转换的模拟信号相对应。逐次逼近型 ADC 与计数型 ADC 的唯一区别在于,逐次逼近型 ADC 采用自高位到低位逐次比较计数的办法。

图 8-13 为 8 位逐次逼近型 ADC 原理图,它由比较器、逐次逼近寄存器(SAR)、DAC 和输出寄存器等组成,其工作原理如下。

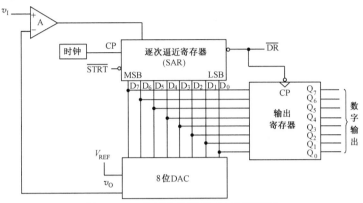

图 8-13　8 位逐次逼近型 ADC 原理图

启动信号到来时,$\overline{STRT}=0$,SAR 清零,转换过程开始。第 1 个时钟脉冲(CP)到来时,SAR 的最高位置 1,即 $D_7=1$,其余位为 0。SAR 所存数据(10000000)经 DAC 转换后得到的输出电压 v_O 与 v_I 进行比较。若 $v_O>v_I$,则 SAR 重新置 0,$D_7=0$,SAR 重新被置成 00000000。若 $v_O<v_I$,则 $D_7=1$ 不变,即 SAR 为 10000000 不变。

第 2 个 CP 到来时,SAR 的次高位置 1,即 $D_6=1$,然后 DAC 的输出 v_O 再次与 v_I 进行比较。若 $v_O>v_I$,则 D_6 置 0;若 $v_O<v_I$,则 $D_6=1$ 不变。这个过程继续下去,直到最低位比较完成后,SAR 所保留的二进制数字即为待转换的模拟电压 v_I 的值,转换过程完成。图 8-14 为逐次逼近型 ADC 工作波形图,下面举例说明这一转换过程。

设图 8-13 所示 ADC 满量程输入电压 $v_{Imax}=10V$,现将 $v_I=6.84V$ 的输入电压转换成二进制数。

当满量程为 10V 时,DAC 各位为 1 时所对应的输入电压如表 8-1 所示。具体转换过程如下。

表 8-1　DAC 各位对应的输入电压

DAC 输入	DAC 输出(V)
D_7	5.0000
D_6	2.5000
D_5	1.2500
D_4	0.6250
D_3	0.3125
D_2	0.15625
D_1	0.078125
D_0	0.0390625

首先来一个启动脉冲 $\overline{STRT}$,SAR 各位清零,转换开始。

第 1 个 CP 上升沿到来时,SAR 的最高位置 1,SAR 的输出为 $D_7D_6D_5D_4D_3D_2D_1D_0=10000000$,经 D/A 转换后 $v_O=5V$,因为 $v_I(=6.84V)>v_O(=5V)$,所以最高位保持 1 不变。SAR 中的数据为 10000000。

第 2 个 CP 上升沿到来时,SAR 的次高位置 1,SAR 的输出为 11000000,经 DAC 转换后 $v_O=5+2.5=7.5(V)$。因为 $v_O(=7.5V)>v_I(=6.84V)$,所以次高位必须重新置 0。

第 3 个 CP 上升沿到来时,SAR 的输出为 10100000,$v_O=5+1.25=6.25(V)<v_I(=6.84V)$,所以经过第 3 次比较,SAR 中的数据为 10100000。

随着 CP 的不断输入,ADC 逐位进行比较,直至最低位。

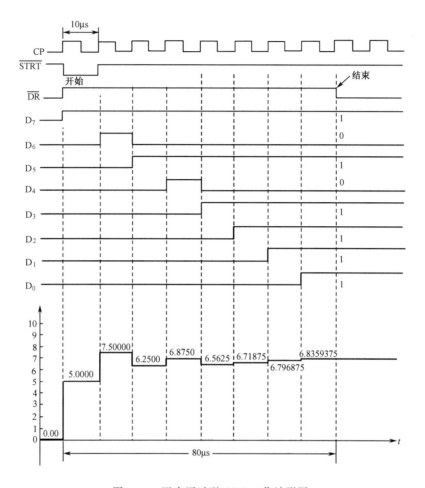

图 8-14 逐次逼近型 ADC 工作波形图

当第 8 个 CP 到来后,比较过程结束。这时 SAR 输出端 $\overline{DR}$ 由高电平变为低电平,于是 SAR 输出的数字信号送入 8 位输出寄存器作为 ADC 的转换结果输出。

下一个启动脉冲到达后,ADC 又进行第 2 次转换。

逐次逼近型 ADC 有以下特点。

(1)具有较高的转换速度。它的速度主要由数字量的位数和控制电路决定。本例中,8 个时钟脉冲(CP)完成一次转换,若时钟脉冲频率为 2MHz,则完成一次转换的时间为

$$t = 8 \times \frac{1}{2 \times 10^6} \times 10^6 = 4(\mu s)$$

转换速度为
$$c = 1/t = 1/(4 \times 10^{-6}) = 250000(次/s)$$

若考虑启动(清零)节拍和数据送入输出寄存器的节拍(各为一个时钟周期),则 n 位逐次逼近型 ADC 完成一次转换所需时间为

$$t = (n + 2)T_C$$

式中,T_C 为时钟周期。

(2)转换精度主要取决于比较器的灵敏度和内部 DAC 的精度。

(3)这种转换器对输入模拟电压进行瞬时采样比较。如果在输入模拟电压上叠加了外界

干扰,将会造成转换误差。所以这种转换器的抗干扰特性较差。

在干扰严重,尤其是工频干扰严重的环境下,为提高 ADC 的抗干扰能力,常常使用积分型 ADC。最常用的是双积分型 ADC。

8.2.4 双积分型 ADC

双积分型 ADC 是一种间接的转换方法,模拟电压首先转换成时间间隔,然后通过计数器转换成数字量。

图 8-15 为双积分型 ADC 原理图。它由模拟开关 S_1、S_2、积分器 A_1、比较器 A_2、控制门 G、n 位计数器和触发器 F_n 组成。S_1 受 F_n 控制,当 $Q_n=0$ 时,S_1 接被测电压为 v_I;当 $Q_n=1$ 时,S_1 接基准电压为 $-V_{REF}$。其转换原理如下。

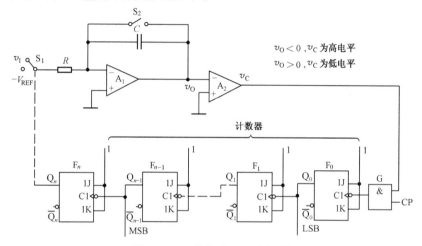

图 8-15 双积分型 ADC 原理图

转换前 S_2 闭合,$v_O=0$,计数器和触发器 F_n 清 0。

转换开始,S_2 断开。因为 $F_n=0$,所以 S_1 接待测输入电压 v_I。由于 v_I 为正值,因此积分器 A_1 进行负向积分,比较器 A_2 输出为 1,控制门 G 打开,计数器开始计数。当计数器计到 2^n 个脉冲时,计数器回到全 0 状态,其进位脉冲将 F_n 置 1,$Q_n=1$,S_1 接到 $-V_{REF}$ 端。积分器在 $-V_{REF}$ 作用下进行正方向积分,v_O 值逐渐抬高。但是,只要 $v_O<0V$,比较器输出就为 1,G 继续打开。于是 S_1 接 $-V_{REF}$ 后,计数器又从 0 开始计数。若 $|-V_{REF}|>v_I$,则在 $-V_{REF}$ 作用期间,其积分曲线比 v_I 作用期间的积分曲线要陡,使得计数器计到全 0 之前 v_O 已经过 0。比较器输出为 0,封锁了 G,计数器停止计数。这时计数器所计数字即为转换的结果。双积分型 ADC 的工作波形图如图 8-16 所示。

由图 8-16 可知,在 $0\sim t_1$ 这段时间内 S_1 接 v_I。若 v_I 为常数,则这段时间积分器的输出为

$$v_O = -\frac{v_I}{RC} \cdot t$$

而 t_1 时刻的积分器输出为

$$v_O(t_1) = -\frac{v_I}{RC} \cdot t_1 \tag{8-10}$$

因为 t_1 时刻恰好为计数器计满 2^n 个脉冲的时间。若脉冲周期为 T_C,则 $t_1=2^n T_C$,代入式(8-10)得

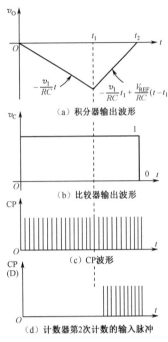

（a）积分器输出波形

（b）比较器输出波形

（c）CP波形

（d）计数器第2次计数的输入脉冲

图 8-16 双积分型 ADC 的工作波形图

$$v_O(t_1) = -\frac{v_I}{RC} \cdot 2^n \cdot T_C \qquad (8\text{-}11)$$

t_1 以后，开关 S_1 接 $-V_{REF}$，积分器输出为

$$v_O(t) = v_O(t_1) + \frac{V_{REF}}{RC}(t-t_1)$$

$$= -\frac{v_I}{RC} \cdot 2^n \cdot T_C + \frac{V_{REF}}{RC}(t-t_1)$$

$$(8\text{-}12)$$

在 $t = t_2$ 时刻，$v_O = 0\text{V}$，停止计数。所以在 $t = t_2$ 时刻，式(8-12)可写为

$$0 = -\frac{v_I}{RC} \cdot 2^n \cdot T_C + \frac{V_{REF}}{RC}(t_2-t_1) \qquad (8\text{-}13)$$

若这时计数器所计脉冲个数为 D，则式(8-13)可写为

$$\frac{v_I}{RC} \cdot 2^n \cdot T_C = \frac{V_{REF}}{RC} \cdot D \cdot T_C$$

即

$$D = \frac{2^n}{V_{REF}} \cdot v_I \qquad (8\text{-}14)$$

由上述分析可知，双积分型 ADC 完成一次转换所需时间为

$$T = (2^n + D)T_C \qquad (8\text{-}15)$$

双积分型 ADC 有以下特点。

（1）由于双积分型 ADC 使用了积分器，转换期间是转换 v_I 的平均值，因此对交流干扰信号有很强的抑制能力，尤其是对工频干扰信号。如果转换周期选择合适（例如 $2^n T_C$ 为工频电压周期的整数倍），则从理论上讲可以完全消除工频干扰。

（2）工作性能稳定。由式(8-14)可知，转换精度只与 V_{REF} 有关。只要 V_{REF} 稳定，就能保证转换精度。所以 R 和 C 的值及时钟周期 T_C 长时间所发生的变化对转换精度无影响。

（3）工作速度低。完成一次转换要 $(2^n + D)T_C$ 时间。

（4）由于转换的是 v_I 的平均值，因此这种 ADC 只适用于对直流或变化缓慢的电压进行转换。

8.2.5　ADC 的主要技术指标

1. 转换时间

完成一次 A/D 转换所需要的时间可以定义为每秒转换的次数，即转换速度。例如，某 ADC 的转换时间 $T = 1\text{ms}$，那么该 ADC 的转换速度为 $1/T = 1000$ 次/s。

2. 分解度

分解度也称分辨率。分解度是指输出数字量最低有效位为 1 所需的模拟输入电压。例如，一个 8 位 ADC 满量程输入模拟电压为 5V，该 ADC 能分辨的最小输入电压为 $5\text{V}/2^8 \approx 19.53\text{mV}$，而 10 位 ADC 可以分辨的最小输入电压为 $5\text{V}/2^{10} \approx 4.88\text{mV}$。可见，在最大输入电压相同的情况下，ADC 的位数越多，所能分辨的电压越小，分解度越高。所以分解度常常用输出数字量的位数表示。

3. 量化误差

量化误差指量化产生的误差。如前所述，采用有舍有入法的理想转换器的量化误差为 $\pm 1/2$ LSB。

4. 精度

精度指产生一个给定的数字量输出所需模拟输入电压的理想值与实际值之间总的误差，其中包括量化误差、零点误差及非线性等产生的误差。

5. 模拟输入电压范围

模拟输入电压范围指 ADC 允许输入的电压范围。超过这个范围，ADC 将不能正常工作。例如，AD571JD 模拟输入电压范围是：单极性 $0V \sim 10V$，双极性 $-5V \sim +5V$。

8.2.6 集成 ADC 举例

集成 ADC 产品虽然型号繁多，性能各异，但多数转换电路采用逐次逼近原理，下面仅简单介绍通用型 ADC0801。

ADC0801 是 8 位逐次逼近型 ADC，采用 CMOS 工艺，20 脚双列直插式封装。它很容易通过数据总线与计算机相连而不需要附加接口逻辑电路。其逻辑电平与 MOS 型门电路和 TTL 型门电路都是兼容的。ADC0801 有两个模拟电压输入端，可以对 $0V \sim \pm 5V$ 进行转换，输入信号也可采用双端输入方式。ADC0801 结构框图如图 8-17(a)所示。它由时钟发生器、比较器、数据输出锁存器等组成。其引脚排列图如图 8-17(b)所示，引脚功能说明如下。

① $\overline{CS}$——片选端，低电平有效。

② $\overline{RD}$——输出使能端，低电平有效。

③ $\overline{WR}$——转换启动端，低电平有效。

④ CLK IN——外部时钟输入端，当使用内部时钟时，该端接定时电容。

⑤ $V_{in}(+)$，$V_{in}(-)$——差分模拟电压输入端。当单端输入时，一端接地，另一端接输入电压。

⑥ $\overline{INTR}$——转换结束时输出低电平。

⑦ GND A——模拟信号地。

⑧ $V_{REF}/2$——参考电压任选端。悬空时，由内部电路和 V_{REF} 产生 2.5V 的电压值，当该端接外加电压时，可改变模拟电压输入范围。

⑨ GND D——数字信号地。

⑩ V_{CC}——电源端，也作为基准电压。

⑪ CLK R——接内部时钟的定时电阻。

⑫ $D_0 \sim D_7$——数字量输出。

图 8-18 是用 ADC0801 进行连续 A/D 转换的接线图。时钟频率由外接电阻 R 和电容 C 决定：

$$f = \frac{1}{1.1RC} = \frac{10^9}{1.1 \times 150 \times 10} = 606(\mathrm{kHz})$$

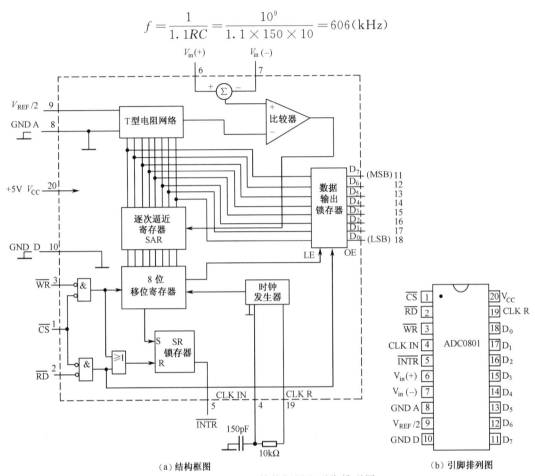

(a) 结构框图

(b) 引脚排列图

图 8-17　ADC0801 结构框图和引脚排列图

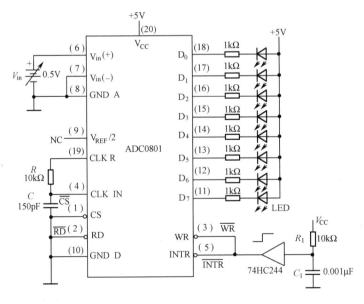

图 8-18　用 ADC0801 进行连续 A/D 转换的接线图

其连续转换过程如下：

接通电源，由于电容 C_1 两端电压不能突变，因此在接通电源后，C_1 两端产生一个由 0V 按指数规律上升的电压，经 74HC244 缓冲/驱动器整形后加给 $\overline{WR}$ 一个阶跃信号。低电平使 ADC0801 启动，高电平对 $\overline{WR}$ 不起作用。

启动后，ADC 对 0V～5V 的输入电压进行转换，一次转换完成后，$\overline{INTR}$ 变为低电平，使 $\overline{WR}=0$，ADC 重新启动，开始第二次转换。数据输出端接 LED，用于监视数据输出，当 $D_i=0$ 时，LED 亮，当 $D_i=1$ 时，LED 不亮，所以只要观察 LED 亮、灭情况就可以观察到 A/D 转换的情况。

为使 ADC0801 连续不断地进行 A/D 转换，并将转换后得到的数据连续不断地通过 D_0～D_7 输出，$\overline{CS}$ 和 $\overline{RD}$ 必须接低电平（地）。

图 8-18 电路输入电压范围为 0V～5V，输出数字范围为 0～255。当输入电压范围改变时，为得到 8 位分解度，可在 V_{REF} 端接上适当电压。当 $V_{CC}=5V$ 时，若 $V_{REF}/2$ 端悬空，则内部电路使 $V_{REF}/2$ 端的电位为 2.5V（$V_{CC}/2$）。如果 $V_{REF}/2$ 端加 2V 电压，则输入电压范围为 0V～4V；若接1.5V，输入电压范围就为 0V～3V，其余类推。

为了减小干扰，ADC0801 把模拟信号地与数字信号地分开，以提高 A/D 转换的精度。

8.2.7 ADC 应用举例

如前所述，ADC 在数字式仪表、数字控制系统和计算机控制系统中是必不可少的一个部件。计算机数据采集系统在计算机控制系统中是非常重要的，现以计算机控制的数据采集系统为例，说明如何在计算机控制下对模拟信号进行采集和处理。图 8-19 为一个典型的 8 路计算机数据采集系统（DAS）原理图。

整个系统由传感器、多路开关、采样-保持电路、可编程增益控制放大器、ADC 和微处理器等构成。

整个系统通过数据总线、地址总线和控制总线进行通信。所谓总线就是系统中各部件公用的一组导线，各部件通过它来传送或接收数据。在图 8-19 所示数据采集系统中，与数据总线相连的有三个部件：ADC、微处理器和 RAM。

控制总线用来传送各部件所需要的控制信号，例如片选信号（$\overline{CS}$）、读出使能信号（$\overline{R_d}$）、系统时钟信号、触发信号等。

传感器的作用是把被测物理量转换成与其成正比的模拟电压，然后经 ADC 转换成数字量。微处理器按一定时间间隔周期性地向各检测点发出采集命令，将各检测点所采集的数据送入微处理器进行处理。经处理后的信号送到控制装置完成各种动作，如报警、调温等。这就是所谓的数据采集系统。

数据采集系统的工作原理如下。

微处理器通过控制总线向多路开关发送地址信号，选择所要转换的模拟信号。例如，当微处理器发送的地址信号为 ABC＝000 时，温度传感器的输出信号 V_1 被选中，通过多路开关送到采样-保持电路，把该时刻的电压采集并保持下来送到可编程增益控制放大器中进行放大。

8 个不同的传感器输出的满量程电压是不同的。例如，温度传感器输出的电压范围可能是 0V～5V，而压力传感器的输出电压范围可能是 0mV～500mV，为使送入 ADC 的电压范围一致，所以需要用可编程增益控制放大器 LH0084 对来自采样-保持电路的信号电压进行调整。LH0084 有 1,2,5,10 共 4 个增益选择。例如,当压力传感器的输出电压(0mV～500mV)需要转换时,微处理器对 LH0084 进行控制使其放大倍数为 10,LH0084 输出电压则为 0V～5V。同理,根据其他传感器输出电压范围的不同,通过微处理器的控制使输出电压范围始终为 0V～5V。这样,经可编程增益控制放大器调整,使送入 ADC 的电压范围始终保持在 0V～5V 之间。

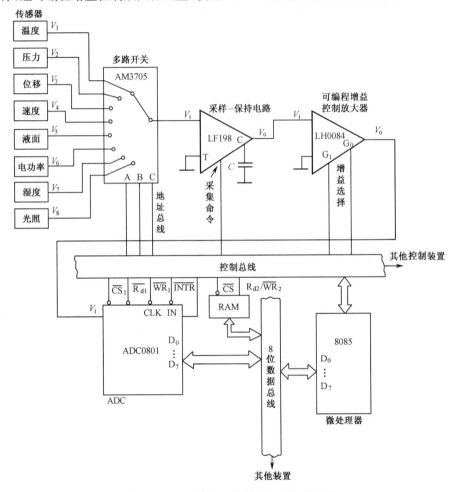

图 8-19　8 路计算机数据采集系统原理图

可编程增益控制放大器输出的电压送到 ADC0801。为转换成与模拟电压相对应的二进制数,必须使 ADC 处于工作状态。所以微处理器向 ADC 发出片选信号($\overline{CS}$)和转换启动信号($\overline{WR}$),于是 ADC 开始工作,经 A/D 转换后把模拟信号转换成数字信号。转换结束时,转换结束端($\overline{INTR}$)变为低电平,微处理器向输出使能($\overline{R_d}$)端发出允许读出的命令信号。于是,D_0～D_7 的数据通过数据总线送入微处理器,然后送入随机存取存储器 RAM。

这一过程完成后,微处理器通过控制总线向多路转换开关发送新的待测信号的地址,例如,ABC＝001,于是压力传感器输出被送入采样-保持电路,又重复上述过程,直到 8 个数据转换存储完毕。下一轮采集又重复上述过程。

采集得到的数据经微处理器分析处理后再去控制执行装置,例如,报警装置、温度调节装置、压力调节装置等。当然,在这些装置之前可能还要加入其他部件,如逻辑电路、DAC 等,这里不再赘述。

习题 8

8-1 在图 8-1 电路中,若 $R_F = R/2$,$V_{REF} = 5V$,当输入数字量为 1010 时,求输出电压 V_O。

8-2 在图 8-2 所示倒 T 型电阻网络 DAC 中,若 $V_{REF} = 5V$,$R_F = R$,输入的数字量为 1011,求输出电压 V_O。

8-3 在题图 8-1 电路中,已知 $V_{REF} = 10V$,开关导通压降为 0V,试分别求出输入数字量为 10000000 和 01111111 时的输出电压。

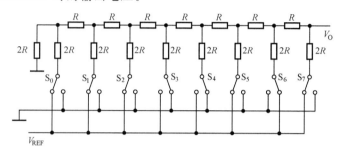

题图 8-1 习题 8-3 的图

8-4 试分别求出 8 位 DAC 和 10 位 DAC 的分辨率各是多少?

8-5 用一个运算放大器、一个 10V 的参考电压源、若干开关和电阻设计一个 4 位二进制倒 T 型电阻网络 DAC 电路。由参考电压源流入电阻网络的参考电流 $I_R = 4mA$,最小输出电压 $V_{Omin} = 0.5V$,计算各有关电阻的值并画出电路图。

8-6 用一个运算放大器、一个 10V 参考电压源及必要的开关和电阻组成倒 T 型电阻网络 DAC,输入与输出的关系为 $V_O = -10(2^{-1}a_1 + 2^{-2}a_2 + \cdots + 2^{-6}a_6)$。

8-7 将 4 位同步二进制加法计数器的输出作为 4 位二进制 DAC 的输入,若时钟频率为 256kHz,试画出 DAC 的输出电压波形,并求出输出波形的频率。

8-8 题图 8-2(a) 和 (b) 分别表示由倒 T 型电阻网络 DAC(参见图 8-4(a))及运算放大器组成的数字可编程电压源电路和数字可编程电流源电路。(1)试说明电路工作原理。(2)写出输出模拟量与输入数字量之间的关系式。(3)若 $R = R_L = 2.5k\Omega$,$R_1 = 0.1k\Omega$,$R_2 = 2k\Omega$,$V_{REF} = 10V$,分别计算出当输入数字量为下列值时 V_O 和 I_L 的值:

(a)00000001;(b)00001111;(c)11111111。

8-9 题图 8-3 中电路为数字可编程多谐振荡器电路,DAC 为 R-$2R$ 倒 T 型电阻网络,$R = 3k\Omega$,$V_{REF} = +5V$。(1)试说明电路工作原理。(2)写出振荡频率与输入数字量之间的关系式。(3)分别求出输入数字量为 0000000001 和 1111111111 时的振荡频率。(4)当输入数字量为 0000000010 时,分别画出电容 C 两端电压和输出电压的波形。

8-10 模拟信号最高频率分量 $f = 20kHz$,对该信号采样时,最低采样频率应是多少?

8-11 为什么 A/D 转换一定要量化?选哪种量化方法误差比较小?

8-12 说明并行比较 ADC、计数型 ADC、逐次逼近型 ADC 和双积分型 ADC 各有什么优、缺点。

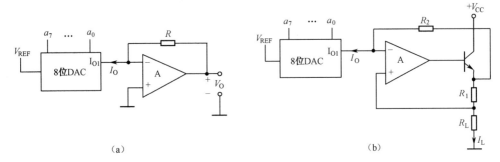

（a） （b）

题图 8-2　习题 8-8 的图

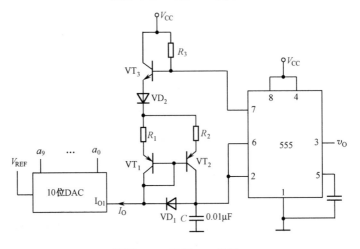

题图 8-3　习题 8-9 的图

8-13　在图 8-13 所示逐次逼近型 ADC 电路中,若时钟频率为 1MHz,输入的模拟电压为 2.86V,试画出 ADC 输出 v_O 的波形图。

8-14　双积分型 ADC 的参考电压 $V_{REF}=10V$,试问:(1)被转换电压的极性是正还是负?(2)被转换电压的最大值(绝对值)是否可以大于 10V? 为什么? (3)为什么双积分型 ADC 抗工作频率干扰能力强? (4)对于一个包含 10 位二进制计数器的双积分型 ADC,若希望尽可能避免由工作频率(50Hz)干扰造成的转换误差,时钟频率最高可选多少? 为什么?

第9章　数字系统分析与设计

前几章我们已经讨论了一些基本逻辑部件,如加法器、计数器、存储器等。每一种逻辑部件都能完成某种单一的逻辑功能。如果把这些逻辑部件组成功能复杂、规模较大的数字电路,则称为数字系统。从理论上讲,任何数字系统都可以看成一个大型时序逻辑电路,可以用时序电路的设计方法进行设计。实际上,由于数字系统的数字变量和内部的状态变量很多,如果再用状态表、卡诺图等逻辑工具来描述和设计是相当困难的,因此必须采用新的方法。用于系统设计的方法有多种,本章仅介绍利用硬件描述语言(寄存器传送语言)的硬件程序法。

9.1　数字系统概述

数字系统是指由若干数字电路和逻辑部件构成的能够处理或传送数字信息的设备。数字系统主体通常可以分为两部分:数据处理器和控制器。数据处理器按功能又可分解成若干子处理单元,通常称为子系统,每个子系统完成某个局部操作。计数器、寄存器、译码器等都可作为一个典型的子系统。控制器管理各个子系统的局部操作,使它们有条不紊地按规定顺序进行操作。图 9-1 为一个简单的数字系统组成框图。由图 9-1 可知,控制器接收外部输入和各子系统的反馈输入,然后综合成各种控制信号,分别通知各子系统在定时信号到来时应完成何种操作。

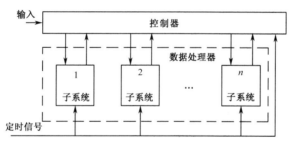

图 9-1　一个简单的数字系统组成框图

有没有控制器,是区别功能部件和数字系统的标志。凡是包含控制器且能按顺序进行操作的系统,一律称为数字系统,否则只能算一个子系统或部件。例如,存储器的容量再大也不能称为系统。应当指出的是,一个完整的数字系统应包括输入和输出设备,例如,键盘输入设备、打印机输出设备等。但输入、输出设备在结构上是独立的,为了叙述方便,我们将它们和数字系统主体分开,故在下面讨论中不予考虑。

9.2　数字系统设计语言——寄存器传送语言

一个复杂的数字系统,它的内部状态变量很多,若用常规方法和工具(如真值表、卡诺图和逻辑函数表达式)来描述和设计,显然是困难的,因而必须寻找从系统总体出发来描述和设计的方法。系统设计方法有多种,如时序流程法、硬件程序法等。硬件程序法采用一种符号表示法——寄存器传送语言(Register Transfer Language)来描述数字系统中的信息传递和处理过程,然后再转换成硬件结构。目前寄存器传送语言已被广泛应用。本节将简要介绍这种语言的基本写法、硬件实现方法以及如何用它来描述和设计数字系统。

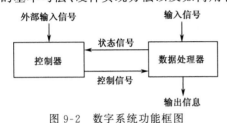

图 9-2　数字系统功能框图

寄存器传送语言是在 20 世纪 50 年代初期由吕德(I. S. Reed)提出的。这种语言在发展中,尚无统一的符号语言。这里介绍的是一种简便的寄存器传送语言。在这种方法中,数字系统按功能被分为数据处理器和控制器两部分,其功能框图如图 9-2 所示。数据处理器主要进行数据的传送和运算。寄存器是该部分的基本部件。应当指出,这里寄存器的涵义是广泛的,除常规的寄存器外,把运算器也看作具有加、减功能的寄存器,存储器则可看作存储信息的寄存器的集合。数据处理器还包括一些组合电路和时序电路。它们可以用来对信息进行算术运算、逻辑运算和移位操作等。有时,数据处理器会发出状态信号以使控制器决定下一步执行何种操作。此外,控制器也可以接收外部输入信号,以及改变操作顺序。

9.2.1　基本语句

寄存器传送语言的语句表达式中,除表示对存储在寄存器中的信息进行何种微操作外,还含有控制函数部分。控制函数限定微操作产生的状态条件,它是一个取二值的布尔表达式。微操作是指寄存器数据传送时的最基本操作,每条基本语句通常实现一次微操作。下面介绍基本语句。

1. 传送语句

传送语句的基本形式为

$$B \leftarrow A$$

其中,箭头表示传送动作。传送语句的含义是将 n 位寄存器 A 中的内容,在一个时钟周期内传送到 n 位寄存器 B 中,所以这是并行传送方式。其中 A 称为源寄存器,B 称为目的寄存器。因为并不是每个时钟周期都进行这种操作,所以传送语句应指明限定寄存器传送微操作的状态条件。语句可表示为

$$P: B \leftarrow A$$

P 为控制函数,冒号":"表示控制函数结束。控制函数是一个逻辑函数表达式,包含两部分内容:定时信号(如节拍脉冲)和状态信号,但也不一定齐全,状态信号为任选项。有时定时信号不在函数中表示。定时信号为隐含的。如图 9-3 所示为语句 $T_1 \cdot I: B \leftarrow A$ 的硬件结构图。控制函数 $P = T_1 \cdot I$ 的含义是:当 $T_1 = 1$,$I = 1$ 时,寄存器 A 的内容存入寄存器 B。

2. 并列传送语句

当在同一个时钟周期内需同时完成多个传送操作时,可在子句间用逗号分开。例如,语句

$$P_1: A \leftarrow B, P_2: C \leftarrow D$$

3. 总线传送语句

寄存器之间可通过专用线传送数据,如图 9-3 所示。也可以通过总线传送数据,总线是多个寄存器公用的数据传送线,为防止数据冲突,只允许一个寄存器往总线上传送数据,其他寄存器的输出应为高阻态。图 9-4 是寄存器之间的总线传送结构图。

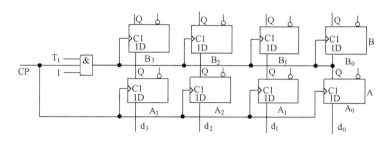

图 9-3　传送语句的硬件结构图

这时总线也作为一个设备处理,即寄存器与总线之间有数据传送关系。因而传送语句为

$$X\overline{Y}: BUS \leftarrow C, \overline{W}Z:B \leftarrow BUS$$

上述语句中,BUS 表示总线,$X\overline{Y}$ 是源寄存器的控制函数,$\overline{W}Z$ 是目的寄存器的控制函数。该语句的含义是:当 $X\overline{Y}=10$ 时,寄存器 C 的内容传送到总线上;当 $\overline{W}Z=01$ 时,寄存器 B 接收总线数据。因为这两个微操作可在同一个时钟周期内完成,所以中间用逗号隔开。如果将控制函数和总线隐含在语句中,则可直接写成

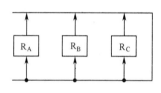

图 9-4　总线传送结构图

$$B \leftarrow C$$

不过,设计者应记住,这个微操作中应引入 X,Y,W,Z 等控制变量。

4. 输入/输出线线端传送语句

输入/输出线线端与总线做同样处理,给出线端符号即可。

5. 存储器传送语句

当从存储器某单元中读出数据时,该单元的地址是由存储器地址寄存器 MAR 提供的,而被读出的数据存入数据寄存器 DR(也称存储器缓冲寄存器 MBR)中。同样道理,当向存储器写入数据时,也需通过 MAR 和 DR。我们用字母 M 表示由 MAR 所选定的存储器单元(存储寄存器),这样,存储器的"读"操作可理解为选定的 M 到 DR 的一次传送,传送语句为

$$R:DR \leftarrow M$$

R 是"读"操作的控制函数。同样,写操作可理解为 DR 的内容向 MAR 所选定的存储单元 M 的一次传送。传送语句为

$$W:M \leftarrow DR$$

实现存储器传送语句的硬件结构图如图 9-5 所示。

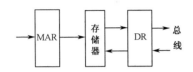

图 9-5 存储器传送硬件结构图

6. 条件语句

与软件程序设计语言一样,寄存器传送语言中的条件语句也分为无条件转移和条件转移两种形式。无条件转移语句形式为

$$T_1:A \leftarrow B, \quad T_1 \rightarrow T_3$$

它表示在 T_1 条件下,执行 $A \leftarrow B$,执行完毕无条件地转为执行 T_3 程序。一般语句是在一个个时钟周期下逐句执行的。但在条件语句中,有转移问题,所以符号 T 具有标号作用。应注意,这类语句中的子句间也用逗号分开,但转移子句的箭头是从左到右的。条件转移语句形式为

$$T_1 \cdot S: A \leftarrow B, \quad T_1 \rightarrow T_3$$

$$T_1 \cdot \bar{S}: T_1 \rightarrow T_3$$

它表示:如果 S=1,则执行 $A \leftarrow B$,然后执行 $T_1 \rightarrow T_3$,如果 S≠1,则执行下一条语句,即 S=0,由 T_1 直接转为执行 T_3 语句。

7. 算术微操作语句

加法微操作语句为

$$P:C \leftarrow A + B$$

加法微操作需要三个寄存器(A,B,C)和一个并行加法器。A 和 B 为源寄存器,C 为运算结果寄存器或目的寄存器。图 9-6 为实现加法微操作的结构图。

减法微操作语句为

$$P:C \leftarrow A - B$$

减法可用减法器,但一般通过补码相加的方法来实现。语句为

$$P:C \leftarrow A + \bar{B} + 1$$

加 1 和减 1 微操作是给指定的寄存器中的内容加 1 或减 1。例如,语句 $P:A \leftarrow A - 1$ 表示寄存器 A 的内容减 1。这可以用计数功能来实现。

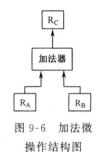

图 9-6 加法微操作结构图

8. 逻辑微操作语句

逻辑微操作是指对寄存器之间相对应的每一位进行逻辑运算,包括与、或、非、异或、同或等。下例为"与"微操作。

$$T:C \leftarrow A \cdot B$$

当控制函数 T=1 时,将寄存器 A 与寄存器 B 中各相应位相"与",结果存入寄存器 C 中,如图 9-7 所示。

9. 移位微操作

移位微操作可分为左移、右移两种。左移语句为

$$A \leftarrow SLA$$

右移语句为

$$A \leftarrow SRA$$

实际应用时,移位方式有多种,例如,语句

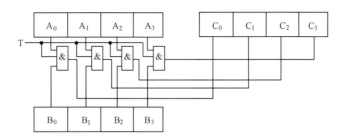

图 9-7 "与"微操作

$$A \leftarrow SLA,\ A_0 \leftarrow A_3$$

表示左循环移位,如图 9-8(a)所示。

若要串行左移位,则可写成

$$A \leftarrow SLA,\ A_0 \leftarrow X$$

其中 X 为外输入,如图 9-8(b)所示。

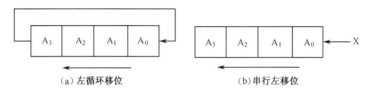

（a）左循环移位　　　　　　　　（b）串行左移位

图 9-8　移位微操作

9.2.2　设计举例

进行系统设计时,首先应进行总体设计,分析系统功能,确定总体任务。然后根据设计目标和要求,确定一种算法,据此画出系统框图,用寄存器传送语言写出其工作过程的微操作语句,最后转换成硬件结构设计。我们首先举例说明数据处理器中将语句转换成逻辑电路的方法,然后介绍控制器及控制器设计方法。

1. 数据处理器

寄存器传送语句可直接翻译成逻辑电路。寄存器是由触发器构成的,寄存器中的每一位均对应一个触发器。寄存器传送语句中,箭头的左边代表触发器的次态,可直接根据寄存器传送语句写出触发器的状态方程,从而实现硬件连接。

【例 9-1】 设有两个由 D 触发器组成的 4 位寄存器,需实现如下逻辑功能:

$$A \leftarrow \overline{A} \cdot B,\ B \leftarrow X \tag{9-1}$$

试设计该电路的数据处理部分。

解:根据式(9-1),可列出触发器 A_i 和 B_i($i=1,2,3,4$)的状态方程

$$A_i^{n+1} = \overline{A_i^n} \cdot B_i^n \tag{9-2}$$

$$B_i^{n+1} = X_i \tag{9-3}$$

式中,n 代表现态,$n+1$ 代表次态。由式(9-2)可列出寄存器 A 的状态表,见表 9-1。并由 D 触发器的状态方程

$$Q^{n+1} = D$$

可得到状态激励表,见表 9-2。由表 9-2 得

$$D_{A_i} = \overline{A_i^n} \cdot B_i^n$$

表 9-1　寄存器 A 状态表

A_i^n	B_i^n	A_i^{n+1}
0	0	0
0	1	1
1	0	0
1	1	0

表 9-2　状态激励表

A_i^n	B_i^n	D_{A_i}
0	0	0
0	1	1
1	0	0
1	1	0

而式(9-3)表示了直接并行传送关系。于是由式(9-2)翻译成图 9-9 所示电路。实际上,由于 D 触发器状态方程简单,因此可以由式(9-2)和式(9-3)直接画出图 9-9 所示电路。

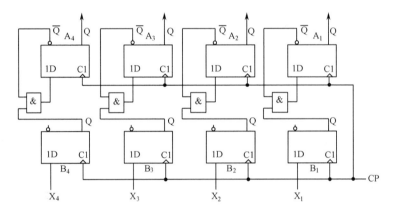

图 9-9　实现[例 9-1]的电路(1)

若用 JK 触发器,则 JK 触发器的激励表见表 9-3。根据表 9-1 和表 9-3,可得出状态激励表见表 9-4。利用卡诺图(见图 9-10)化简,就得到了 J_i 和 K_i 的表达式,据此可画出硬件连接图,如图 9-11 所示。

表 9-3　JK 触发器激励表

$Q^n \rightarrow Q^{n+1}$		J	K
0	0	0	$\times$
0	1	1	$\times$
1	0	$\times$	1
1	1	$\times$	0

表 9-4　状态激励表

	J K	
	$B_i^n = 0$	$B_i^n = 1$
$A_i^n = 0$	0 $\times$	1 $\times$
$A_i^n = 1$	$\times$ 1	$\times$ 1

实际上,很多单元电路已为大家所熟悉,而且具有各种逻辑功能的中、大规模集成电路已大量涌现,这些为电路的实现提供了方便。例如,实现下列语句

C:A ← $\overline{A}$

只要把 JK 触发器的 JK 端接 C 即可。当 C=1 时,J=K=1,一旦 CP 到来,触发器就发生翻转,从而实现将 $\overline{A}$ 送入 A 的功能。

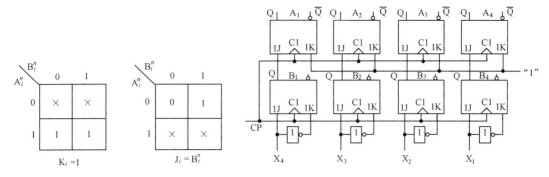

图 9-10 ［例 9-1］的卡诺图　　　　图 9-11　实现［例 9-1］的电路(2)

2. 控制器

控制器的作用是保证电路按正确的时序工作。它应定时发出控制命令使电路各环节协调一致有序地工作。控制器是一个时序电路,可分为同步和导步两种工作方式。下面讨论的均属同步方式。

目前常用的控制器有三种类型。

(1)移位型控制器

用移位寄存器构成的控制器称为移位型控制器。当程序顺序执行时,可利用环形移位寄存器的每一位来产生一个控制信号。当程序有分支(如条件转移)时,移位寄存器和组合电路一起组成控制器电路。因为控制状态数和触发器数相等,所以状态数多时,成本较高,但设计简单,修改程序也比较容易。

(2)计数型控制器

用计数器构成的控制器称为计数型控制器。当控制数大于 10 时,用这类控制器可降低成本。这是因为 n 个触发器可构成 2^n 种状态。在这类控制器中必须有译码器才能输出控制信号。

(3)微程序控制器

这是一种新型控制器,它本身有微指令系统,适用于具有大量控制状态的系统。微程序控制器的有关内容将在"计算机组成原理"课程中讨论。

【例 9-2】 设计一个 n 位并行加法电路。该电路带有外部控制按钮,用来控制运算的开始。

解:首先应分析设计要求。因为要完成两个数相加,所以必须有三个寄存器,分别存放加数(X)、被加数(Y)及和数,还应有一个加法器。因为寄存器 X 和 Y 公用一个缓冲寄存器(BR),所以采用有三态门的总线传送方式。各部件必须由控制命令来协调工作。据此可以画出逻辑框图,如图 9-12 所示。图中各控制命令符号的意义分别是:W 为将数据写入寄存器控制命令,R 为从寄存器读出数据控制命令,下标为各寄存器名,Z_A 为累加器(ACC)清零命令。由加法算法可写出下列寄存器传送语句:

$$T_0 \quad K: T_0 \rightarrow T_1$$

$$\overline{K}: T_0 \rightarrow T_0$$

$$T_1 \quad Z_A: ACC \leftarrow 0, W_X: X \leftarrow n_1, W_Y: Y \leftarrow n_2$$

$$K: T_1 \rightarrow T_1$$

$$\overline{K}: T_1 \rightarrow T_2$$

T_2 R_X：BUS← X, W：BR ← BUS

T_3 R：FA← BR, W_A：ACC← FA

T_4 R_Y：BUS← Y, W：BR← BUS

T_5 R：FA← BR, W_A：ACC← FA

T_6 R_A：Z← ACC

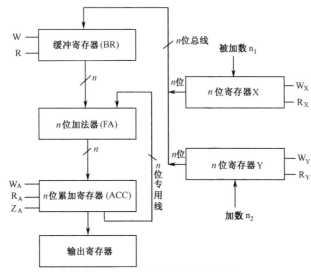

图 9-12 ［例 9-2］的逻辑框图

表 9-5 是上述语句的注释,其中 K 表示外部控制按钮命令,若按下按钮则 K=1,否则 K=0。

表 9-5　［例 9-2］的语句注释

标号	控制函数	注　释
T_0	K	K=1,进入 T_1;否则自循环,等待启动
T_1	Z_A, W_X, W_Y K	ACC 清零,将被加数 n_1 送入寄存器 X 中,将加数 n_2 送入寄存器 Y 中 等待 K 撤销,K=0 时进行运算
T_2	R_X, W	读寄存器 X 内容,通过总线写入 BR 中
T_3	R, W_A	读 BR 的内容到加法器中,与另一个输入端的 0(由累加器输出专用线提供),相加,并存到 ACC 中
T_4	R_Y, W	读寄存器 Y 内容,经总线,写入 BR 中
T_5	R, W_A	X+Y 并写入 ACC 中
T_6	R_A	将数据送寄存器 Z,供读出数据。此后 T_6 转 T_0,若按下按钮,则进入第 2 次计算

必须指出下列三点。第一,在同步时序电路中,每一步都在时钟脉冲(CP)驱动下进行,故通常 T_0,T_1,T_2,…,T_n 应表示时钟序列,但由于有按钮开关输入要求,这里设置了自循环步(T_0→T_0),(T_1→T_1),在循环过程中,经历的 CP 数是无法确定的,因而这里的 T_0～T_6 表示语句标号。但设计者应清楚,系统的各个操作是在 CP 驱动下一步步完成的。第二,向寄存器中写入数据时,控制命令必须伴有时钟信号,而读出时则不必。第三,从 T_2～T_4 语句中还可以看出,一个设备在同一 CP 下既作为目的设备又作为源设备,因而两种操作必有时间上的延时,所以为了保证正确地写入,控制命令的出现比时钟信号触发边沿应超前半个时钟周期。这一点应予以注意。

228

有了语句,即可将其转换成硬件结构。由于这些语句均执行传送动作,前面已讨论过,故不再赘述,读者可自行完成设计。系统设计的核心是设计控制器。下面我们采用计数型方案来设计这个控制器。

这个系统有 $T_0 \sim T_6$ 共 7 个标号,即计数器需有 $S_0 \sim S_6$ 共 7 个状态。在每个状态下发出该状态下的控制命令,见表 9-5。选用三个触发器组成计数器即可满足状态数要求。状态转换图如图 9-13 所示。状态分配及与控制命令的关系见表 9-6,实现时采用三个 D 触发器组成计数器。译码器输出各控制命令。K 为输入命令。图 9-14(a)画出了触发器输入端(D_i)激励信号卡诺图,图 9-14(b)为控制器的时序部分逻辑图,图 9-14(c)为图 9-14(b)的逻辑符号。译码器的输出可根据逻辑函数表达式画出,如 $W_A = \overline{Q}_2 Q_1 Q_0 + Q_2 \overline{Q}_1 Q_0$,其余类推。(加法电路)控制器的逻辑图如图 9-15 所示。

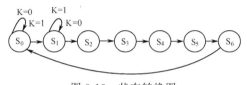

图 9-13 状态转换图

表 9-6 状态分配及控制命令的关系

状 态	现 态			次 态						输 出								
	Q_2	Q_1	Q_0	\multicolumn{3}{c}{$K=0$}	\multicolumn{3}{c}{$K=1$}	W_Y	Z_A	R_X	W	R	W_A	R_Y	W_X	R_A
S_0	0	0	0	0	0	0	0	0	1	0	0	0	0	0	0	0	0	0
S_1	0	0	1	0	1	0	0	0	1	1	1	0	0	0	0	0	1	0
S_2	0	1	0	0	1	1	0	1	1	0	0	1	1	0	0	0	0	0
S_3	0	1	1	1	0	0	1	0	0	0	0	0	0	1	1	0	0	0
S_4	1	0	0	1	0	1	1	0	1	0	0	0	0	0	0	1	0	0
S_5	1	0	1	1	1	0	1	1	0	0	0	0	0	1	1	0	0	0
S_6	1	1	0	0	0	0	0	0	0	0	0	0	0	0	0	0	0	1

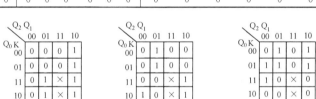

(a) D_i 的卡诺图

$D_2 = Q_2 \overline{Q}_1 + Q_1 Q_0$ $D_1 = \overline{Q}_2 Q_1 \overline{Q}_0 + Q_2 Q_0 + \overline{Q}_1 Q_0 \overline{K}$ $D_0 = \overline{Q}_2 Q_1 \overline{Q}_0 + Q_2 Q_1 \overline{Q}_0 + Q_2 \overline{Q}_1 K$

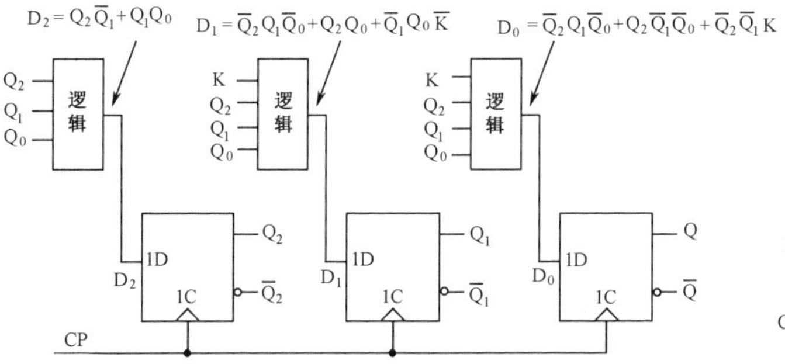

(b) 控制器的时序部分逻辑图 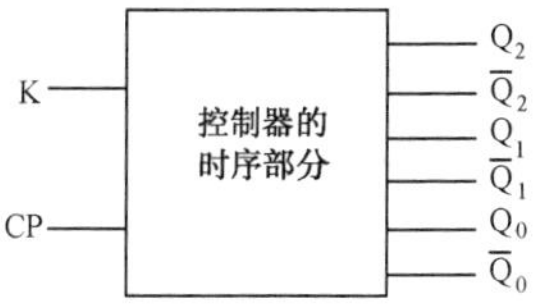   (c) 逻辑符号

图 9-14 〔例 9-2〕的控制器设计

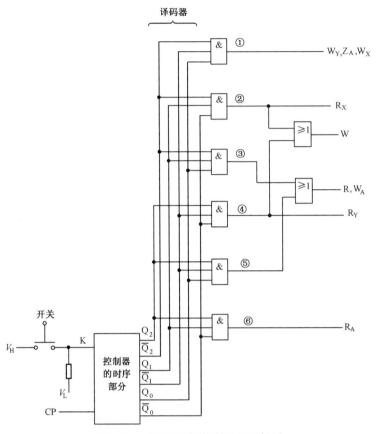

图 9-15 (加法电路)控制器的逻辑图

9.3 简易计算机的功能分析与电路设计

在对数字系统进行设计之前,必须详细地了解和分析该系统应完成的功能,包括收集有关资料,明确系统对输入信息和控制对象的各种要求等。然后在此基础上确定系统的总体结构模块。根据总体结构模块设计出结构框图,然后用具体逻辑电路来实现每个框图所要完成的功能,经反复试验修改调整,最后投入正式使用。

下面以仅能完成加法运算的简易计算机为例说明数字系统的设计过程。

9.3.1 简易计算机的基本结构

计算机是典型的数字系统之一。它能对输入的信息进行处理、运算。为了分析它的功能、确定其模块结构,首先让我们看一个用算盘对下式进行运算的例子:

$$(15+5) \times 2 - 30 = 10$$

首先要有一个算盘作为运算工具,其次还要有纸和笔来记录数据,包括原始数据、中间结果及最终结果。用算盘计算的过程是在人的控制下进行的。第一步计算 $15+5$,并把中间结果 20 记在纸上;第二步计算 20×2,又将中间结果 40 记在纸上;最后计算 $40-30$ 并将最终结果记录在纸上。上述每一步运算都是由人的大脑指挥完成的。大脑将全题分解成若干演算细节并发出指令给手指,通过手指拨动算珠完成每一步运算,每步运算完成后,大脑又发出指令将中间结果从算盘上"取"下然后转存到纸上。

如果设计一台计算机完成上述运算过程,那么计算机必须具备哪些主要部件呢?

1. 运算器

它的作用相当于上例中的算盘。它是在控制器控制下进行运算的。实际计算机中的运算器不仅能进行算术运算,还能进行逻辑运算,所以计算机中的运算器又称为算术逻辑单元(ALU)。

2. 存储器

它的作用相当于上例中的纸和笔,它能记录原始题目、原始数据、中间结果,以及为使机器能自动完成各种运算而编制的程序。

3. 控制器

它的作用相当于人的大脑。它能按事先规定的顺序发出各种控制信号,协调整个运算过程,使之一步步有序地进行。在时钟脉冲的控制下,控制器按照一定的时序不断地向机器各部件发出命令,指示各部件按规定的时序完成规定的动作。例如,从存储器哪个单元中取出数据,取出的数据送到什么地方,什么时候进行什么运算,中间结果暂存到什么地方,最终结果存到存储器哪个单元中等。

4. 输入/输出设备

除上述三部分外还要有输入原始数据和命令的输入设备及输出计算结果的输出设备。

有了上述 4 部分,就构成了一台完整的计算机,其基本结构如图 9-16 所示。其中算术逻辑单元、存储器和控制器称为计算机的主机,而输入/输出设备称为外部设备。通常把主机中的算术逻辑单元和控制器合在一起称为中央处理器(Central Processing Unit),简称 CPU。由于输入/输出设备在结构上是独立的,为了叙述方便,我们将它们和计算机主体分开,以下讨论中只考虑计算机的主机部分。

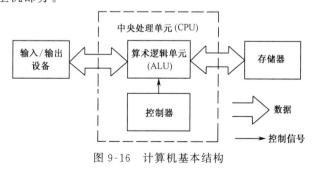

图 9-16　计算机基本结构

9.3.2　简易计算机框图设计

通过上述分析,明确了组成计算机的三大基本模块,即算术逻辑单元、存储器模块和控制器,以及各模块所要完成的功能。在此基础上就可以进行逻辑框图的设计了。

1. 存储器模块

如上所述,存储器模块的作用是存储指令代码和数据,并能按控制器发出的命令将指令代码和数据顺序取出,所以存储器模块必须有一个能按顺序存放指令代码和数据的存储器。存储器每个存储单元都有一个地址号,为了从存储器中按顺序取出指令代码或数据,必须有一个寄存器存放当前要访问的存储单元的地址,这个寄存器称为存储器地址寄存器。当存储器内容被取出后,首先要放到数据寄存器中暂存起来,然后按控制命令将数据寄存器所存内容传送到指定的部件中。综上所述,存储器模块包括以下三个逻辑部件:

(1)存储器(M)。它的作用是按一定顺序存放指令代码和数据。

(2)存储器地址寄存器(MAR)。它的作用是存放当前要访问的存储单元的地址,当 MAR 中收到一个地址码时,即可按该地址将存储器中的内容取出。

(3)数据寄存器(DR)。它的作用是暂时存放从存储器中读出的指令代码或数据。

2. 算术逻辑单元

简易计算机中,算术逻辑单元只完成两个数相加的运算。完成两个数相加必须有一个加法器和三个寄存器。这三个寄存器分别用于存放两个加数和一个和数。其中一个加数寄存器可用数据寄存器(DR)代替,所以算术逻辑单元应包括:

(1)累加器(A)。用于保存参加运算的一个加数及运算结果。

(2)加法器(FA)。用于完成两个数的即时相加运算。

(3)和数寄存器(SR)。用于保存加法器(FA)的运算结果。

3. 控制器

控制器的作用就是在时钟脉冲控制下定时向各部件发出控制命令,所以它所完成的功能是按规定的节拍产生一系列不同的命令,在这些命令控制下,各部件完成所规定的动作。例如,什么时刻应从存储器中取哪条指令,该指令的含义是什么,在这个指令周期内计算机各部件应完成哪几个动作等,所以控制器应包括以下部分。

(1)程序寄存器(PC)。它指向要执行的那条指令的地址。每次操作时,PC 将其中存放的地址传送到 MAR 中,根据 MAR 的地址将存储器中的内容读出,再传到 DR 中,同时 PC 加 1以指向下一个将要取出的指令(或数据)的地址。

(2)指令寄存器(IR)和译码器。其用来寄存取自存储器的指令代码,并将它们翻译成相应的指令。对应于不同的指令代码,译码器使不同的输出端为 1,用这一信号控制一条指令应进行的操作。

(3)控制电路(CON)。产生各种控制信号用以控制各逻辑部件在每个时钟周期内所要完成的动作。

(4)节拍发生器。用于产生一系列定时节拍,使各部件在规定节拍内完成规定的动作。

(5)时钟信号源。计算机是由各种数字电路组成的数字系统,各部件在统一的时钟脉冲(CP)控制下,一个时钟周期接一个时钟周期地工作。它是协调整个机器操作的重要信号。时钟信号源用于产生所需要的时钟信号。

根据上述分析可设计出简易计算机框图,如图 9-17 所示。

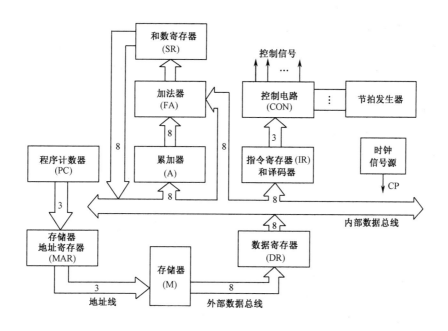

图 9-17　简易计算机框图

应当指出的是,各寄存器之间、寄存器与组合电路之间可用专用线直接连接,也可以用公用线,即总线连接。众多的专用线直接连接会使连线繁杂,体积增大,所以简易计算机中采用总线结构。在总线结构中,根据操作顺序,在不同时刻、不同控制命令下,将相应的寄存器"挂"到总线上,所以必须用三态门(或称三态缓冲器)输出。另外,各部件的工作是受控制电路发出的微控制命令控制的,这些命令包括:

- I_{MAR}——MAR 寄存命令
- I_{DR}——DR 寄存命令
- I_{IR}——IR 寄存命令
- I_{PC}——计数控制命令
- I_A——A 寄存命令

- E_{DR}——DR 输出命令
- I_Σ——SR 寄存命令
- E_Σ——SR 输出命令
- I_{CP}——CP 控制命令

9.3.3　简易计算机控制器设计

1. 简易计算机指令格式及工作过程描述

计算机是按照一定程序进行运算的,所以事先要把所要求的操作内容编成程序存入存储器中。现以简易计算机所进行的加法运算为例说明程序的编制过程和一些术语。

为了简化计算机的结构,简易计算机只有三条指令,完成指定数的相加操作。例如,求 $6+7=?$ 编制 6 和 7 相加的程序,包含下列三条语句:

程　　　序	解　　　释
LD A,6	A←6,把 6 送入累加器 A 中
ADD A,7	A←A+7,把 A 中的 6 与 7 相加,结果送入 A 中
HALT	运算完毕,停机

上述一条语句称为一条指令。LD 为取数指令,ADD 为加法指令,HALT 为停机指令。机器逐条执行指令,得出结果。上述指令是用英文单词简化而成的,便于人们记忆。但是计算机只识别 0,1 代码,所以需要把这些用助记符编写的指令翻译成机器码(0,1 编码)指令。指令格式如下:

第 1 条指令　　00111110　　操作码(LD A)

　　　　　　　00000110　　操作数(6)

第 2 条指令　　11000110　　操作码(ADD A)

　　　　　　　00000111　　操作数(7)

第 3 条指令　　01110110　　操作码(HALT)

每条指令的操作码和操作数分别存入地址为 n 和 $n+1$ 的存储单元中。指令的执行是在控制电路发出的控制信号作用下一步步完成的。控制电路发出的控制命令称为微命令,也就是控制门的开或关,寄存器的送数、置位、复位等命令。由一个微命令所控制实现的操作称为微操作,显然这是最基本的操作,要在一个时钟周期内完成。每个时钟周期称为一个节拍,记为 T_0,T_1,T_2,…。

每条指令的执行过程都分为取指令和执行指令两个阶段。例如,执行"LD A,6"这条指令时,取指令阶段完成从存储器中把操作码取出并送入指令寄存器中,经译码器译出取数指令的操作;执行阶段则完成将操作数(6)送入 A 中的操作。

取指令前先将程序计数器(PC)初始化,使其所存数据为存储器中程序的首地址。开始执行取指令操作时,计算机从首地址开始。第 1 步将 PC 中所存的首地址传送到 MAR 中;第 2 步按 MAR 所存地址将存储器中对应的操作码读出并送入 DR 中;第 3 步将操作码从 DR 传入 IR 中,经译码译出相应的指令,这条指令决定了接下来应完成什么操作。例如,若译出的指令为 LD=1,则接下来进行取数操作;若为 ADD=1,则进行加数操作。与此同时,PC 加 1 指向下一个存储单元地址。可见,取指令阶段要进行三个微操作,在 $T_0\sim T_2$ 节拍内完成。用寄存器传送语言可描述为

T_0:MAR←PC　　　　　　T_1:DR←M　　　　　　T_2:IR←DR,PC←PC+1

在执行任何指令之前都要经过上述取指令阶段。取指令阶段完成后则进入执行指令阶段。现以执行"LDA, 6"指令为例说明执行指令阶段。

取数操作可分解成 4 个微操作。由于在 T_2 节拍 PC 已加 1,因此 PC 对应的就是 M 中的操作数 6。T_3 节拍将 PC 所存地址送入 MAR 中;T_4 节拍则根据 MAR 中所存地址将存储器中的操作数(6)取出送入 DR 中暂存;T_5 节拍,PC+1 以指向下一条指令的地址,为执行下一条指令做好准备;T_6 节拍将暂存于 DR 的操作数送到累加器 A 中。至此完成了将被加数(6)送入累加器 A 中的操作。

用同样的方法可将加数操作分解成 4 个微操作,在 4 个节拍内完成。

由于执行指令阶段所执行的操作受译码器输出信号的控制,而译码器输出端在任一时刻只能有一个为 1,因此取数和加数操作都在 $T_3\sim T_6$ 这 4 个节拍内完成。一条指令执行完毕,节拍发生器又回到初始状态,程序又回到取指令阶段。

综上所述,可将简易计算机工作过程用寄存器传送语言描述,见表 9-7,其中符号 BOS 表示内部数据总线。

2. 控制电路设计

可以根据表9-7所列传送语句设计出产生各种控制信号的控制电路。首先从表9-7中将同一个寄存器中执行同一个微操作的寄存器传送语句所对应的控制函数找出来。例如，MAR←PC这一操作在控制函数为 T_0 时和控制函数为 $T_3 \cdot LD$ 及 $T_3 \cdot ADD$ 时均出现了，则可将这三个控制函数组合成一句：

$$T_0 + T_3 \cdot LD + T_3 \cdot ADD: MAR \leftarrow PC$$

可见控制函数是一个与或表达式。令

表 9-7 简易计算机的寄存器传送语言描述

控 制 函 数	操 作
T_0	MAR←PC
T_1	DR←M, BOS←DR
T_2	IR←BOS, PC←PC+1
$T_3 \cdot LD$	MAR←PC
$T_4 \cdot LD$	DR←M, BOS←DR
$T_5 \cdot LD$	PC←PC+1
$T_6 \cdot LD$	A←BOS
$T_3 \cdot ADD$	MAR←PC
$T_4 \cdot ADD$	DR←M, BOS←DR
$T_5 \cdot ADD$	SR←FA, PC←PC+1
$T_6 \cdot ADD$	BOS←SR, A←BOS

$$I_{MAR} = T_0 + T_3 \cdot LD + T_3 \cdot ADD = T_0 + T_3 \cdot (LD + ADD)$$

于是可以用"与或门"实现该控制函数，如图9-18所示。当 $I_{MAR} = 1$ 时，加在 MAR 数据输入端的 PC 值便在时钟脉冲到来时送入 MAR 中。

按上述方法将表9-7中每一类完成同种操作的传输语句中的控制函数组合起来，便可得到完成不同操作的控制函数，见表9-8。根据表9-8就可以用硬件实现产生各种控制命令的控制电路逻辑图。图9-19是用"与非门"实现表9-8各控制函数的逻辑图。在简易计算机中，控制电路是用通用阵列（GAL）实现的。

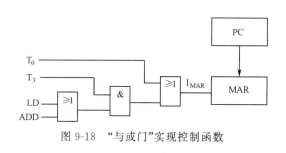

图 9-18 "与或门"实现控制函数

表 9-8 完成不同操作的控制函数表

控 制 函 数	操 作
$I_{MAR} = T_0 + T_3 \cdot LD + T_3 \cdot ADD$	MAR←PC
$I_{DR} = T_1 + T_4 \cdot LD + T_4 \cdot ADD$	DR←M
$I_{IR} = T_2$	IR←BOS
$I_{PC} = T_2 + T_5 \cdot LD + T_5 \cdot ADD$	PC←PC+1
$I_A = T_6 \cdot LD + T_6 \cdot ADD$	A←BOS
$E_{DR} = T_4 \cdot ADD + T_4 \cdot LD + T_1$	BOS←DR
$I_\Sigma = T_5 \cdot ADD$	SR←FA
$E_\Sigma = T_6 \cdot ADD$	A←SR
$I_{CP} = \overline{HALT}$	

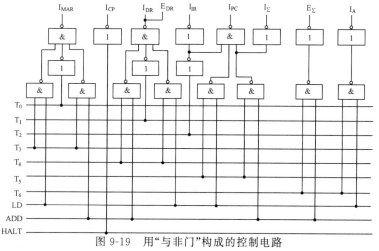

图 9-19 用"与非门"构成的控制电路

9.3.4 简易计算机部件逻辑设计

部件逻辑设计就是选择适当的芯片完成图 9-17 各部件的功能。

在选取芯片时,首先应考虑的当然是逻辑功能。随着电子技术的发展,芯片的品种越来越多,完成同一功能的设计方案可有多种,所以芯片的选取也不是唯一的。例如,设计实现一个 4 位二进制计数器可以用 4 个触发器通过适当的连线完成,也可以用两个双触发器(如 74HC74 双 D 触发器)实现,还可以用一个 4 位二进制计数器(如 74HC161)完成。显然,最后一种方案(用 74HC161)比较简单、合理。再如,设计一个具有计数、译码功能的电路,可以分别选用适合要求的具有计数功能和具有译码功能的两个芯片组合而成,也可以选择一个同时具有计数和译码功能的芯片来实现。随着大规模集成电路,特别是可编程逻辑器件(PLD)的迅速发展,给逻辑电路的设计带来了极大的方便。例如,用户可根据需要,通过编程的方式把多个组合-时序逻辑部件集成在一个芯片上,并可以根据需要灵活地修改设计方案,使设计更加合理。

在选择芯片时,除要考虑逻辑功能外,还要考虑其他一些性能指标。例如,根据系统频率的要求,合理选择芯片的频率参数。另外,还要考虑芯片的带负载能力、耗散功率以及对环境温度的要求,各部件对输入、输出信号的要求等。若在一个系统中同时选用了 TTL 和 CMOS 芯片,还应考虑电源电压及信号电平的匹配等问题。

总之,选择芯片的原则是,在满足系统逻辑功能和实际要求的前提下,尽量使所用的芯片数量少、连线少、芯片种类少、经济可靠。

作为复习和总结,本节设计所选用的芯片基本上都是前几章所涉及到的常用芯片。

1. 存储器(M)

如前所述,计算机是按预先编写的程序进行运算的,所以使用者首先应以某种方式把事先编好的运算程序写入存储器中。在计算机运行过程中,要对存储器进行读/写操作,因而应选用 RAM。为简化问题,在简易计算机中,我们把存储器只作为存储指令的部件,在运行过程中只对它进行读操作,而不进行写操作。所以把简易计算机的三条指令(LD、ADD 和 HALT)固化到 EPROM 2716(简称 2716)中。因为三条指令包含 5 字节机器码,所以只使用 2716 中的 5 个存储单元,且仅用三根地址线。因为字长为 8 位,所以使用 8 根数据线,存储器阵列图如图 9-20 所示。当地址线 $A_2A_1A_0=000$ 时,W_0 为高电平,存储器中相应内容被读到外部数据总线上,即 $W_0=1$ 时有

$$D_7D_6D_5D_4D_3D_2D_1D_0=00111110$$

其余类推。片选端可接地,即 $\overline{CS}=0$,使该片总处于选通状态。

2. 程序计数器(PC)

如前所述,程序计数器的作用是指向要执行的那条指令的地址。在简易计算机中,选用 74HC161 4 位同步二进制计数器作为程序计数器。74HC161 功能表在第 5 章中已有介绍,为方便阅读,重新列于表 9-9 中。由于简易计算机只有 5 字节机器码,所以只使用了其中三位 Q 端作为程序计数器的输出,其逻辑图如图 9-21 所示。其中,T、P 端与计数控制命令 I_{PC} 相连。由表 9-9 和图 9-21 可知,当 $I_{PC}=0$ 时,计数器保持原状态;当 $I_{PC}=1$ 时,计数器处于计数状态,

当时钟信号上升沿到来时进行加 1 运算。

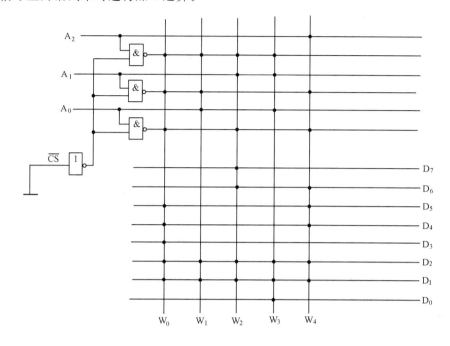

图 9-20　存储器阵列图

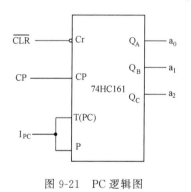

图 9-21　PC 逻辑图

表 9-9　74HC161 功能表

输　　　入									输　　出			
$\overline{C_r}$	$\overline{L_D}$	P	T	CP	D_0	D_1	D_2	D_3	Q_0	Q_1	Q_2	Q_3
L	×	×	×	×	×	×	×	×	L	L	L	L
H	L	×	×	↑	D_0	D_1	D_2	D_3	D_0	D_1	D_2	D_3
H	H	H	H	↑	×	×	×	×	计　　数			
H	H	L	×	×	×	×	×	×	保　　持			
H	H	×	L	×	×	×	×	×	保　　持			

3. 存储器地址寄存器(MAR)

MAR 用于存放当前要访问的存储单元的地址。在简易计算机中,存储器只使用了 5 个存储单元,所以可用三个 D 触发器实现其功能。现选用 8 位 D 触发器 74HC377,只使用其中三位。74HC377 功能表见表 9-10。由表可知,只要将 MAR 寄存命令 $\overline{I_{MAR}}$ 接到 74HC377 的 $\overline{CE}$ 端就能完成按 MAR 寄存命令寄存地址的功能,其逻辑图如图 9-22 所示。

4. 数据寄存器(DR)

数据寄存器暂时存放从存储器中读出的指令和数据。由于来自存储器的数据是 8 位的,因此必须用 8 位 D 触发器,又由于数据寄存器直接与总线相连,因此必须选用三态输出电路,故选用带三态输出的 8 位 D 锁存器 74HC373,如图 9-23 所示,74HC373 的功能见表 9-11。由

表 9-11 和图 9-23 可知,当 DR 寄存命令 $I_{DR}=1$,且时钟信号 CP 到来时,将地址被选中的存储单元中的数据 $D_0 \sim D_7$ 存入 DR 中。当 $E=I_{DR} \cdot CP=0$ 时,已寄存的数据被锁存;当 $\overline{E_{DR}}=1$ 时,输出呈高阻态 Z ($\overline{OC}$ 为三态控制端);只有当 $\overline{E_{DR}}=0$ 时,才把所存数据送到数据总线上。

表 9-10　74HC377 功能表

输　入			输　出	
$\overline{CE}$	CP	数据	Q	$\overline{Q}$
H	×	×	Q_0	$\overline{Q}_0$
L	↑	H	H	L
L	↑	L	L	H
×	L	×	Q_0	$\overline{Q}_0$

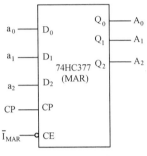

图 9-22　MAR 逻辑图

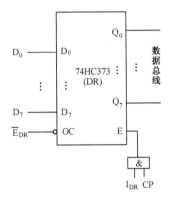

图 9-23　DR 逻辑图

表 9-11　74HC373 功能表

输出控制	允许	输入	输出
$\overline{OC}$	E	D	Q
L	H	H	H
L	H	L	L
L	L	×	Q_0
H	×	×	Z

5. 累加器(A)

累加器是存放操作数和中间结果的寄存器。由于数据是 8 位的,故选用 8 位 D 触发器 74HC377,用 $\overline{I_A}$ 信号控制片选端以决定是否将来自总线的数据存入。其逻辑图如图 9-24 所示。

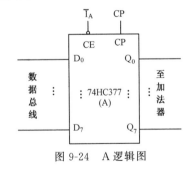

图 9-24　A 逻辑图

6. 加法器(FA)及和数寄存器(SR)

完成两个 8 位数加法运算可用两个 4 位全加器 74HC283 实现。由于和数要通过总线送回累加器 A,因此和数寄存器应具有三态输出功能,故选用 8 位 D 触发器 74HC377 和 8 位三态门 74HC244 构成。加法器及和数寄存器逻辑图如图 9-25 所示。

7. 指令寄存器(IR)和译码器

指令代码是 8 位的,所以指令寄存器可选用一个 8 位 D 触发器 74HC377 实现。由于简易计算机只有三条指令(LD、ADD 和 HALT),因此指令译码器可选用三个 8 位输入端与非门及反相器实现。指令寄存器及译码器逻辑图如图 9-26 所示,由图不难看出,当操作码为 00111110 时,LD=1;当操作码为 11000110 时,ADD=1;当操作码为 01110110 时,HALT=1。

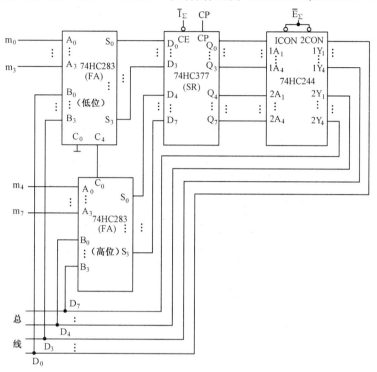

图 9-25　加法器及和数寄存器逻辑图

8. 节拍发生器

节拍发生器用于产生 $T_0 \sim T_6$ 共 7 个节拍信号以控制简易计算机按固定节拍有序地工作。第 5 章已介绍过用环形移位寄存器构成的节拍发生器。构成节拍发生器的关键在于环形计数器的初始状态要置成 1000000,在 CP 作用下,这个 1 就可以顺序地在计数器中移动,于是就产生了一系列节拍信号。在简易计算机中,使用一个 8 位 D 触发器 74HC273 和一个双 D 触发器 74HC74 构成节拍发生器,由于 74HC273 无置 1 端,所以节拍发生器使用了具有置 1 端的 74HC74 中的一个触发器作为节拍发生器的第 1 位,其逻辑图及波形图如图 9-27 和图 9-28 所示。

9. 控制电路

本章中已对控制电路的设计做了较详细介绍,故不再赘述。简易计算机中的控制电路是用通用逻辑阵列(GAL)实现的,其逻辑图如图 9-29 所示。

10. 时钟信号源

时钟信号源用于产生固定频率的方波脉冲。可用 555 定时器组成的多谐振荡器实现,如图 9-30 所示。为使方波脉冲高低电平持续时间(即电容充放电时间)相互独立,加入了两个二

极管。电容充电时 VD_1 导通,电容放电时 VD_2 导通。若忽略二极管导通压降,则该电路的振荡周期为

$$T = 0.7(R_A + R_B)C = 0.7 \times 66 \times 10^3 \times 10 \times 10^{-6} \approx 0.5(s)$$

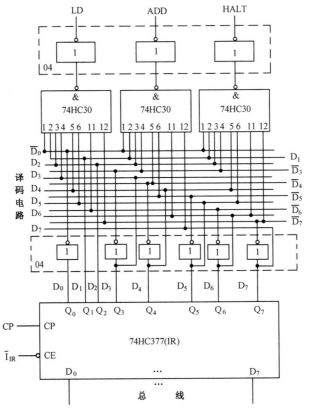

图 9-26　指令寄存器及译码器逻辑图

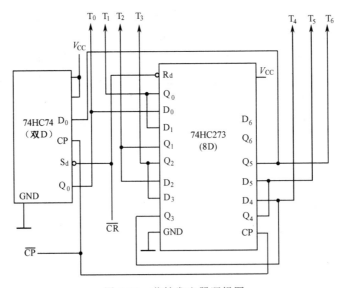

图 9-27　节拍发生器逻辑图

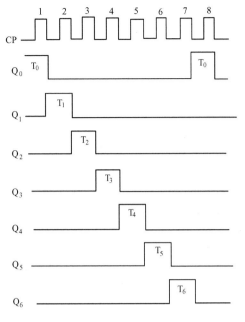

图 9-28　节拍发生器脉冲波形图

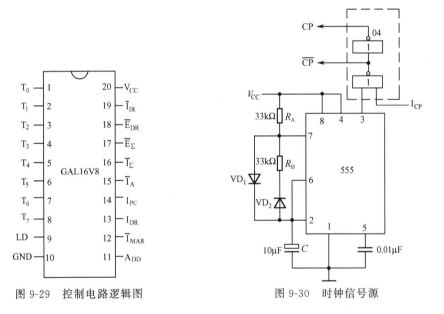

图 9-29　控制电路逻辑图　　　　　图 9-30　时钟信号源

9.3.5　简易计算机的实现

前面已完成了简易计算机各部件的逻辑设计。在 GAL 和 EPROM 中编程后,将各单元电路连接起来就完成了简易计算机的设计,其逻辑图如图 9-31(a)和(b)所示。

现以 6＋7 加法运算为例说明简易计算机的工作原理。读者必须随时对照图 9-31 所示逻辑图和表 9-8 中的控制函数。

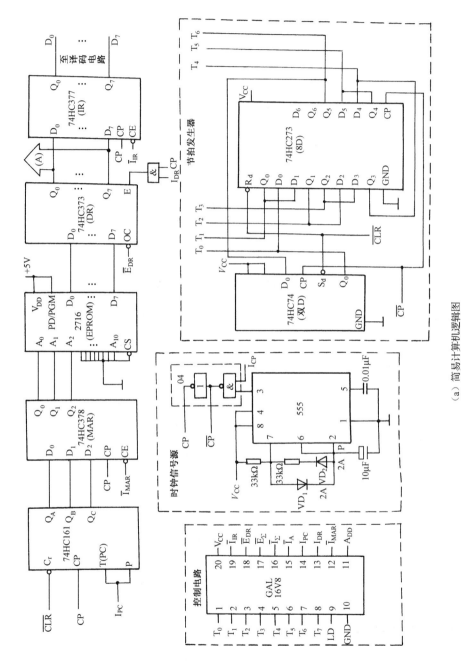

（a）简易计算机逻辑图

图9-31 逻辑图

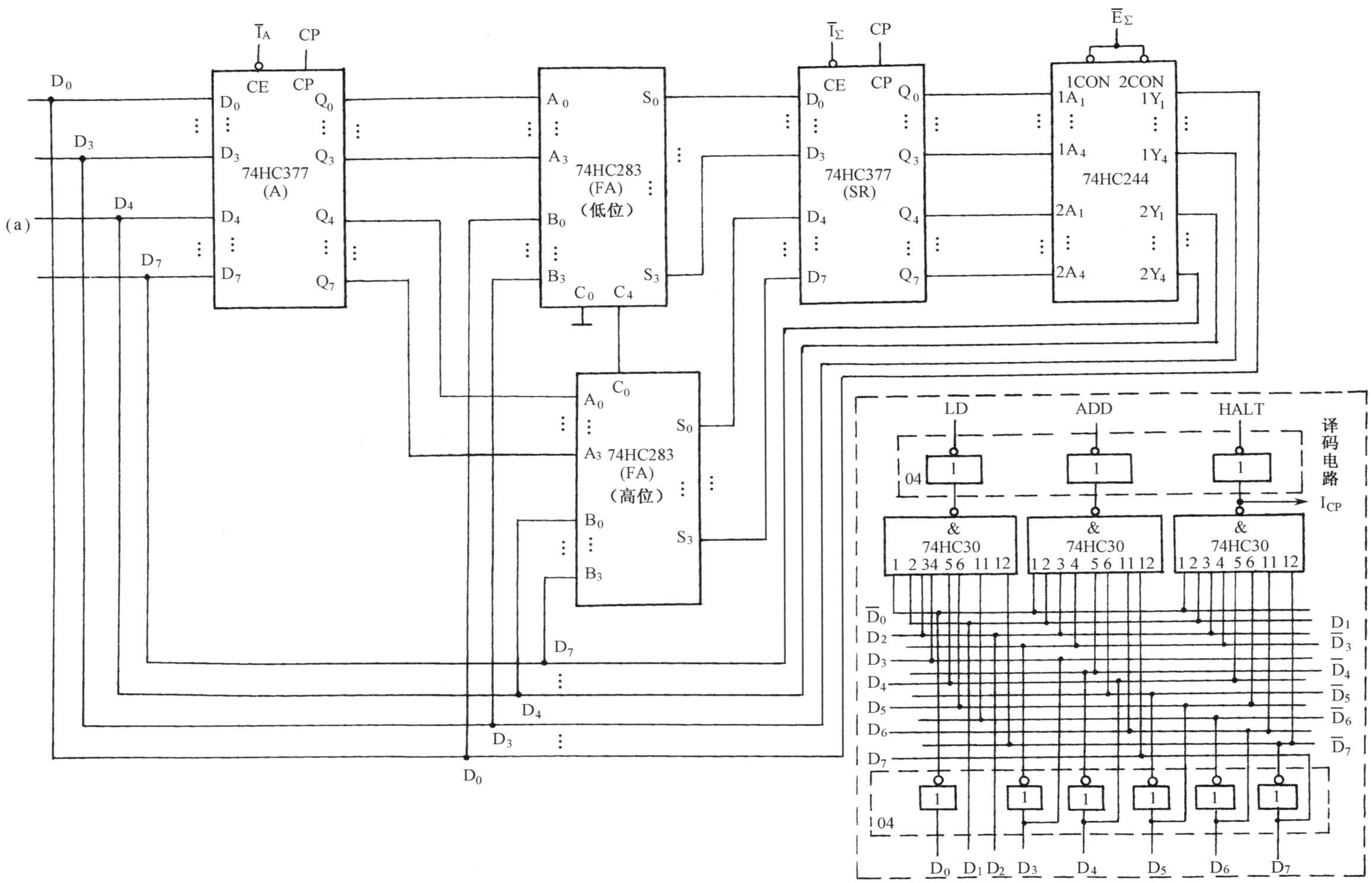

(b) 简易计算机逻辑图

图9-31 逻辑图（续）

前面已说明,程序已存入存储器中。机器工作过程总是先将程序计数器(PC)的内容作为存储器地址送入存储器地址寄存器(MAR)中,从存储器相应单元中取出指令暂存于数据寄存器(DR)中,再由 DR 送入指令寄存器(IR)中并进行译码。与此同时,程序计数器加1,即 PC+1,指向下一个存储单元地址。之后根据译出的指令操作码的要求进行不同的操作。如果操作码是取数(LD),则根据 PC+1 所指地址从存储器中取出数据送入累加器 A 中;如果操作码是相加(ADD),则从 PC+1 所指地址的相应存储单元中取出数据送入算术逻辑单元中,并与来自累加器 A 中的数相加,最后将和数送回累加器 A 中。在执行过程中仍需进行 PC+1 操作,以便指出下一条指令在存储器中的地址。以上所有过程均在控制器管理下进行,因而控制器是系统的核心。实现 6+7 加法运算的具体步骤如下。

(1)通电复位(CLR),由图 9-31 可知,程序计数器(PC)清零,即 PC 置为 000 状态;节拍发生器产生 T_0 节拍,即 $T_0=1$。T_0 节拍期间,$\overline{I}_{MAR}=0$(见表 9-8),在 CP_1(指第一个 CP,以下类同)到来时,即 CP_1 上跳为 1 时,将 PC 的内容送入存储器地址寄存器中,使 $A_2A_1A_0=000$。由图 9-20 可知,因为 $A_2A_1A_0=000$,译出 $W_0=1$,所以由 EPROM 读出操作码

$$D_7D_6D_5D_4D_3D_2D_1D_0=00111110$$

该指令码通过外部数据总线(见图 9-17)送入数据寄存器的输入端。当 CP_1 下降沿到达时,T_0 节拍结束,开始 T_1 节拍。

(2)$T_1=1$ 节拍期间,$I_{DR}=1$(见表 9-8)。当 CP_2 到达时,将上述指令码存入数据寄存器中,并直接送到数据总线上。当 CP_2 下降沿到达时,结束 T_1 节拍,开始 T_2 节拍。

(3)$T_2=1$ 节拍期间,控制命令 $\overline{I}_{IR}=0$,$I_{PC}=1$(见表 9-8)。由图 9-31(a)可知,当 $I_{PC}=1$,且当 CP_3 到达时,计数器执行 PC+1 操作,其内容由 000 变为 001,指向下一个存储器地址。由于 $\overline{I}_{IR}=0$,当 CP_3 到达时,内部数据总线上的操作码存入指令寄存器中,并送入译码电路中进行译码。译码器输出 LD=1,表明下一步应进行取数操作。可见 $T_0 \sim T_2$ 节拍为取指令操作码节拍。当 CP_3 下降沿到来时,结束 T_2 节拍开始 T_3 节拍。

(4)$T_3=1$ 节拍期间,因为 LD 已为 1,所以 $\overline{I}_{MAR}=0$(见表 9-8),当 CP_4 到来时,将来自程序计数器的数据 001 存入 MAR 中,使 EPROM 地址线上 $A_2A_1A_0=001$(见图 9-31(a))。由图 9-20可知,由于 $A_2A_1A_0=001$,故 $W_1=1$,于是从存储器中读出数据

$$D_7D_6D_5D_4D_3D_2D_1D_0=00000110$$

即被加数 6。该数被送到外部数据总线上。

(5)$T_4=1$ 节拍期间,$I_{DR}=1$(见表 9-8)。当 CP_5 到来时,操作数(6)存入数据寄存器 DR 中,并送到内部数据总线 $D_0 \sim D_7$ 上。CP_5 下降沿到来时,操作数(6)被锁存。

(6)$T_5=1$ 节拍期间,$I_{PC}=1$(见表 9-8)。在 CP_6 到来时完成 PC+1 操作,此时 PC 中的内容为 010,指向存储器中下一条指令的存放地址。

(7)$T_6=1$ 节拍期间,$\overline{I}_A=0$(见表 9-8)。如图 9-31(b)所示,在 CP_7 到来时,将来自数据总线的 $D_7D_6D_5D_4D_3D_2D_1D_0=00000110$ 操作数存入累加器 A 中。

至此,第 1 条指令执行完毕,即完成了 LD A,6 操作。所以上述 7 个节拍为一个指令周期。从第 8 个时钟脉冲开始,进行第 2 条指令取指操作。

(8)$T_0 \sim T_2$ 节拍期间,根据 PC 中的内容(010),取出 EPROM 中第 2 条指令的操作码 11000110,经指令译码后为 ADD=1,即下一步执行加法操作;T_2 节拍期间,PC 执行 PC+1 操

作,指出加数在存储器中的地址为 011。此过程与步骤(1)～(3)相同,故不再赘述。

(9)T_3 节拍期间,$\bar{I}_{MAR}=0$。在 CP 作用下,将 PC 中的内容 011 存入 MAR 中,并使 $A_2A_1A_0=$ 011,于是把 EPROM 中地址为 011 的存储单元中的数据 00000111,即加数 7,读出并送到外部数据总线上。

(10)T_4 节拍期间,$I_{DR}=1$,在 CP 作用下将操作数(加数)7 存入数据寄存器中,并通过内部数据总线将操作数 7 送入加法器[图 9-31(b)中两个 74HC283 芯片的 $B_0 \sim B_3$ 端]中,与来自累加器中的另一个操作数 6($A_0 \sim A_3$ 端)相加。因为 74HC283 芯片是组合电路,所以是即时相加,其值送和数寄存器输入端。

(11)T_5 节拍期间,$I_{PC}=1$,$\bar{I}_\Sigma=0$(见表 9-8)。因为 $I_{PC}=1$,在 CP 作用下完成 PC+1 操作,PC 中内容改写成 100;而 $\bar{I}_\Sigma=0$,于是在 CP 到来时把 7+6 的和数 13 存入和数寄存器(SR)[见图 9-31(b)]中。

(12)T_6 节拍期间,$\bar{E}_\Sigma=0$,$\bar{E}_{DR}=1$,$\bar{I}_A=0$(见表 9-8)。由于 $\bar{E}_{DR}=1$,数据寄存器输出呈高阻态[见图 9-31(a)],于是将其与内部数据总线切断;由于 $\bar{E}_\Sigma=0$,三态门导通,和数寄存器中的内容 13(和数)通过内部数据总线送到累加器 A 的输入端。又因为 $\bar{I}_A=0$,所以当 CP 到达时存入累加器 A 中。此时累加器 A 中的数据为和数 13。

至此完成了第 2 条指令操作,即

    ADD A,7

(13)$T_0 \sim T_2$ 节拍期间,取第 3 条指令,经译码器译码后 HALT=1,$I_{CP}=0$,时钟脉冲被禁止,于是停机。

习题 9

9-1　寄存器 A 是一个 8 位寄存器,它的输入为 X。寄存器操作用以下语句描述

    $P: A_8 \leftarrow X, A_i \leftarrow A_{i+1}$

试说明该寄存器的功能。

9-2　试简述用寄存器传送语言进行数字系统设计的步骤。

9-3　试比较移位型控制器和计数型控制器的特点。

9-4　试简述简易计算机中算术逻辑单元的电路构成及各单元电路的作用。

9-5　试说明简易计算机中"LD A,6"这条指令的执行过程。

附录 A CPLD 和 FPGA 简介

A.1 CPLD

在可编程逻辑器件的分类中,GAL 器件通常被称为简单可编程逻辑器件(SPLD),而复杂可编程逻辑器件(CPLD)可以理解为规模更大、集成度更高的可编程逻辑器件。但是 CPLD 并不是简单地把多个 GAL 器件集成到一个芯片中,而是根据芯片设计的实际应用需要和器件制造工艺的要求,不仅增加了宏单元的数量和输入乘积项的位数,还增加了可编程内部连线资源。

不同的厂家采用了不同的方法改善 CPLD 的内部结构,以达到设计资源的最大化使用。但是它们的基本结构还是十分相似的,下面以 Xilinx(赛灵思)CoolRunner-II 系列 CPLD 为例介绍其结构和性能。

1. Xilinx CoolRunner-II 系列 CPLD 简介

Xilinx CoolRunner-II 系列 CPLD 可用于高速数据通信/计算机系统和领先的便携式产品,能够更好地支持在系统编程;低功耗和高速运行相结合,易于使用和节约成本;时钟技术和其他节能功能可扩展用户的功率预算;支持 WebPACK 工具。表 A-1 给出了 Xilinx CoolRunner-II CPLD 系列器件的宏单元(Macrocell)数和关键时间参数等主要性能指标,器件依据它们所包含的宏单元数而命名。最小容量的器件具有 32 个宏单元,最大容量的器件具有 512 个宏单元。这样丰富的器件型号可让用户更容易选择到最合适的器件。

表 A-1　Xilinx CoolRunner-II CPLD 系列器件的主要性能指标

型　　号	XC2C32A	XC2C64A	XC2X128	XC2C256	XC2C384	XC2X512
宏单元数/个	32	64	128	256	384	512
最大 I/O 引脚数/个	33	64	100	184	240	270
t_{PD}/ns	3.8	4.6	5.7	5.7	7.1	7.1
t_{SU}/ns	1.9	2.0	2.4	2.4	2.9	2.6
t_{CO}/ns	3.7	3.9	4.2	4.5	5.8	5.8
f_{SYSTEM}/MHz	323	263	244	256	217	179

2. Xilinx CoolRunner-II 系列 CPLD 内部结构

图 A-1 是典型 Xilinx CoolRunner-II 系列 CPLD 内部结构的方框图。从图中可以看出,CPLD 主要由 I/O 块(I/O Blocks)、高级互连矩阵(AIM)、功能模块(FB)组成。通过对器件进行编程,每个外部 I/O 引脚可以用作输入、输出或双向引脚。每个 I/O 引脚能自动或通过编程满足标准电压范围的要求。每个功能模块有 16 个宏单元。另外,BSC(边界扫描单元)Path 是 JTAG 边界扫描控制路径,BSC 和 ISP 模块包含 JTAG 控制器和在系统编程电路。

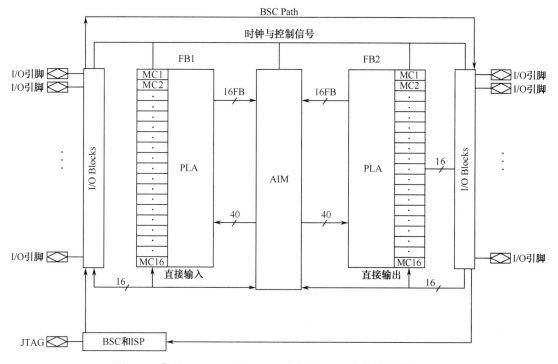

图 A-1　典型 Xilinx CoolRunner-II 系列 CPLD 内部结构的方框图

下面分别介绍各主要部分的基本结构和功能。

(1)功能模块

Xilinx CoolRunner-II 系列 CPLD 的功能模块 (Function Block,FB)的基本结构如图 A-2 所示。它由 16 个宏单元构成,其中 40 个输入接到含有 56 个乘积项的可编程逻辑阵列(Programmable Logic Array,PLA)上,用于创建逻辑和连接信号。芯片上所有的功能模块除序号不同外,其他都一样。功能模块的 16 个输出和相应的输出使能信号送到输入/输出单元中,16 个输出也被送到 AIM 作为输出信号的反馈使用。功能模块的逻辑功能采用"乘积项求和"的方式实现。第一,任何乘积项(P-terms)均可以驱动功能模块的宏单元内的任何 OR 门。第二,在功能模块内,任何逻辑函数都可以有多个乘积项附加到其上,上限为 56。第三,乘积项可以在多个宏单元中重用。对于一个特定的逻辑需求只需要创建一次,例如,OR 功能放在一个功能模块中,但可以在其他功能模块中重复使用多达 16 次。

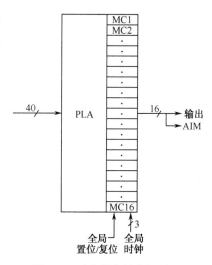

图 A-2　功能模块结构框图

每个宏单元都可以编程实现组合逻辑和时序逻辑。全局时钟(GCK)和全局置位/复位 (GSR)信号也被送到功能模块中,直接控制宏单元中的触发器。图 A-3 是乘积项分配器和宏单元逻辑图。图 A-3 中的 56 个输入乘积项可以实现基本组合逻辑。

① 49 个乘积项输出：可用于其他宏单元的 PTA（宏单元的置位/复位控制信号分量）、PTB（宏单元的输出使能控制信号分量）及 PTC（宏单元的时钟使能或乘积项时钟控制分量）。

② 4 个乘积项控制信号：CTC（时钟控制项）信号可用于该功能模块中所有宏单元的时钟信号控制分量，CTR（复位控制项）信号可用于该功能模块中所有宏单元的复位端控制分量，CTS（置位控制项）信号可用于该功能模块中所有宏单元的置位端控制分量，CTE（输出使能控制项）信号可用于该功能模块中所有宏单元的输出使能控制分量。

③ 3 个乘积项分别用于指定某个宏单元的控制信号 PTA、PTB 和 PTC。

宏单元的触发器可以配置成 D 触发器。每个宏单元有一个可选的时钟使能信号，允许 D 触发器保持原来状态运行。如果触发器被旁路，这个宏单元就作为组合逻辑使用。每个触发器都可以配置成单边沿触发或者双边沿触发（Dual EDGE），提供双倍的数据处理能力或分配一个较慢时钟的能力（从而实现节电）。针对边沿触发或电平触发的宏单元，有效时钟极性都可以选择。触发器的时钟、置位/复位控制信号既可以直接来自全局时钟（GCK）引脚和全局置位/复位（GSR）引脚，也可以来自乘积项的输出，具体的控制是由数据选择器实现的。上述这些信号的有效电平或边沿也可以通过编程进行控制。

每个宏单元中的触发器也可以配置为输入寄存器或者锁存器（Latch），它接收宏单元的 I/O 引脚信号，直接驱动 AIM。如果需要的话，宏单元的组合逻辑功能被保留作为隐藏的逻辑节点使用。f_{Toggle} 为在 T 触发器能够可靠切换时最大的时钟频率。

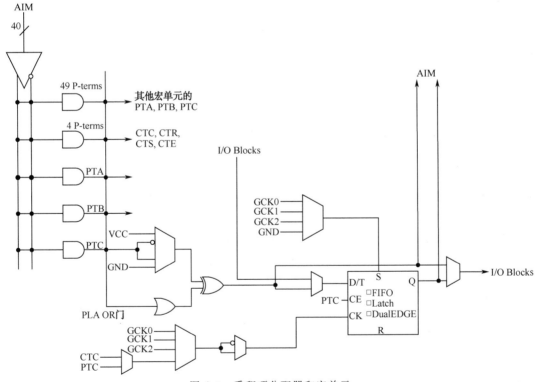

图 A-3　乘积项分配器和宏单元

（2）高级互连矩阵

高级互连矩阵（Advanced Interconnect Matrix，AIM）是一个高度连接的低功耗快速开关矩阵。通过编程将功能模块 16 个引脚的输出送入高级互连矩阵。之后,高级互连矩阵再通过编程将 40 个一组的信号送入每个功能模块中用于创建逻辑。高级互连矩阵作为每个功能模块的附加单元能使传播延时和功耗最小化。

(3)I/O 块

I/O 块是器件封装引脚和内部逻辑之间的接口电路。

I/O 块中,每个输入可以选择通过施密特触发输入。这样会增加一些延时,但降低了输入引脚上的噪声。图 A-4 显示了 I/O 块的内部结构。需要注意的是,输入引脚需要和外部一个参考电压 VREF 进行比较,任何 I/O 引脚都可作为一个 VREF 引脚。如果 VREF 引脚配置不正确,需要重新进行配置,这可能浪费板子的引脚资源或者需要重新启动板子。

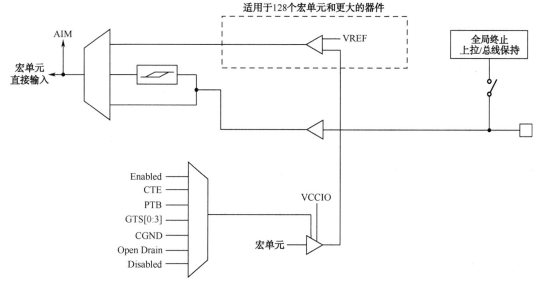

图 A-4 I/O 块的内部结构

输出有三种选择:直接驱动、三态门或者漏极开路配置。输出信号转换速率的快慢也可以选择。表 A-2 中列出了特定器件的电压范围。所有输入、输出都兼容 3.3V。

表 A-2 电压范围

I/O 电平规范名称	V_{CCIO}/V	输入 V_{REF}/V	板端电压 V_{TT}/V	施密特触发
LVTTL	3.3	N/A	N/A	可选
LVCMOS33	3.3	N/A	N/A	可选
LVCMOS25	2.5	N/A	N/A	可选
LVCMOS18	1.8	N/A	N/A	可选
LVCMOS15	1.5	N/A	N/A	不可选
HSTL_1	1.5	0.75	0.75	不可选
SSTL2_1	2.5	1.25	1.25	不可选
SSTL3_1	3.3	1.5	1.5	不可选

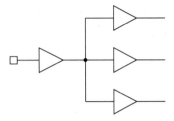

图 A-5　全局信号通用的树结构

另外,全局时钟(GCK)、全局置位/复位(GSR)和全局输出使能(GTS)引脚被设计成彼此结构非常相似的树结构,这种方法有利于软件设计最大限度利用这些引脚。如图 A-5 所示为全局信号通用的树结构。当不需要这些引脚时,GCK、GSR 和 GTS 又可以作为普通的 I/O 引脚使用。

A.2　FPGA

FPGA(Field Programmable Gate Array,现场可编程逻辑门阵列)与 SPLD 和 CPLD 相比,具有更高的密度、更快的工作速度和更大的编程灵活性,被广泛应用于各种电子类产品中。现在应用较为广泛的现场可编程逻辑门阵列器件主要有 Xilinx 公司生产的 FPGA 芯片和 Intel 公司(原 Altera 公司)生产的 FPGA 芯片。市场对电子产品更新速度的需求越来越高,这为 FPGA 的飞速发展提供了市场需求基础,各个厂家每年都会推出许多新型的 FPGA 器件,单片芯片的资源容量、工作速度不断提高,相对功耗也在不断降低。但是,这些器件的基本结构还是没有变化。

FPGA 是采用查找表(LUT)结构的可编程逻辑器件的统称,大部分 FPGA 采用基于 SRAM 的查找表逻辑结构形式,但不同公司的产品结构也有差异。下面以 Intel 公司的 Cyclone IV 系列为例介绍 FPGA 的体系结构。

1. Intel 公司的 Cyclone IV 系列器件简介

Cyclone 系列是 Intel 公司的低端 FPGA 器件,它可以满足用户对低功耗、低成本设计的需求,帮助用户更迅速地将产品推向市场。Cyclone 系列 FPGA 的推出时间和工艺技术见表 A-3。

表 A-3　Cyclone 系列 FPGA 的推出时间和工艺技术

系　列	Cyclone	Cyclone II	Cyclone III	Cyclone IV	Cyclone V	Cyclone 10
推出年份	2002 年	2004 年	2007 年	2009 年	2011 年	2017 年
工艺	130nm	90nm	65nm	60nm	28nm	20nm

本书主要介绍 Cyclone IV 系列 FPGA,其有两种型号:Cyclone IV E 和 Cyclone IV GX。

Cyclone IV E 系列和 GX 系列 FPGA 具有以下共同特性:低成本、低功耗的 FPGA 架构,具有 6KB～150KB 的逻辑单元(LE),6.3MB 的嵌入式存储单元,360 个 18 位×18 位乘法器,支持 DSP 密集型应用。

Cyclone IV GX 系列还具有以下特点:

① 提供 8 个高速收发器(支持 3.125Gbps 的速率)、8 位或 10 位编码器/解码器、8 位或 10 位 PMA(物理介质附加子层)到 PCS(物理编码子层)的接口,以及字节串化器/解串器(SERDES)、字对齐器,并且支持速率匹配(FIFO)、动态通道的重配置、灵活的时钟结构。

② 对 PCI Express(PIPE) Gen1 提供专用硬核 IP 模块,×1、×2 和×4 通道配置,终点和根端口配置,256 位的有效负载,一个虚拟通道,2KB 重试缓存(Retry Buffer),4KB 接收(Rx)缓存。

③ 提供多种协议支持：千兆以太网（1.25Gbps），CPRI（高达 3.072Gbps），XAUI（3.125Gbps），三倍速率串行数字接口（SDI）（高达 2.97Gbps），串行快速 I/O（3.125Gbps），基本模式（高达 3.125Gbps）。

④ 最大 532 个用户 I/O 引脚，支持具有高达 840Mbps 速率的发送器（Tx）、875Mbps 速率的接收器（Rx）的 LVDS（低电压差分信号）接口，支持高达 200MHz 频率的 DDR2 SDRAM 接口，支持高达 167MHz 频率的 QDRII SRAM 和 DDR SDRAM。

表 A-4 和表 A-5 分别列出了 Cyclone IV E 系列和 Cyclone IV GX 系列各型号器件的资源。

表 A-4 Cyclone IV E 系列各型号器件的资源

型 号	EP4CE6	EP4CE10	EP4CE15	EP4CE22	EP4CE30	EP4CE40	EP4CE55	EP4CE75	EP4CE115
逻辑单元/个	6272	10320	15408	22320	28848	39600	55856	75408	114480
嵌入式存储器/kbit	270	414	504	594	594	1134	2340	2745	3888
嵌入式 18 位×18 位乘法器/个	15	23	56	66	66	116	154	200	266
通用 PLL/个	2	2	4	4	4	4	4	4	4
全局时钟网络专用引脚/个	10	10	20	20	20	20	20	20	20
用户 I/O 块/个	8	8	8	8	8	8	8	8	8
最大用户 I/O 引脚/个	179	179	343	153	532	532	374	426	528

表 A-5 Cyclone IV GX 系列各型号器件的资源

型 号	EP4CGX15	EP4CGX22	EP4CGX30	EP4CGX50	EP4CGX75	EP4CGX110	EP4CGX150
逻辑单元/个	14400	21280	29440	49888	73920	109424	149760
嵌入式存储器/kbit	540	756	1080	2502	4158	5490	6480
嵌入式 18 位×18 位乘法器/个	0	40	80	140	198	280	360
通用 PLL/个	1	2	2	4	4	4	4
多用 PLL/个	2	2	2	4	4	4	4
全局时钟网络专用引脚/个	20	20	20	30	30	30	30
高速收发器/个	2	4	4	8	8	8	8
收发器最大速率/Gbps	2.5	2.5	2.5	3.125	3.125	3.125	3.125
PCI Express(PIPE)硬核 IP 模块/个	1	1	1	1	1	1	1
用户 I/O 块/个	9	9	9	11	11	11	11
最大用户 I/O 引脚/个	72	150	150	310	310	475	475

2. **Cyclone IV 系列 FPGA 器件的内部结构**

Cyclone IV 系列 FPGA 器件的内部结构如图 A-6 所示,主要包括逻辑阵列块、嵌入式乘法器、存储器及 IOE(输入/输出单元)等模块。

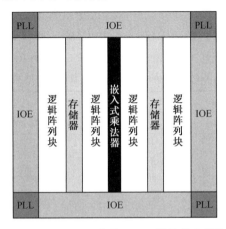

图 A-6　Cyclone IV 系列 FPGA 器件的内部结构

(1)逻辑阵列块

逻辑阵列块(LAB)是 FPGA 内部的主要组成部分,LAB 通过快速通道(FT)相互连接,其结构如图 A-7 所示。

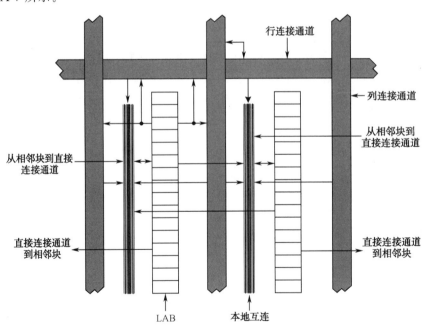

图 A-7　LAB 的结构

由图 A-7 可以看出,每个 LAB 均由 16 个逻辑单元(LE),与 LE 相连的进位链(Carry Chain)和级联链(Cascade Chain),LAB 控制信号,以及 LAB 局部互连通道组成。LAB 可帮助用户对器件进行有效布线,从而提高设计性能和器件资源的利用率。本地连接通道是逻辑阵列的重要组成部分,提供了一种逻辑阵列内部的连接方式。逻辑阵列内部还包含一种对外的高速连接通道,称之为直接连接通道。直接连接通道连接的是相邻的逻辑阵列块。

　　LE 是 Cyclone IV 系列 FPGA 器件结构中的最小单元。如图 A-8 所示为 LE 的结构。每个 LE 含有一个四口输入查找表(LUT)、一个带有同步使能可异步置位和复位的可编程触发器、一个进位链和一个级联链。LUT 是一个函数发生器,可以实现输入 4 个变量的任意逻辑函数。LUT 用于组合逻辑,其输出可直接作为 LE 的输出。

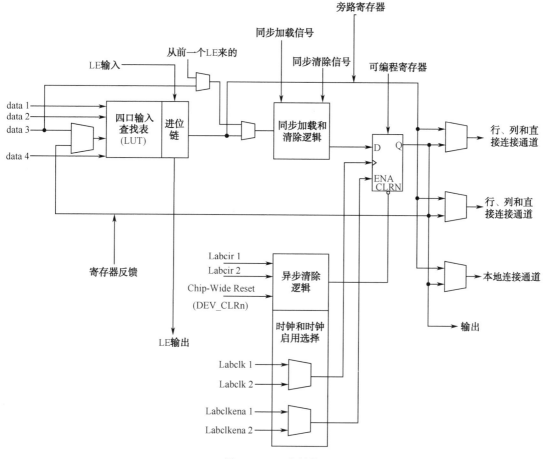

图 A-8　LE 的结构

　　每个 LE 均可以配置成 D 触发器、T 触发器、JK 触发器或 SR 触发器。每个寄存器包含 4 个输入信号:数据输入信号、时钟输入信号、时钟使能信号和复位输入信号。一个 LE 包含三个输出信号,其中两个用于驱动行连接通道、列连接通道和直接连接通道,另外一个用于驱动本地连接通道。这三个输出信号是相互独立的,输出信号可以来自 LUT 也可以来自寄存器。

　　LE 分为正常模式和算术模式。正常模式适用于一般的逻辑运用和组合功能。在正常模式下,来自 LAB 本地连接通道的四个数据输入到一个四口输入的 LUT 中。算术模式对于加法器、计数器、累加器和比较器的实现是理想的。一个 LE 在算术模式中可以实现一个 2 位全加器和基本的进位链。LE 在算术模式下可以驱动 LUT 输出已存储与未存储的数据。LE 在两种模式下均支持寄存器反馈(Register Feedback)和寄存器套包。

　　LAB 局部互连通道实现 LAB 的 LE 与行连接通道之间的连接及 LE 输出的反馈等。LAB 时钟信号能够由专用时钟的输入信号、全局信号、I/O 信号或借助 LAB 局部互连通道的任何内部信号直接驱动。LAB 的清除或置位信号也能够由全局信号、I/O 信号或借助 LAB 局部互连通道的任何内部信号驱动。全局信号主要用于公共时钟、清除或置位信号。如果控制信号上需要某种逻辑,全局信号能够由任何 LAB 中的一个或多个 LE 形成,并直接驱动目标 LAB 的局部互连通道。另外,全局信号也能够利用 LE 的输出产生。

进位链用来实现 LE 之间的快速进位功能。来自低位的进位信号经过进位链向前送到高位,同时送到 LUT 和进位链的下一段。超过 8 个 LE 的进位链是将 LAB 连在一起自动实现的。

级联链用来实现超过 4 个输入变量的逻辑函数。级联链通过逻辑与和逻辑或将相邻 LE 的输出连接起来。超过 8 位的级联链可通过连接几个 LAB 来自动实现。

(2)嵌入式乘法器

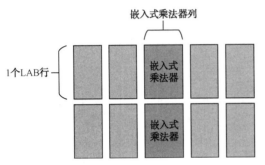

图 A-9　嵌入式乘法器列以及相邻的 LAB

图 A-9 显示了一个嵌入式乘法器列以及相邻的 LAB。嵌入式乘法器可以配置成一个 18 位×18 位乘法器,或者配置成两个 9 位×9 位乘法器。对于那些大于 18 位×18 位的乘法运算,Quartus II 软件会将多个嵌入式乘法器级联在一起。虽然没有乘法器数据位宽的限制,但数据位宽越大,乘法运算就会越慢。

每个嵌入式乘法器都是由乘法器级、输入与输出寄存器、输入与输出接口构成的,如图 A-10 所示为嵌入式乘法器的结构。

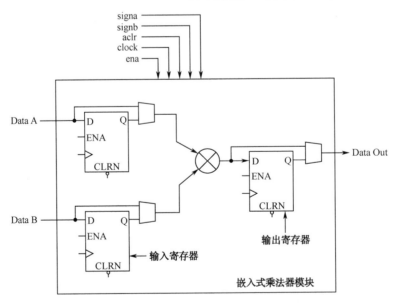

图 A-10　嵌入式乘法器的结构

根据乘法器的操作模式,将每个乘法器的输入信号接到输入寄存器中,或直接以 9 位或 18 位的形式连接内部乘法器。可以单独地设置乘法器的每个输入是否使用输入寄存器。每个输入寄存器均有时钟、时钟使能和异步清零三个控制信号。

根据乘法器的数据位宽或者操作模式,单一嵌入式乘法器能够同时执行一个或者两个乘法运算。乘法器的每个操作数都是一个唯一的有符号或者无符号数。signa 与 signb 信号用于控制乘法器的输入,并决定其数值是有符号的还是无符号的。如果 signa 信号为高电平,则 Data A 操作数是一个有符号数值。反之,Data A 操作数便是一个无符号数值。

(3)存储器

嵌入式存储器结构由一列 M9K 存储器模块组成,通过对这些 M9K 存储器模块进行配置,可以实现各种存储器功能,例如,RAM、移位寄存器、ROM 以及 FIFO 缓存。

M9K 存储器模块具有以下特性:

① 每个模块中用于存储的有 8192 位(加上奇偶校验位,每个模块共 9216 位)。

② 在 Packed 模式下,M9K 存储器可被分成两个 4.5KB 单端口 RAM。每个独立存储器模块的容量均小于或等于 M9K 存储器模块容量的一半,最大数据位宽为 18 位,并且被配置成单时钟模式。

③ 可在多种操作模式下实现完全同步 SRAM。这些存储器模式包括单端口、简单双端口、真双端口、ROM 及 FIFO 模式。M9K 存储器模块不支持异步(未寄存的)存储器输入。

④ 用于每个端口的独立的读使能(rden)信号及写使能(wren)信号。当不需要操作时,可分别将 rden 或者 wren 信号禁用,从而降低功耗。

⑤ 支持字节使能,在写入期间屏蔽数据输入,这样仅写入数据中的指定字节,未被写入的字节保留之前写入的值。

⑥ M9K 存储器模块有独立时钟模式、输入或输出时钟模式、读或写时钟模式和单时钟模式,其时钟模式与存储器模式的支持关系见表 A-6。

表 A-6　时钟模式与存储器模式的支持关系

时 钟 模 式	真双端口模式	简单双端口模式	单端口模式	ROM 模式	FIFO 模式
独立	✓	—	—	✓	—
输入或输出	✓	✓	✓	✓	—
读或写	—	✓	—	—	✓
单时钟	✓	✓	✓	✓	✓

⑦ 时钟使能控制信号对进入输入与输出寄存器的时钟以及整个 M9K 存储器模块进行控制。该信号将禁用时钟,使 M9K 存储器模块侦测不到任何的时钟边沿,从而不会执行任何操作。

(4)I/O 单元(IOE 或 IOC)

FPGA 的 I/O 引脚由 I/O 单元驱动,I/O 单元位于行或列连接通道的末端,相当于 CPLD 中的 I/O 控制单元,由一个双向 I/O 缓冲器和 5 个寄存器组成,可编程配置成输入、输出或输入输出双向口。

FPGA 的 I/O 单元支持 JTAG 编程、边沿变化速率控制(影响上升沿和下降沿)、三态缓冲、总线保持和漏极开路输出。

A.3　可编程逻辑器件开发的一般步骤

可编程逻辑器件虽然种类很多、编程方法不同,但开发步骤大体相同,如图 A-11 所示。

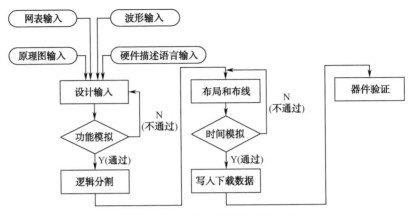

图 A-11　可编程逻辑器件开发步骤

1. 设计输入(Entry)

随着电子设计自动化(EDA)技术的进步和软件开发系统的日趋完善,使可编程 ASIC 的设计与输入方式更加灵活方便。设计输入是指将设计者所设计的电路以开发软件要求的某种形式表示出来,并输入相应的软件中。设计输入有多种表达方式,主要包括原理图输入、硬件描述语言输入、网表输入和波形输入 4 种。硬件描述语言输入是指采用文本方式描述设计,这种方式的描述范围较宽,从简单门电路到复杂的数字系统均可。近几年在 ASIC 设计领域十分流行一种电子系统的设计描述语言——硬件描述语言(Hardware Description Language,HDL),即把电子系统设计、仿真综合和测试联系起来,不仅支持电路级别的设计描述,而且还支持对寄存器传输级、系统结构级和系统行为级的描述。要设计的电路和系统的硬件构成及其功能均可借用 HDL 进行设计描述和设计输入。目前,VHDL 和 Verilog HDL 以及 ABEL HDL 都是广泛使用的设计输入硬件描述语言。设计输入中出现错误时,专用的设计软件会自动进行编译并发出警告。国内外近几年采用 VHDL 和 Verilog HDL 语言进行系统逻辑设计已成为流行方式。因此,跟踪新技术,学习和使用 VHDL 以及 Verilog HDL 语言实现数字系统设计是电子工程师一项紧迫的任务。

2. 功能模拟(Function Simulation)

在功能模拟阶段,主要对所设计的电路及所输入的电路进行功能验证,此部分对开发系统而言是核心部分,但用户并不关心它的实现过程。功能模拟包括逻辑优化,把逻辑描述转变成最合适在器件中实现的形式,将模块化设计产生的多个文件合并成一个网表文件,进行层次设计。

此外,功能模拟阶段还要检查以下内容:电路中各逻辑门或各单元模块的输入、输出是否有矛盾,是否有扇入、扇出不合理,是否违反扇入、扇出条件;各单元模块有无未加处理的输入端,输出端是否悬空,是否允许使能等。功能模拟由相应的专门软件来完成,如出现有上述问题,软件会自动发出警告,给出错误信息。

3. 逻辑分割(Partitioning)

在逻辑分割阶段,设计者输入的电路将变成器件内部门阵列、宏单元或微型子逻辑功能块等能够实现的电路。例如，器件内部的各子逻辑功能块能够实现 4 个输入变量的任意逻辑函数，然而设计输入要求实现有 5 个输入变量逻辑函数的电路，这就必须采用逻辑分割的办法，将其用多个子逻辑功能块来实现。逻辑分割的过程就是将复杂电路分解成若干子逻辑功能块的过程。逻辑分割也是借助专门软件实现的。

4. 布局和布线(Place and Routing)

在布局和布线阶段，用子逻辑功能块将要实现的逻辑电路布置在与所选用的实际芯片相同的虚拟芯片上。布局和布线完毕，所实现的电路就定下来了，其电路性能也就确定了。布局和布线的方法不同，布线引起的延时也就不同，所实现电路的速度指标也会受到影响。有时，布线不好会造成芯片资源浪费或电路不可实现。布局和布线是一项复杂的工作，电路密度过高，会使自动布线不易进行，此时可以施加一定量的手动布线，以期解决布线浪费和减少布线死区，这也是常有的情况。

5. 时间模拟(Timing Simulation)

时间模拟在布局和布线之后进行。FPGA 具有统计型连线结构，布线软件对有相同逻辑功能的电路可能给出不同的布线模式。因此，其系统的时间特性也可能完全不同。有时，布线延时还会给电路功能实现带来新的障碍，所以对用 FPGA 设计实现的电路进行时间模拟是非常必要的。在使用 SPLD 和 CPLD 器件实现设计时，由于器件的连线结构是属于确定型的，布线延时基本是一定的，有时不进行时间模拟也能满足设计要求。然而对一个复杂系统而言，系统内部的时间特性很复杂，可能存在竞争冒险，所以在设计一个实际的复杂系统时，时间模拟这一步是必不可少的。通过时间模拟可得到系统内部的延时特性，发现竞争-冒险等信息。时间模拟对提高系统稳定性十分重要。一个 EDA 开发系统，是否具有时间模拟功能也是衡量其先进性的一项指标，是购买和选用 EDA 开发系统应该注意的问题。

6. 写入下载数据(Download)

在写入下载数据阶段，将设计实现所产生的熔丝图文件或位数据流文件装入可编程逻辑器件中，所设计的电路或系统即将完成。所选用的器件若是 CPLD 和 SPLD，一般选用在系统编程方式或使用合适的编程器将相应的 JED 下载数据写入芯片中。所选用的器件若是FPGA，则需要用专门的 EPROM 编程器对与 FPGA 相配置的 EPROM 芯片进行编程，将 FP-GA 的配置数据先写入 EPROM 中。需要注意的是，对于不能进行在系统编程的 CPLD 器件和不能重配置的 FPGA 器件，需要用编程专用设备(编程器)完成器件编程。同时，对于使用 LUT 技术和基于 SRAM 的 FPGA 器件，下载的编程数据将存入 SRAM 中，而 SRAM 掉电后所存的数据将丢失，为此需要将编程数据固化到 EEPROM 将数据"配置"到 FPGA 中。

EDA 技术在当代发展迅猛，同时各种 EDA 软件也在不断涌现。它们一般分为两种，一种是 PLD 芯片制造商为推广自己的芯片而开发的专业 EDA 软件，Intel 公司推出的 Quartus II 就属于这种。另一种是 EDA 软件商提供的第三方软件，如 Synopsys、Cadence 等。用户应根据自己选取的可编程芯片及设计需求来选取合适的开发软件。

附录 B 《电气简图用图形符号 第 12 部分：二进制逻辑元件》(GB/T 4728.12－2008)简介

《电气简图用图形符号 第 12 部分：二进制逻辑元件》(GB/T 4728.12－2008)是国家标准局颁布的用于绘制二进制逻辑元件的符号标准，等同采用 IEC 60617 database《电气简图用图形符号》数据库标准(IEC 60617_Snapshot_2007－01－10 英文版)。

B.1 符号的构成

符号由方框(或方框的组合)和一个(或多个)限定符号一起组成，如图 B-1 所示。限定符号包括总限定符号和分限定符号。图中的单星号(﹡)表示与输入和输出有关的限定符号(即分限定符号)的允许位置。双星号(﹡﹡)表示总限定符号的位置。框外的符号和字母不是逻辑单元符号的组成部分，仅作为输入端或输出端的补充说明。

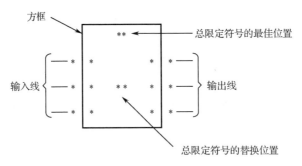

图 B-1 符号的组成

方框包括单元框、公共控制框和公共输出单元框三种，如图 B-2 所示。

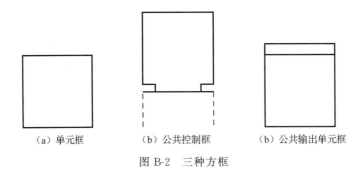

图 B-2 三种方框

单元框是基本方框。公共控制框和公共输出单元框是在此基础上扩展而来的，用于缩小某些符号所占面积，增强表达能力。当电路中有一个或多个输入(输出)为一个以上单元所共有时，则该电路的图形符号可使用公共控制框表示。与阵列中所有与单元有关的公共输出表示为公共输出单元框的输出。

公共控制框的一般画法如图 B-3(a)所示。当公共控制框的输入(输出)没有关联标注的标记时,该输入(输出)为所有单元所共有的输入(输出),示例如图 B-3(b)所示。当公共控制框的输入(输出)有关联标注的标记时,则该输入(输出)为单元阵列中具有关联标注标记的输入(输出)所共有。

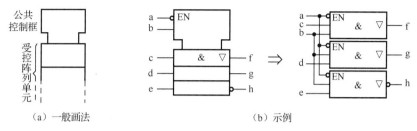

图 B-3　公共控制框

图 B-4(a)给出了公共输出单元框的一般画法。图 B-4(b)的示例中,b、c 和 a 同时加到了公共输出单元框上。

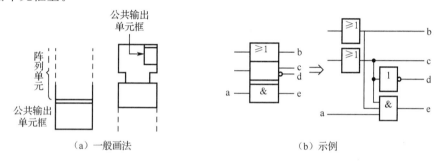

图 B-4　公共输出单元框

为了缩小一组相邻单元图形符号所需的幅面,三种方框可以邻接或嵌套。在有邻接单元或嵌套单元的符号中,如果单元框之间的公共线是沿着信息流方向的,则表明单元之间无逻辑连接;如果单元框之间的公共线是垂直于信息流方向的,则表明单元之间至少有一种逻辑连接。单元之间的逻辑连接可以在公共线一侧或两侧标注限定符号来注明。如果只标限定符号会引起逻辑连接数目混乱,还可以使用内部连接符号。图 B-5 是邻接和嵌套的示例。

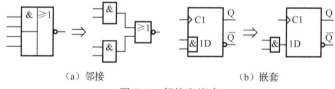

图 B-5　邻接和嵌套

B.2　逻辑约定

1.　内部逻辑状态和外部逻辑状态

在本标准中,引入了内、外部逻辑状态的概念。符号框内输入端和输出端的逻辑状态称为内部逻辑状态;符号框外输入端和输出端的逻辑状态称为外部逻辑状态。它们分别表示图形内、外输入或输出的逻辑状态,如图 B-6 所示。

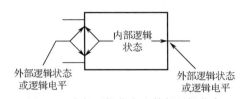

图 B-6 内部逻辑状态和外部逻辑状态

2. 逻辑约定

逻辑约定就是对逻辑状态和逻辑电平之间关系所做的规定,有以下两类约定体系。

(1)正逻辑约定或负逻辑约定

用高(H)电平表示 1 状态,用低(L)电平表示 0 状态,这是正逻辑约定;用低(L)电平表示 1 状态,用高(H)电平表示 0 状态,这是负逻辑约定。在这种约定下,允许在符号框外的输入端和输出端上使用逻辑非(∘)符号。

(2)极性指示逻辑约定

这种逻辑约定是用极性指示符的有、无进行约定的。这种体系规定:若输入端或输出端有极性指示符,则外部高(H)电平与内部 0 状态相对应,外部低(L)电平与内部 1 状态相对应;若输入或输出端无极性指示符,则外部高(H)电平与内部逻辑 1 状态相对应,外部低(L)电平与内部 0 状态相对应。极性指示符的画法如图 B-7 所示。

图 B-7 极性指示符的画法

值得指出的是,在符号框内只存在内部逻辑状态,而不存在内部逻辑电平的概念;在采用极性指示符号的逻辑约定体系下,符号框外只存在外部逻辑电平,而不存在外部逻辑状态的概念。

B.3 各种限定符号

限定符号是用来说明逻辑功能的。限定符号分为总限定符号,以及与输入、输出和其他连接有关的限定符号两种。

1. 总限定符号

总限定符号用来规定符号框内部输入与输出之间总的逻辑关系。常用的总限定符号及其表示的逻辑功能见表 B-1。

2. 与输入、输出和其他连接有关的限定符号

与输入、输出和其他连接有关的限定符号用来说明相应输入端或输出端的具体功能和特点。常用的符号有:逻辑非、逻辑极性和动态输入符号,见表 B-2;方框内符号见表 B-3;内部连接符号见表 B-4;逻辑非连接和信息流指示符号见表 B-5。

表 B-1　常用的总限定符号及其表示的逻辑功能

符　号	说　明	符　号	说　明
&	与	COMP	数值比较
≥1	或	ALU	算术逻辑
≥m	逻辑门槛	⊢——⊣	二进制延迟
=1	异或	I=0	初始0状态
=m	等于m	I=1	初始1状态
1	缓冲	⊓	单稳,可重复触发
=	恒等	1⊓	单稳,不可重复触发
＞n／2	多数	⊓⊓ G	非稳态
2k	偶数(偶数校验)	!⊓⊓ G	非稳态,同步启动
2k+1	奇数(奇数校验)	G ⊓⊓!	非稳态,完成最后一个脉冲后停止输出
▷	放大、驱动		
*◇	分布连接、点功能、线功能	!⊓⊓ G!	非稳态,同步启动,完成最后一个脉冲后停止输出
*⎍	具有磁滞特性	SRGm	m位的移位寄存
X／Y	转换	CTRm	循环长度为2^m的计数
MUX	多路选择	CTRDIVm	循环长度为m的计数
DX或DMUX	多路分配	ROM**	只读存储
Σ	加法运算	PROM**	可编程只读存储
P−Q	减法运算	RAM**	随机存储
CPG	先行超前进位	CAM**	内容可寻址寄存
‖	乘法运算	FIFO**	先进先出存储器
Φ ADC	A/D转换器	Φ DAC	D/A转换器

表中:＊用说明单元逻辑功能的总限定符号代替。

　　＊＊用存储器的"字数×位数"代替。

表 B-2　逻辑非、逻辑极性和动态输入符号

符　号	说　明	符　号	说　明
	逻辑非,在输入端		逻辑极性 极性指示符 } 在信息流为从右到左的输出端
	逻辑非,在输出端		动态输入
	逻辑极性 极性指示符 } 在输入端		带逻辑非的动态输入
	逻辑极性 极性指示符 } 在输出端		带极性指示符的动态输入
	逻辑极性 极性指示符 } 在信息流为从右到左的输入端		

表 B-3　方框内符号

符　号	说　　明	符　号	说　　明
	延迟输出		三态输出
	双向门槛输入具有磁滞现象的输入	E	扩展输入
	开路输出（例如开集电极、开发射极、开漏极、开源极）	E	扩展输出
	H型开路输出（例如PNP开集电极、NPN开发射极、P沟道开漏极、N沟道开源极）	EN	使能输入
	L型开路输出（例如PNP开发射极、NPN开集电极、P沟道开源极、N沟道开漏极）	D	D输入
	无源下拉输出	J	J输入
	无源上拉输出	K	K输入
R	R输入	Pm	操作数输入
S	S输入	>	数值比较器的"大于"输入
T	T输入	<	数值比较器的"小于"输入
→m	移位输入，从左到右或从顶到底	=	数值比较器的"等于"输入
←m	移位输入，从右到左或从底到顶	*＞*	数值比较器的"大于"输出
+m	正计数输入	*＜*	数值比较器的"小于"输出
−m	逆计数输入	*＝*	数值比较器的"等于"输出
?	联想存储器的询问输入 联想存储器的疑问输入	CT＝m	内容输入
!	联想存储器的比较输出 联想存储器的匹配输出	CT＝m	内容输出
"0"	固定0状态输出	"*"	必须连接线
	有内部下拉的输入		有内部上拉的输入
m_1 m_2 ⋮ m_n	多位输入的位组合		在输入边的线组合
			在输出边的线组合
m_1 m_2 ⋮ m_n	多位输出的位组合	"1"	固定方式输入
		"1"	固定状态输出

表 B-4　内部连接符号

符　号	说　明	符　号	说　明
	内部连接		具有逻辑非和动态特性的内部连接
	具有逻辑非的内部连接		内部输入（虚拟输入）
	具有动态特性的内部连接		内部输出（虚拟输出）
"0"	内部连接的固定0状态输出		内部输入（右边）
	有动态特性的内部输入（左边）		内部输出（左边）
	有动态特性的内部输入（右边）		从右到左信号流的内部连接
	从右到左信号流有逻辑非的内部连接		从右到左有逻辑非和动态特性的内部连接
	从右到左信号流有动态特性的内部连接	"1"	内部连接的固定1状态输出

表 B-5　逻辑非连接和信息流指示符号

符　号	说　明
	逻辑非连接，在左边示出双向信息流

B.4　关联标注法

为了使二进制逻辑单元的图形符号更紧凑和更确切地表达逻辑单元的内部连接关系，规定了关联标注法。运用这种标注法不需要具体画出所有单元及其所包括的内部连接，就能表明输入之间、输出之间以及输入和输出之间的关系。

图 B-8 是一个关联标注法的简单例子。图中是一个带有附加控制端的 T 触发器。输入信号 b 是否有效，受输入信号 a 的影响。只有 a＝1 时，b 端输入的脉冲上升沿才能使触发器翻转，而 a＝0 时，b 端的输入不起作用。因此，a 和 b 是两个有关联的输入，a 是"影响输入"，b 是"受影响输入"。图 B-8 中用加在标识符 T 前面的 1 表示其受 EN1 的影响。

1. 关联标注法的规则

（1）如果以"影响输入（或输出）"内部逻辑状态的补状态作为影响条件，则在"受影响输入（或输出）"的标识序号上画一条横线。

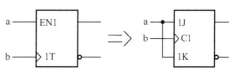

图 B-8　关联标注法的简单例子

（2）如果两个"影响输入（或输出）"有相同的字母和相同的标识序号，则它们彼此处在相或关系中。

（3）如果要用一个标识来说明"受影响输入（或输出）"对单元的影响，则应在该标识前面加上"影响输入（或输出）"的标识序号作为前缀。

（4）如果一个输入（或输出）受一个以上"影响输入（或输出）"的影响，则"影响输入（或输出)"的各个标识序号均应在"受影响输入(或输出)"的标识中列出,并以逗号隔开。这些标识序号从左到右的排列次序与影响关系的顺序相同。

如果说明"受影响输入(或输出)"功能的标识必须是数字(例如编码器的输出),为了避免混淆,则既与"影响输入(或输出)"有关又与"受影响输入(或输出)"有关的标识序号应选择其他的标记来代替,例如希腊字母。

在一般情况下,关联标注法只确定内部逻辑状态之间的关系。但对于三态输出、无源下拉输出、无源上拉输出和开路输出来说,关联标注法中的使能关联规定了影响输入的内部逻辑状态和受影响输出的外部状态之间的关系。

2. 关联类型

关联类型有:与关联、或关联、非关联、互连关联、地址关联、控制关联、置位关联、复位关联、使能关联和方式关联共 10 种,见表 B-6。

表 B-6   关联类型、符号及作用

关联类型	关联符号	对"受影响输入(或输出)"的影响	
		当"影响输入"=1 时	当"影响输入"=0 时
控制	C	允许动作	禁止动作
使能	EN	允许动作	禁止"受影响输入"动作,置开路或三态输出为外部高阻抗条件,置其他输出为 0 状态
方式	M	允许动作(已选方式)	禁止动作(未选方式)
复位	R	"受影响输出"复位	不起作用
置位	S	"受影响输出"复位	不起作用
与	G	允许动作	置 0 状态
或	V	置 1 状态	允许动作
非	N	求补状态	不起作用
互连	Z	置 1 状态	置 0 状态
地址	A	允许动作(已选地址)	禁止动作(未选地址)

与关联、或关联和非关联用来注明输入和输出,以及输入之间、输出之间的逻辑关系。

互连关联用来表明一个输入或输出把其逻辑状态强加到另一个或多个输入和/或输出上。

控制关联用来标识时序单元的定时输入或时钟输入,以及表明受它控制的输入。

置位关联和复位关联用来规定当 R 输入和 S 输入处在它们的内部 1 状态时,RS 双稳态单元的内部逻辑状态。

使能关联用来标识使能输入,以及表明由它控制的输入/输出(例如哪些输出呈现高阻状态)。

方式关联用来标识选择单元操作方式的输入,以及表明取决于该方式的输入和输出。

地址关联用来标识存储器的地址输入。

B.5 常用器件符号示例

常用器件符号示例如图 B-9 至图 B-17 所示。

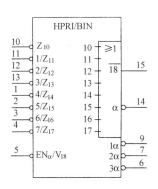

图 B-9 8-3 线优先编码器 74HC148

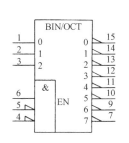

图 B-10 3-8 线译码器
74HC138

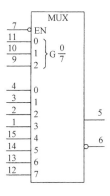

图 B-11 8 选一数据选择器
74HC151

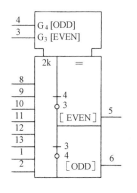

图 B-12 8 位奇偶校验器/
产生器 74180

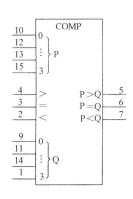

图 B-13 4 位数值
比较器 7485

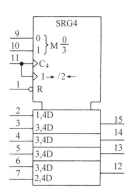

图 B-14 4 位双向移位
寄存器 74HC194

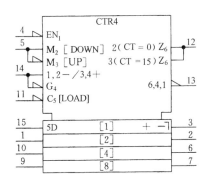

图 B-15 4 位同步二进制加/
减法计数器 74HC191

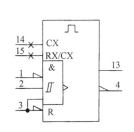

图 B-16 可重复触发的单稳态
触发器 74HC123

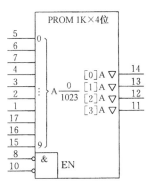

图 B-17 1K×4 位 PROM
Intel3625

附录 C　常用逻辑符号对照表

名　称	国标符号	惯用符号	国外所用符号
与门			
或门			
非门			
与非门			
或非门			
与或非门			
异或门			
同或门			
漏极开路 与非门			
三态输出 与非门			

名　　称	国 标 符 号	惯 用 符 号	国外所用符号
传输门			
半加器			
全加器			
基本SR 锁存器			
门控SR 锁存器			
上升沿触发 D触发器			
下降沿触发 JK触发器			
脉冲触发（主从） JK触发器			
带施密特触发 特性的与门			

参 考 文 献

[1] 康华光. 电子技术基础数字部分. 6 版. 北京:高等教育出版社,2014.

[2] 阎石. 数字电子技术基础. 6 版. 北京:高等教育出版社,2016.

[3] 李晶皎. 逻辑与数字系统设计. 北京:清华大学出版社,2008.

[4] 侯建军. 数字电子技术基础. 2 版. 北京:高等教育出版社,2007.

[5] 李士雄,丁康源. 数字集成电子技术教程. 北京:高等教育出版社,1993.

[6] 张维廉. 数字电子技术基础. 北京:高等教育出版社,1985.

[7] 黄正瑾. 计算机结构与逻辑设计. 北京:高等教育出版社,2001.

[8] 雍新生. 集成数字电路的逻辑设计. 上海:复旦大学出版社,1987.

[9] 蔡惟铮. 基础电子技术. 北京:高等教育出版社,2004.

[10] 蔡惟铮. 集成电子技术. 北京:高等教育出版社,2004.

[11] 黄正瑾. 在系统编程技术及其应用. 南京:东南大学出版社,1997.

[12] 李景华,杜玉远. 可编程逻辑器件及 EDA 技术. 沈阳:东北大学出版社,2001.

[13] 杨晖,张凤言. 大规模可编程逻辑器件与数字系统设计. 北京:北京航空航天大学
      出版社,1998.

[14] 薛宏熙,边计年,苏明. 数字系统设计自动化. 北京:清华大学出版社,1996.

[15] 王毓银. 数字电路逻辑设计(脉冲与数字电路). 3 版. 北京:高等教育出版
      社,1999.

[16] 童诗白,何金茂. 电子技术基础试题汇编(数字部分). 北京:高等教育出版
      社,1992.

[17] 余孟尝. 数字电子技术基础简明教程. 2 版. 北京:高等教育出版社,1999.

[18] 余孟尝,唐竞新. 数字电子技术基础例题与习题. 北京:清华大学出版社,1987.

[19] 王金明,杨吉斌. 数字系统设计与 Verilog HDL. 8 版. 北京:电子工业出版
      社,2021.

[20] 简弘伦. 精通 Verilog HDL:IC 设计核心技术实例详解. 北京:电子工业出版
      社,2005.

[21] 纳尔逊P 维克多等. 数字逻辑电路分析与设计(英文版). 2 版. 北京:电子工业出
      版社,2020.

[22] HORENSTEIN M N. Microelectronic circuits and devices. 2nd. Prentice Hall,1990.

[23] SEDRA A S,SMITH K C. Microelectronic circuits. 4th. Oxford University Press,1991.

[24] KLEITZ W. Digital electronic,a practical approach. 4th. Prentice Hall,1996.